U0121723

21 世纪师范院校计算机实用技术规划教材

Authorware 多媒体课件制作实用教程

（第三版）

缪　亮　　主编

徐景波　　副主编

清华大学出版社

北　京

内 容 简 介

Authorware 是美国 Macromedia 公司推出的、功能强大的多媒体制作软件，它广泛应用于多媒体光盘制作、课件制作、教育教学软件及其他多媒体演示系统制作。

本书是畅销教材《Authorware 多媒体课件制作实用教程(第二版)》的升级版。在保留原来图书优秀风格的基础上，总结了近几年本书在各级教学、培训中的使用经验，调整了部分图书结构，使教材的实用性得到加强。

本书以实例带动教学，详细讲述了用 Authorware 制作多媒体教学课件的方法与技巧。全书共 12 章，分别介绍了多媒体课件入门知识和课件素材制作，Authorware 课件基础知识，文字和图形在课件中的应用、等待和擦除图标在课件中的应用，视频、声音和动画在课件中的应用，移动图标在课件中的应用，课件的交互控制，控制课件的程序流程，课件编程基础，增强课件的功能，课件典型结构，课件的调试和发布等内容。

在配套光盘中，提供了本教材用到的课件范例源文件及各种素材。为了让读者更轻松地掌握 Authorware 课件制作技术，作者制作了配套视频多媒体教学光盘。视频教程包括图书的全部内容，全程语音讲解，真实操作演示，让读者一学就会！

本书适合作为师范院校的多媒体课件制作教材、各级教师的培训教材，也适合中小学各科教师、多媒体课件制作人员自学使用。

图书在版编目（CIP）数据

Authorware 多媒体课件制作实用教程 /缪亮主编；徐景波副主编. —3 版. —北京：清华大学出版社，2011.8
（21 世纪师范院校计算机实用技术规划教材）
ISBN 978-7-302-25412-6

Ⅰ. ①A… Ⅱ. ①缪… ②徐… Ⅲ. ①多媒体–计算机辅助教学–软件工具，Authorware–教材
Ⅳ.①G434

中国版本图书馆 CIP 数据核字（2011）第 074897 号

责任编辑：魏江江
责任校对：白　蕾
责任印制：何　芊

出版发行：清华大学出版社　　　　　　　　地　　址：北京清华大学学研大厦 A 座
　　　　　http://www.tup.com.cn　　　　邮　　编：100084
　　　　　社　总　机：010-62770175　　邮　　购：010-62786544
　　　　　投稿与读者服务：010-62795954，jsjjc@tup.tsinghua.edu.cn
　　　　　质　量　反　馈：010-62772015，zhiliang@tup.tsinghua.edu.cn

印　刷　者：北京市人民文学印刷厂
装　订　者：三河市新茂装订有限公司
经　　销：全国新华书店
开　　本：185×260　印　张：23　字　数：554 千字
　　　　　（附光盘 1 张）
版　　次：2005 年 2 月第 1 版　　2007 年 12 月第 2 版
印　　次：2011 年 8 月第 1 次印刷
印　　数：54501～58500
定　　价：35.00 元

产品编号：041868-01

序　言

　　社会提倡终生教育，一线的教育工作者有着强烈的接受继续教育的要求，许多学校也为教师的长远发展制定了继续教育的计划，以人为本、活到老学到老的思想更加深入人心。

　　随着知识经济和信息社会的到来，对教师进行计算机培训已提到国家的议事日程上来了，让每位教师具有应用信息技术能力，已是刻不容缓的一件大事，将影响到国家的发展和人才的培养。目前，很多人已经意识到：不掌握信息技术将影响一个人在信息社会的生存能力，成为常说的新"功能性文盲"。作为教师，如果是"功能性文盲"，有可能出现如下的尴尬局面：面对计算机手足无措；不会使用计算机备课、上课，不会使用多媒体手段进行教学，不会编制和应用课件，不会上网获取信息、更新知识、与同行交流，无法与掌握现代技术的学生很好地交流，无法开展网络教学等。作为培养人才的教师，如果是一个现代的"功能性文盲"，如何适应现代化的要求？如何能培养出有现代意识和能力的下一代？

　　一本好书就是一所学校，对于我们教师更是如此。信息技术已经成为现代人必备的基本素质之一，好的教材可以帮助教师们迅速而又熟练地掌握信息技术，从最初的 Windows 操作系统到 Office 办公系统软件，还有各种课件制作软件的教材在我们的日常教学中发挥着巨大的作用。

　　作为师范院校计算机实用技术教材，本套丛书主要的读者对象是师范院校的在校师生、教育工作者以及中小学教师，是初、中级读者的首选。本套丛书涉及的软件主要有课件制作软件（Flash、Authorware、PowerPoint、几何画板等）、办公系列软件、多媒体技术、网络技术、计算机应用基础和图形图像处理技术等。考虑到一线教师的实际情况，我们尽可能地使用软件最新的中文版本，便于读者上手。

　　本丛书的作者大多是一线优秀教师，经验丰富、有一定的知识积累。他们平时在各种软件的使用中都有自己的心得体会，能够结合教学实际，整理出一线老师最想掌握的知识。本丛书的编写绝不是教条式的"用户手册"，而是与教学实践紧紧相扣，根据计算机教材时效性强的特点，以"实例+知识点"的结构建构内容，采用"任务驱动教学法"让读者边做边学，并配以相应的光盘，生动直观，能够让读者在短时间内迅速掌握所学知识。本丛书除了正文用简捷明快、图文并茂的形式讲解图书内容外，还使用"说明、提示、技巧、试一试"等特殊段落，为读者指点迷津。通过浅显易懂的文字，深入浅出的道理，好学实用的知识，图文并茂的编排，来引导教师们自己动手，在学习中获得乐趣，获得知识，获得成就感。

　　在学习本套丛书时，我们强调动手实践，手脑并用。光看书而不动手，是绝对学不会的。化难为易的金钥匙就是上机实践。好书还要有好的学习方法，二者缺一不可。我们相信读者学完本套丛书后，在日常生活和教学工作中会有如虎添翼的感觉，在计算机的帮助下使学习和工作效率有极大的提高，这也是我们所期待的。祝你成功！

吴文虎

前　言

Authorware 是美国 Macromedia 公司推出的基于图标与流程线方式进行多媒体作品制作的软件。Authorware 本身对素材的处理能力不是很强，它主要将其他软件处理的素材进行整合，并添加交互等功能，使制作出来的多媒体课件不仅具有演示功能，而且具有强大的交互能力。

本书按照教学规律精心设计内容和结构。根据各类院校教学实际的课时安排，结合多位任课教师多年的教学经验进行教材内容的设计，力争教材结构合理、难易适中，突出实现多媒体课件设计与制作教材的理论结合实际、系统全面、实用性强等特点。

本书适合作为师范院校的多媒体课件制作教材、各级教师的培训教材，也适合中小学各科教师、多媒体课件制作人员自学使用。

关于改版

本书是《Authorware 多媒体课件制作实用教程(第二版)》的修订升级版。《Authorware 多媒体课件制作实用教程(第二版)》自 2008 年出版以来共重印 9 次，加上第一版共重印 16 次，累计发行 5 万多册。由于教材内容新颖、实用，深受广大中小学教师、师范院校师生的欢迎，目前全国已有多所师范院校选择本书作为正式的多媒体课件制作技术教材，许多地区的中小学教师的继续教育培训使用本书作为 CAI 培训教材。随着教材使用经验、读者反馈信息的不断积累，教材的修订迫在眉睫。

本书主要在以下几个方面进行了改进：

◆ 对教材结构进行了修改，由 10 章改为 12 章，使知识结构更系统、更具层次感。

◆ 对部分课件实例进行了修改，使之更容易理解，更符合教学需求。

◆ 对全书的文字叙述进行了优化，使知识叙述得更科学、更清晰。

◆ 开发了更加专业的视频多媒体教程，涵盖图书全部内容，语音同步讲解，超大容量。

本书特点

1．以课件实例为中心，图书结构合理

目前市场上 Authorware 的书很多，但真正以课件制作为中心的书却很少。本书突破了同类图书局限于软件技术的介绍，不是按照软件本身技术的知识结构来创作图书的缺陷，而是从课件实例出发，围绕课程的需要，重新对软件技术知识点进行了设计和架构。这样图书内容更具针对性，可以使读者在课件实例的制作过程中，轻松地掌握制作课件的技术知识和方法。

2．注重教学实践，加强上机练习内容的设计

Authorware 课件设计与制作是门实践性很强的课程，学习者只有亲自动手上机练习，

才能更好地掌握教材内容。本书在每章都精心设计了"上机练习"模块，教师可以根据课程要求灵活授课和安排上机实践。读者可以根据上机练习中介绍的方法、步骤进行上机实践，然后根据自己的情况对实例进行修改和扩展，以加深对其中所包含的概念、原理和方法的理解。

3．配套多媒体教学光盘，让教学更加轻松

为了让读者更轻松地掌握 Authorware 课件制作技术，作者精心制作了配套视频多媒体教学光盘。视频教程完全和图书内容同步，共 10 小时超大容量的教学内容，全程语音讲解，真实操作演示，让读者一学就会！

为了方便任课教师进行教学，视频教程开发成可随意分拆、组合的 SWF 文件。任课教师可以在课堂上播放视频教程或者在上机练习时指导学生自学视频教程的内容。

4．光盘资源丰富，实用性强

本书的配套光盘中，提供了本教材用到的课件范例源文件、上机练习范例源文件及相应的素材。所有课件实例的制作集专业性、艺术性、实用性于一身，非常适合中小学各科教师学习使用，可以将这些课件直接应用到教学中，或者以这些课件实例为模板稍作修改，举一反三，制作出更多、更实用的课件。

5．专设图书服务网站，打造知名图书品牌

立体出版计划，为读者建构全方位的学习环境！最先进的建构主义学习理论告诉我们，建构一个真正意义上的学习环境是学习成功的关键所在。学习环境中有真情实境、有协商和对话、有共享资源的支持，才能高效率地学习，并且学有所成。因此，为了帮助读者建构真正意义上的学习环境，以图书为基础，为读者专设一个图书服务网站。

网站提供相关图书资讯，以及相关资料下载和读者俱乐部。在这里读者可以得到更多、更新的共享资源。还可以交到志同道合的朋友，相互交流、共同进步。

网站地址：http://www.cai8.net。

本书作者

参加本书编写的作者为多年从事多媒体 CAI 课件教学工作的资深教师，具有丰富的教学经验和实际应用经验，其中缪亮老师还多次担任全国 NOC 多媒体课件大赛裁判长。

本书主编为缪亮（负责稿件主审、视频教程开发），副主编为徐景波（负责稿件初审、视频教程开发）。参加本书编写的有孙利娟（负责编写第 1 章～第 3 章）、穆杰（负责编写第 4 章～第 6 章）、聂静（负责编写第 7 章、附录）、王云平（负责编写第 8 章、第 9 章、第 12 章）、王戈（负责编写第 10 章、第 11 章）。

在本书的编写过程中，张爱文、许美玲、时召龙、李捷、赵崇慧、李泽如、李敏、朱桂红、郭刚等参与了课件范例的创作和程序调试工作，在此表示感谢。另外，感谢河南省开封教育学院对本书的创作给予的支持和帮助。

编 者
2011 年 5 月

配套光盘使用说明

配套光盘主要提供两部分内容，一部分是图书范例及上机练习的源文件及其素材；另一部分是配套视频多媒体教程。

1．光盘结构

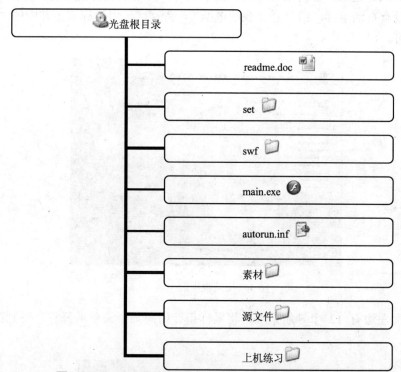

✓ readme.doc：这是配套光盘的使用说明，文件格式为 Word 文档。

✓ set：这个文件夹包含视频教程程序的配置文件。

✓ swf：这个文件夹包含视频教程的播放文件，全部是 swf 格式。

✓ main.exe：这是播放视频教程的主程序文件。

✓ autorun.inf：这是设置光盘自动运行的配置文件。

✓ 素材：这个文件夹下面包含若干子文件夹（按照章节次序命名），里面包含本书全部素材文件。

✓ 源文件：这个文件夹下面包含若干子文件夹（按照章节次序命名），里面包含本书全部范例的源文件（a7p 格式）。

✓ 上机练习：这个文件夹下面包含若干子文件夹（按照章节次序命名），里面包含本书全部上机练习的源文件以及相应的素材文件。

2. 运行环境

✓ **硬件环境**：电脑主频在 200MHz 以上，内存在 128MB 以上，主机应配置声卡、音箱。

✓ **软件环境**：配套光盘运行操作系统环境为 Windows 98/Me/2000/XP/2003/Vista。电脑的显示分辨率必须调整到 1024×768 像素。

提示：如果将光盘中的文件拷贝到硬盘上，将会获得更加流畅的观看效果。

3. 使用教学软件

将光盘放入光驱后，会自动运行视频教学软件，并进入软件主界面，如图 1 所示。如果教学软件没有自动运行，请打开"我的电脑"|"光盘"，用鼠标双击其中的"main.exe"执行文件即可。

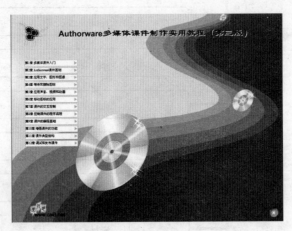

图 1　视频教程的主画面

在主界面左边有 12 个导航菜单，将鼠标指针指向某个菜单展开它，得到二级菜单，如图 2 所示。

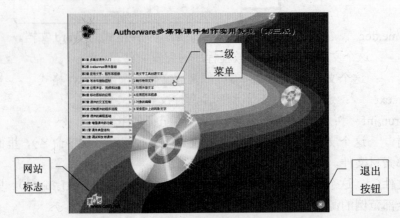

图 2　二级菜单

单击第二级菜单中的某个菜单项，可以打开相应视频教学内容并自动播放，如图 3 所示。播放界面下边是一个播放控制栏，包括播放进度条、音量控制条以及播放、暂停、停止、返回主界面以及退出程序控制按钮。

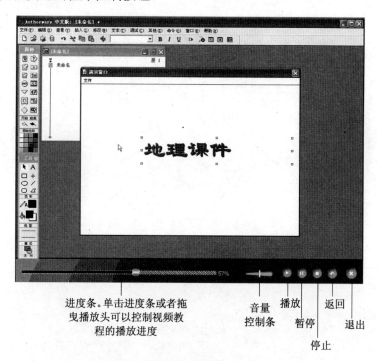

图 3　视频播放界面

4．版权声明

光盘内容仅供读者学习使用，未经授权不能用作其他商业用途或在网络上随意发布，否则责任自负。

读者如果想获取更多关于图书的信息和补充材料，可以登录图书服务网站：http://www.cai8.net。

目　　录

第 1 章

多媒体课件入门

随着计算机应用的普及，充分运用计算机进行计算机辅助教学（CAI）已经成为教育界的共识。计算机辅助教学改变了几百年来的一支粉笔、一块黑板的传统教学手段。它以生动的画面、形象的演示，给人以耳目一新的感觉。计算机辅助教学不仅能替代一些传统的教学手段，而且能达到传统教学手段无法达到的教学效果。比如利用计算机的动态特性表现一些动态画面和一些抽象的内容，这在一些辅助教学软件中已表现得淋漓尽致。从计算机辅助教学所表现出来的特征看，它具有明显的不可替代性。

然而，课件的制作往往困扰着一线的老师，素材的收集和整理、课件中动画的制作、复杂的函数常常让人望而却步。希望读者通过本书的学习，能够快速而轻松地掌握课件的制作。

1.1 课件基础

课件是教育领域的一个热门话题，大部分教师对课件都多多少少有所了解。那么，到底什么是课件呢？课件有哪些类型？课件的作用又是什么？下面就一一回答这些问题。

1.1.1 多媒体课件的概念

课件（Courseware）是在一定的学习理论指导下，根据教学目标设计的、反映某种教学策略和教学内容的计算机文档或可运行软件。从广义上讲，凡具备一定教学功能的教学软件都可称为课件。课件可以说是一种课程软件，也就是说其中必须包括具体学科的教学内容。

通常所说的课件一般都是指多媒体课件。多媒体（multimedia）是指信息表示媒体的多样化，它能够同时获取、处理、编辑、存储和展示两种以上不同类型信息媒体的技术。这些信息媒体包括文字、图形、图像、动画、声音与视频等。多媒体课件是指以计算机为核心，交互地综合处理文字、图形、图像、动画、声音和视频等多种信息的一种教学软件。

通过多媒体课件，可以将一些平时难以表述清楚的教学内容，如实验演示、情境创设、交互练习等，生动形象地展示给学生。学生通过视觉、听觉等多方面参与，更好地理解和掌握教学内容，培养学生学习的兴趣，活跃了课堂气氛，同时也扩大了学生信息获取的渠道。因此，多媒体课件辅助教学，使教师和学生教与学的手段多样化，近年来被广泛应用于教学领域。

有的专家对多媒体课件的概念是这样定义的：多媒体课件是指用于辅助教师的"教"或促进学生自主地"学"，以突破课堂教学中的重点、难点，从而提高课堂教学质量与效率的多媒体教学软件。

课件制作软件非常多，比如 Flash、Authorware、几何画板、仿真模拟实验室、方正奥思等，那么本书为什么单单选择 Authorware 呢？

Authorware 是目前最为流行的多媒体创作软件，它是一种面向对象并基于图标和流程线的多媒体创作平台，具有丰富的函数和程序控制功能。Authorware 是一个尽职的好"裁缝"。一个漂亮的多媒体应用程序不仅包括声音、图像、动画等媒体，还需要实现交互功能，Authorware 这个裁缝就是把上面说的素材组织起来，并赋予它生命——交互，创作出一个功能强大的多媒体应用程序，因此完全可以选用这一软件作为开发课件的强力武器。

1.1.2　多媒体课件的种类

在制作课件之前，有必要认识一下课件的种类。如果按学科可以分为语文、数学、外语等；如果按学段可以分为幼儿园、小学、初中、高中、大学等；如果按制作工具可以分为 PowerPoint、Flash、Authorware、几何画板、仿真模拟实验室、方正奥思等；如果按课件开发与运行环境可以分为单机版和网络版；如果按课件使用目的可以分为个别指导型、练习训练型、问答型、模拟游戏型和问题解决型。

根据实现功能，多媒体课件大致可划分为演示型、工具型、智能型及综合型等多种类型。

- **演示型课件**：这种课件就好像是一段影片，用户只是在充当观众的角色。这种课件主要用于辅助教师进行课堂讲授，解决教学重点、难点问题，往往经过良好的教学设计，体现具体的教学内容。
- **工具型课件**：主要用于满足教与学的功能性工具软件，往往不包含具体的教学内容，如几何画板、概念图工具等认知、探究工具。
- **智能型课件**：这种课件的最大特色是具有模拟的人工智能，可以根据用户的答题情况判定用户的当前水平，从而生成适合用户个人的学习内容。
- **综合型课件**：这种类型的课件综合了前三种课件的特征。

根据课件制作结构，可将多媒体课件分为以下几类。

- **直线型课件**：顾名思义，直线型课件的最大特点是结构简单、演示方便，整个课件流程如同一条直线顺序向下运行。目前教师上课多用此种类型的课件。
- **分支型课件**：此类课件与直线型课件的最大区别在于该类型的课件结构为树状结构，能根据教学内容的变化、学生的差异程度对课件的流程进行有选择的控制执行。
- **模块化课件**：模块化课件是一种较为完美的课件结构，根据教学目的将教学内容中的某一部分或某一个知识点制作成一个个课件模块，教师可根据教学内容选择相应的课件模块进行教学。由于模块化设计，可在课件运行过程中进行重复演示，后退、跳跃等操作，十分方便教学。

- **积件型课件：** 所谓积件，简单来说就是将各门学科的知识内容分解成一个个的标准知识点（积件）储存在教学资源库中，一个标准知识点（积件），可以看做是阐述某一方面、某一教学单位，同时包含相关练习及呈现方式、相关知识链的一个完整教学单元。积件是由教师根据教学需要，自己进行教学信息组合和教学处理策略集成的新一代教学课件。积件具有开放性、继承性及自繁殖性，而且实现了与教学方法、教材版本的无关性。积件型课件最大的优势在于它的系统性、开放性和可重复使用。教师可制作小型课件添加到积件库供自己或其他教师使用。

专家点拨：通常意义下的课件都是面向教师的，目前还有一种面向学生的课件——学件，主要用于学习者的自主学习，如交互式测试、模拟实验、教育游戏、学习专题等。

1.1.3　多媒体课件的作用

课件通过与学习者的交互作用，使学习者更直观、更轻松地获得知识和技能，达到教学目的。

（1）利用多媒体计算机的视、听效果，创设问题情境，激发学生的学习兴趣，提高课堂时效。譬如在传统的教学活动中，教师对教学内容的描述大多是通过粉笔、黑板进行的，是一种"单媒体"的活动。多媒体教学课件具有形象生动的演示、动听悦耳的音响效果，给学生以新颖感、惊奇感，调动了学生的视觉、听觉神经；从而使学生在教师设计的"激发疑问—创设问题情境—分析问题—解决问题"的各个环节中都能保持高度的兴趣，学习效果明显提高。

（2）利用多媒体计算机的演播功能，展示动态图形，揭示问题本质，提高课堂时效。动画演示方面是非常方便的，通过演示把抽象问题形象化，静态问题动态化，"数"由"形"来描绘，"形"由"数"来表达，达到"数"和"形"的沟通。

（3）利用多媒体计算机的文本功能，美化教学内容，完善教学方案，因材施教，提高课堂时效。多媒体计算机处理文字信息与普通投影仪、实物投影仪相比，有其独特的功能。例如，它能根据需要按不同的顺序展示文字信息，字体多样，色彩丰富，效果奇特。还具有切换功能和删除功能等。教学时，先把有关文字信息输入计算机。课堂上，根据实际需要，随时可调出信息，并按各种不同顺序投影到大屏幕上。对于选择题，也不再像以前那样一个冷冰冰的"√"或"×"，而是富有情感的惊叹声或者鼓掌声，如果选错还可根据意愿再做相应的练习以巩固所学知识，运用 CAI 手段使教学方案设计得更加严密完善，大大提高了教学的针对性，符合因材施教原则，这是实施素质教育的体现。

需要明确的是，计算机不可能解决教学中的所有问题，夸大 CAI 的作用，试图以 CAI 完全代替传统教学手段的做法是不现实的。无论传播媒体怎样先进，不管它的功能如何完善，它们都不可能完全取代传统教学手段。

CAI 与传统教学的关系是一种有机整合的互补关系。现代信息技术带给教育的不仅是手段与方法的变革，还是包括教育观念、教育模式在内的一场历史性变革。因此，如果不能更新观念、改变模式，信息技术的运用不仅不会提高教育效益，而且还会导致教育资源的浪费。

1.2　课件脚本

在利用 Authorware 制作课件之前，编写课件脚本是一个十分重要的环节。有的教师不重视课件脚本的编写，制作课件时就直接在 Authorware 中完成，这是十分不可取的。这种方法往往会使课件的制作带有很多随意性，想到哪里就制作到哪里，出现问题时就重新制作，效率特别低，制作出的课件效果也不好。

如果能把课件的制作当做一个系统工程来设计的话，那么必定可以更高效、更科学地制作出需要的课件。在制作课件之前，先系统地设计好课件脚本，然后根据课件脚本在 Authorware 中进行课件制作。这才是课件制作的科学方法。

1.2.1　什么是课件脚本

课件脚本是将课件的教学内容、教学策略进一步细化，具体到课件的每一框画面的呈现信息、画面设计、交互方式以及学习的控制，它是课件编制的直接依据，就像电视片的编制不能直接依据文学剧本，而是根据分镜头稿本进行拍摄一样。

这里指的课件脚本通常是指文字脚本，其既是为了体现软件教学设计的思想，同时也为课件的制作打下了基础。

1.2.2　如何编写课件脚本

要编写一个好的课件脚本，首先要对课件的使用有一些认识，然后写清楚教学目的、要突破的重难点、设计过程。设计过程最好是分版块写，如引入、新授、复习等部分各需要什么样的内容。最后绘制出一个课件设计的草图，如图片、文字、按钮出现的顺序、位置等。总之，一个设计充分的好课件脚本才能制作出一个好的课件。

下面以一篇语文课文《爱祖国》为例进行课件脚本的编写，供广大教师写课件脚本时参考。

（1）制作一张表格，主要填写课件题目、教学目标、创作平台、创作思路和内容简介等信息，如表 1-1 所示。

表 1-1　课件教学目标等信息的描述

课件题目	爱祖国	创作思路	（略）
教学目标	（略）	内容简介	（略）
创作平台	Authorware 7		

（2）设计好课件整体结构图，如图 1-1 所示。

（3）逐步完成脚本卡片的编写，如表 1-2 所示。

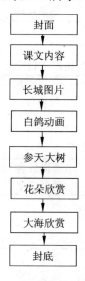

图 1-1　课件整体结构图

表 1-2　脚本卡片的编写（共 8 个模块）

模块序号	1	页面内容简要说明	课件的封面
屏幕显示	用天安门前国旗作为封面。 显示课件题目：爱祖国。		
说明	1. 爱祖国三个字制作成 SWF 动画效果，然后插入。 2. 设置"运行"按钮，单击后开始上课。		
模块序号	2	页面内容简要说明	课文内容
屏幕显示	我爱万里长城， 我爱家乡的小河。 我爱无边的大海， 我爱飞翔的白鸽。 我爱参天的大树， 我爱美丽的花朵。 我爱爸爸妈妈， 我爱同学老师。 你要问我最爱什么？ 我最爱伟大的祖国。		
说明	配上背景图。		
模块序号	3	页面内容简要说明	长城图片
屏幕显示	显示几幅长城的图片。 配上音乐。		

续表

模块序号	3	页面内容 简要说明	长城图片
说明	最后显示"我爱万里长城。" 1. 图片加上特效，每两秒显示一幅。 2. 最后音乐停止，单击后出示"我爱万里长城。"		
模块序号	4	页面内容 简要说明	白鸽动画
屏幕显示	白鸽视频动画。		
说明	单击后擦除动画。		
模块序号	5	页面内容 简要说明	参天大树
屏幕显示	参天大树的图片。 参天大树的文字。		
说明	先出现图片，后出现"参天大树"几个字。		
模块序号	6	页面内容 简要说明	花朵欣赏
屏幕显示	显示几幅花朵的图片。 配上音乐。		
说明	1. 图片加上特效，每两秒显示一幅。 2. 单击后音乐停止，再单击后擦除图片。		
模块序号	7	页面内容 简要说明	大海欣赏
屏幕显示	显示几幅大海的图片。 配上音乐。		
说明	1. 图片加上特效，每两秒显示一幅。 2. 最后音乐停止，单击后擦除图片。		
模块序号	8	页面内容 简要说明	课件的封底
屏幕显示	同学们再见！		
说明	可以考虑文字的修饰。		

通过课件脚本的编写，可以体现出作者的设计思想，也为软件的制作提供直接依据，如果课件不是设计者亲自制作，也方便沟通设计者和制作者的思路。

1.3 多媒体课件素材的获取与处理

多媒体课件的制作是一个系统工程，单一的软件工具一般很难完成课件制作任务，本书以 Authorware 为中心研究课件制作技术，但是课件中使用的大量多媒体素材，Authorware 却并不是都能够处理。因此，课件素材从某一个方面也影响课件的质量。下面就先了解一些关于课件素材的相关知识。

1.3.1　素材的基础知识

在多媒体课件中，多媒体素材一般包括文本、图片（图形、图像）、声音、视频和动画等。

文本：文本是多媒体课件中最基础的元素。课件中大部分文字内容都是通过文字来展示的。

图形：多媒体课件不能缺少直观的图形，就像报刊离不开图片一样，图形是多媒体最基本的要素。Authorware 软件提供了一个绘图工具箱，具备一定的图形绘制能力。

图像：图像能形象展示教学内容，能解决难以用文字或语言描述的教学内容，特别对于低年级学生，能极大地激发他们学习的兴趣。一般来说图像有两种主要类型：位图和矢量图。位图由像素构成，分辨率的大小决定图像的大小，低分辨率的图像放大后会模糊不清。矢量图是用数学方式绘制的曲线和其他几何体组成的图形，矢量图可随意放大而不改变清晰度。

声音：声音主要包括音乐和声效。声音是多媒体的又一重要组成部分，它除了给多媒体带来令人惊奇的效果外，还最大限度地影响展示效果，声音可使多媒体课件不再一味地沉闷，从而引导、激发学生的兴趣。在多媒体课件中合理地使用声音，可以增强课件的感染力。

视频和动画：视频和动画能增加课件的趣味性，易于展开生动形象的教学，极大地吸引学生的注意力。视频和动画对学生的吸引力是前面几种素材所不能替代的。

以下是一般多媒体素材的文件格式。

文本：TXT、RTF、HTM、DOC 等。

图片：BMP、DIB、GIF、JPG、TIF、TGA、PIC、WMF、EMF、PNG 等。

声音：WAV、MID、MP3、MP2 等。

动画：FLC、GIF、FLI、SWF、AVI 等。

视频：AVI、DAT、MPG、MOV、RM、ASF、WMV、FLV 等。

1.3.2　素材的获取

课件制作不是一项轻松的工作，除了精心设计之外，素材的收集也是较为头疼的事情，制作者往往要花费大量的时间，还不一定能达到比较理想的效果，那么到底有没有什么方法解决这一难题呢？

1．图片的获取

收集图片资料，工夫都在平时。可以充分利用扫描仪和数码照相机的作用，把卡通杂志上的一些生动有趣的图片扫描下来，存储在计算机里，甚至根据需要用图形软件做进一步处理，归类存放，在制作课件时就会比较方便。

在网页上能看到许多精彩的图片和动画（GIF 格式），可以在图片或动画上右击，在弹出的快捷菜单中选择"复制"命令，然后"粘贴"在自己的计算机里，通过这种方法可以收集到各种所需的图片或动画。此外，网上也有许多专业的图库可供下载。

专家点拨：这里所说的动画是指 GIF 格式的动画，如果是 Flash 动画的话，不能简单地复制、粘贴下来。对于 Flash 动画的获取，下面会讲解相应的方法。

在观看光盘或玩一些游戏的时候，可以看到许多精彩的画面，假如想得到这些画面，只要按 PrintScreen 键，然后打开一个图形处理软件（如 Adobe Photoshop），选择"粘贴"命令，图片就可以保存在计算机里，这种方法更为简单可行，只要是能看到的画面，一个也逃不了。

2．声音的获取

声音素材的获取方法一般有从网络中下载，从 CD 中选取，利用录音软件自己录制等。其中，从网络中一般是下载 MP3 格式的声音文件，既方便又简单，在这里不再赘述，下面简单介绍一下其他两种方法。

目前除了在网络中下载外，声音素材的最大来源就是利用软件直接从 VCD、CD 上获取。下面主要介绍一下用超级解霸从 VCD 获取声音素材的方法。

（1）将需要转换的 VCD 放入光驱中，单击计算机左下方的"开始"按钮，选择"程序"|"豪杰超级解霸 V8"|"音频解霸 A8"菜单命令，打开音频解霸，界面如图 1-2 所示。

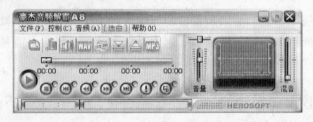

图 1-2　音频解霸运行界面

（2）选择"文件"|"自动搜索播放光盘"菜单命令，音频解霸便开始播放影音文件。打开"选曲"菜单，在弹出的菜单中找到要转换的歌曲，如图 1-3 所示。

图 1-3　选择歌曲

（3）单击"循环"按钮 ，这时整个播放区变为蓝色，而"选择开始点"按钮 、"选择结束点"按钮 和"保存为 MP3"按钮 变为可用，这时便可以对歌曲进行录制了。

（4）先将需要转换的歌曲听一遍，确定好所需要录音的区域。将播放进度的移动条拖放到所要录音区域的开始位置，单击"选择开始点"按钮。然后把播放进度的移动条拖放到要录音区域的结束位置，再单击"选择结束点"按钮。此时所要录音的区域已经变成了蓝色，如图 1-4 所示。

图 1-4　确定录音区域

（5）单击"保存为 MP3"按钮，在弹出的"保存音频流"对话框中，选择声音文件的保存路径，单击"保存"按钮，就可以进行转换了。

转换的过程中，可以看到压缩后的文件大小、已完成的数量（字节），同时也有进度条显示，如图 1-5 所示。

需要注意的是，采用这种方法进行录音，不管在录音之前选择的是哪个声道，得到的 MP3 文件都是"立体声"。如果想要将 VCD 伴音存为 WAV 文件来保证音质，可使用超级解霸中的"音频解霸"，选择"波形录音"将 VCD 伴音录制成 WAV 文件即可。

图 1-5　转换进度条

3．Flash 动画的获取

Flash 动画以其短小精悍、内容精彩而风靡全球。可以使用一些软件下载 Flash 动画，比如"闪客精灵"等。

除此之外，在 Windows 环境下，有一个 Temporary Internet Files 文件夹，在网上看过哪些 Flash 动画，在这个文件夹中都能够找到。只要打开它，按下快捷键 F3，输入*.swf 后查找，这样，上网时所有看到的 Flash 动画都会显示出来。

4．视频的获取

Camtasia Studio 是一款专门捕捉屏幕音影的工具软件。它能在任何颜色模式下轻松地记录屏幕动作，包括影像、音效、鼠标移动的轨迹、解说声音等，另外，它还具有及时播放和编辑压缩的功能，可对视频片段进行剪接、添加转场效果。它输出的文件格式很多，有常用的 AVI 及 SWF 格式，还可输出为 FLV、GIF、RM、WMV 及 MOV 等格式，用起来极其顺手。

只要将捕获区域、捕获效果、音频效果、鼠标效果各项设置设好后，就可以进行录制了。F9 为暂停键，如果单击了主界面上的"停止"按钮，系统会提示保存文件，一般保存为 AVI 文件。只要是计算机屏幕上播放的影像，都可以使用该软件保存为视频文件，不用再去自己重新制作，特别方便。

如果只要截取 VCD 或者 DVD 中某一段画面，完全可以使用豪杰超级解霸 3000 中的"超级解霸 3000"，其用法和"音频解霸 3000"截取音乐的方法差不多，只要是可以播放的文件，不管什么格式，打开播放后，首先选择截取区域，选择开始点、结束点，最后指定格式为 MPG 或 MPV 文件。

目前，视频门户网站十分流行，比如优酷、土豆等视频网站提供了大量的视频素材，这些视频素材大部分都是 FLV（Flash Video）格式的文件。要想获取这些视频素材，可以使用专业的 FLV 视频下载软件，比如"狂雷高清 FLV 视频下载"、"维棠 FLV 视频下载软件"等。

1.3.3 素材的处理

1. 图片素材的处理

一般来说，计算机图像分为两种类型，一种是基于像素的位图图像，一种是基于数学方式绘制曲线的矢量图形。位图分辨率的大小决定了图像的大小和品质，低分辨率的图像如果放大的话，就会变得比较模糊；矢量图则可随意放大而不会改变其清晰度。一般情况下，处理这两种类型的图形处理软件分别为 Photoshop 和 CorelDRAW。

Photoshop 是 Adobe 公司推出的最强大的图形创作、处理专业级软件，为专业设计和图形制作营造了一个功能强大的工作环境，使人们可以创作出既适于印刷亦可用于 Web、无线装置或其他介质的精美图像。在课件制作过程中，位图素材经常需要用它来处理完成。

CorelDRAW 是 Corel 公司推出的带有精确绘图和文字处理功能的平面绘图软件，是国际上公认的杰出矢量绘图软件之一。它融合了绘图与插图、文本操作、绘图编辑、桌面出版等应用程序。CorelDRAW 被广泛地应用于广告制作、平面设计、图像处理、建筑装饰等领域。在制作课件时，可以将 CorelDRAW 处理的图像导出成 EMF、WMF 等图形格式，然后直接使用此类图形素材。

2. 声音素材的处理

声音素材也是课件素材中的一个重要组成部分，大致可分为背景音乐、音效和录音素材。

目前流行的录音和声音处理软件有 SoundForge、Adobe Audition（早期软件版本名称为 CoolEdit）、GoldWave、WaveCN、WaveLab 等，对于初学者来说，GoldWave 不失为一个好的选择。GoldWave 是一个功能强大的数码录音及编辑软件，除了附有许多的效果处理功能外，它还能将编辑好的文件存成 .wav、.mp3、.au、.snd、.raw、.afc 等格式。GoldWave 体积小，使用简单，在计算机配置方面要求不高，对一般的声音效果处理游刃有余，而且是中文操作界面。如图 1-6 所示为 GoldWave 5.06 汉化版的运行界面。

下面详细讲解一下利用 GoldWave 录制声音的方法。

（1）在计算机桌面右下角"任务栏"上双击小喇叭图标，弹出一个"音量控制"窗口，如图 1-7 所示。

（2）选择"选项"|"属性"菜单命令，在弹出的"属性"对话框中，选择"调节音量"选项区域中的"录音"单选按钮，然后在"显示下列音量控制"选项区域中选中"麦克风音量"复选框，如图 1-8 所示。

图 1-6　GoldWave 5.06 界面

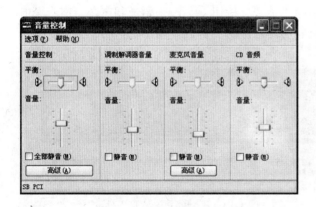

图 1-7　"音量控制"窗口

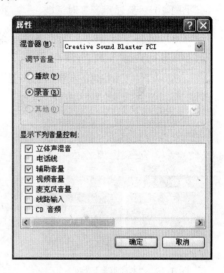

图 1-8　"属性"对话框

（3）单击"确定"按钮，在弹出的"捕获"设置窗口中选中"立体声混音"选项区域中的"选择"复选框，如图 1-9 所示。

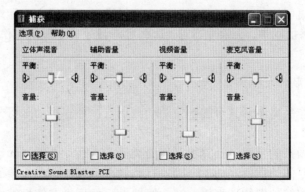

图 1-9　"捕获"设置窗口

至此，声音设置全部完成，关闭所有窗口。下面开始在 GoldWave 中录制声音文件。

（4）运行 GoldWave 5.06 软件，选择"新建"命令，弹出"新建声音"对话框，选择"预置音质设置"下拉列表框中的"CD 音质"选项，设定声音的"声道"为"单声道"，"采样频率"为 22050Hz。在"持续时间"中设置声音文件长度，如图 1-10 所示。

（5）单击"确定"按钮，弹出新建的声音文档，如图 1-11 所示。

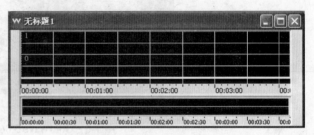

图 1-10 "新建声音"对话框   图 1-11 新建声音文档

（6）选择"工具"|"控制器"菜单命令，弹出"控制器"窗口，如图 1-12 所示，在此窗口中进行声音文件的录制。

（7）按住 Ctrl 键的同时，单击窗口中的"录音"按钮 ● ，开始录制声音。声音录制完毕后，单击"停止"按钮 Ⅱ ，得到录制的声音波形文件，如图 1-13 所示。

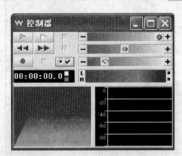
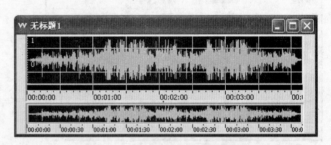

图 1-12 "控制器"窗口   图 1-13 录制的声音波形文件

在录制声音时，为了得到比较满意的声音效果，建议选择质量较好的麦克风在安静的环境中进行声音录制，在录制中可以离麦克风远一些，或者用手帕包住麦克风头，这样可以有效地减少噪声。

为了使声音效果更好，往往还需要对音乐素材进一步编辑，比如对声音进行剪辑、添加淡入淡出效果、添加回声、去除噪音等。这些对声音效果处理的操作都可以在 GoldWave 中完成。

3．动画素材的制作

高品质的课件作品离不开具有震撼力的动画场景，计算机动画可分为二维动画和三维动画两类。

计算机二维动画指的是通过计算机制作的类似于卡通动画的平面动画。计算机二维动画的制作需要一些专门的软件（如 Flash），有时候也可通过一些简单的方法直接生成，比如通过绘图软件或图像处理软件直接一帧一帧地做，然后到非线性编辑软件中进行合成。Flash 是比较优秀的制作二维动画的软件，其优美的画质、短小精悍的体积、强大的交互，使其迅速成为目前最流行的二维动画软件。

计算机三维动画技术是利用相关计算机软件，通过三维建模、赋予材质、模拟场景、模拟灯光、模拟摄像镜头、创造运动和链接、动画渲染等功能，实时演示、制造立体动画效果和可以乱真的虚拟影像，将创意想象化为可视画面的新一代影视及多媒体特技制作技术。目前计算机上使用较多的三维软件有 3ds Max、Maya 等。掌握三维动画软件不是一朝一夕的事，熟练操纵三维软件需要花费大量的精力和时间。

4．视频素材的制作

目前常用的视频素材的类型主要包括：Windows AVI 格式、MPEG 格式及流媒体格式。

一般使用外部采集的方式，通过视频采集卡将录像带、摄像机上的视频素材通过数字处理和压缩录制到计算机硬盘中，然后通过专门的视频编辑软件进行编辑，生成最终供课件开发工具使用的数字视频素材。而内部采集是通过豪杰超级解霸自带的截取视频片段功能将 VCD 上的视频片段截取下来，再通过视频编辑软件进行编辑。有时也可以通过屏幕录像软件（比如 Camtasia Studio）将操作过程录制下来作为一段演示视频。常用的视频编辑软件有 Premiere、绘声绘影等。

本章习题

一、选择题

1．下面哪个是基于图标与流程线方式进行多媒体作品制作的软件？（　　　）

　　A．PowerPoint　　　　B．Flash　　　　　　C．Authorware　　　D．几何画板

2．下面哪个文件格式是视频文件？（　　　）

　　A．jpg　　　　　　　　B．wav　　　　　　　C．avi　　　　　　　D．swf

3．下面哪组文件格式是动画文件？（　　　）

　　A．gif 和 mpg　　　　B．gif 和 swf　　　　C．swf 和 jpg　　　　D．swf 和 wav

二、填空题

1．多媒体课件是指应用了多种媒体的新型课件，它是以计算机为核心，交互地综合处理＿＿＿＿＿＿、＿＿＿＿＿＿、＿＿＿＿＿＿、＿＿＿＿＿＿、＿＿＿＿＿＿和＿＿＿＿＿＿等多种信息的一种教学软件。

2．图像分为两大类型：＿＿＿＿＿＿和＿＿＿＿＿＿。其中一种类型的图像任意缩放不变形，它是＿＿＿＿＿＿。另外一种类型经常用 Photoshop 软件进行处理，它是＿＿＿＿＿＿。

上机练习

练习 1　搜索多媒体技术知识

上网搜索多媒体技术、多媒体课件的相关知识进行学习。

要点提示

打开 IE 浏览器，在地址栏输入 http://www.baidu.com 打开百度搜索引擎，在文本框中输入多媒体技术、多媒体课件等关键字，搜索到相关的网页进行浏览。

练习 2 采集图形图像素材

用不同的方式获取图形图像素材，将其保存以备使用。

要点提示

（1）在 Internet 上获取网页中的图片素材。
（2）用 SnagIt 软件捕获计算机屏幕上的图片素材。

练习 3 录制声音素材

用 GoldWave 录制一段课文配音。

要点提示

使用本章介绍的方法进行操作。

练习 4 捕获 Flash 动画

用硕思闪客精灵捕获网页中的 Flash 动画。

要点提示

安装了硕思闪客精灵以后，"闪客精灵"工具图标会自动出现在 IE 浏览器的工具栏上，如图 1-14 所示。

当浏览含有 Flash 动画的网页时，如果想捕捉该页面中的 Flash 动画，可单击 IE 浏览器"工具栏"中的"闪客精灵"工具图标，弹出"闪客精灵"对话框，页面中的 Flash 动画都会显示在其中，将需要保存的动画文件选中，然后单击文本框右侧的"保存到"按钮，选择合适的文件夹。最后单击"确定"按钮，Flash 动画就会成功地保存在本地磁盘中。

图 1-14 IE 浏览器中的"闪客精灵"工具图标

第2章

Authorware 课件基础

Authorware提供功能强大的多媒体集成解决方案，可用于制作多媒体课件和其他多媒体应用软件。它能够将文字、图形、动画、声音及视频集成在一起，并实现交互性的训练与教学。其创作的作品成本比阅读式训练与集中式教室教学低且能获得更佳的教学效果。

Authorware采用面向对象的设计思想，是一种基于图标（Icon）和流程线（Line）的多媒体开发工具。它把众多的多媒体素材交给其他软件处理，本身主要承担多媒体素材的集成和组织工作。

2.1 工作环境

在 Windows XP 操作系统环境下，执行"开始"|"所有程序"|Macromedia|"Macromedia Authorware 7.02 中文版"菜单命令，启动 Authorware，首次启动会出现一个欢迎画面，稍等片刻进入程序，出现"新建"对话框，如图 2-1 所示。

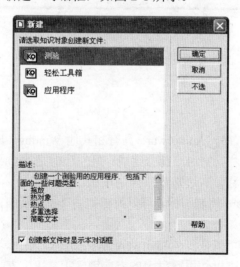

图 2-1 "新建"对话框

专家点拨：Authorware 每次运行或者新建文件的时候都出现如图 2-1 所示的对话框，取消选中"创建新文件时显示本对话框"复选框，单击"不选"按钮，下次运行 Authorware 或者新建文件时就不再出现这个对话框了。如果想下次运行 Authorware 或者新建文件时显示如图 2-1 所示对话框，可以选择"文件"|"新建"|"方案"菜单命令。

单击对话框右侧的"不选"或"取消"按钮，建立一个空白的新程序。打开常用面板后的 Authorware 主界面窗口如图 2-2 所示。

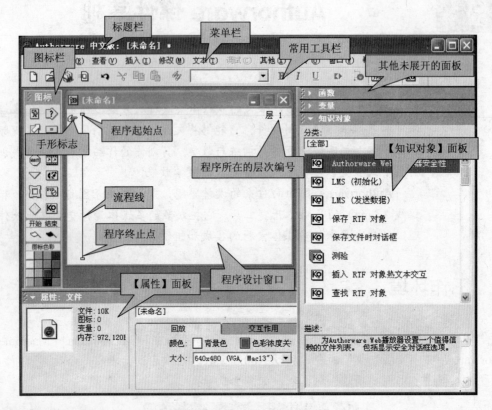

图 2-2　Authorware 的工作环境

下面，对 Authorware 工作环境进行简单的介绍。

2.1.1　标题栏

作为 Windows 应用程序，Authorware 具有和其他 Windows 应用程序相同的标题栏。在操作区的最上方是标题栏，它由三部分组成：最左边的是 Authorware 控制图标，中间部分是软件的名称和程序名称，右边是窗口控制按钮。

单击左边的 Authorware 控制图标，可以弹出如图 2-3 所示的窗口控制菜单。各选项的含义如下。

还原：选择该选项，可以恢复 Authorware 默认的窗口大小。

移动：选择该选项，可以使用键盘上的方向键（上、下、左、右键）移动操作窗口。当然，此时也可以直接通过移动鼠标来移动操作窗口。

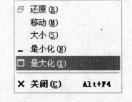

图 2-3　窗口控制菜单

大小：选择该选项，同样可以使用键盘上的方向键或移动鼠标来改变操作窗口的大小。

最小化：选择该选项，可以使操作窗口变成最小。

最大化：选择该选项，可以使操作窗口变成最大。

关闭：选择该选项，可以退出 Authorware 并关闭应用程序，其快捷键是 Alt+F4。

在标题栏的最右边是三个窗口控制按钮，其操作方法和 Windows 操作系统的操作方法相同。分别单击三个按钮，可以达到使操作窗口最小化、最大化（或在最大化的情况下还原）、关闭退出 Authorware 的目的。

2.1.2 菜单栏

Authorware 的菜单栏如图 2-4 所示。其中，“文件”菜单、“编辑”菜单和“查看”菜单和其他常用软件差不多。

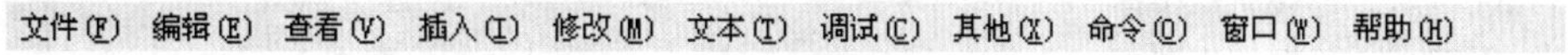
文件(F)
编辑(E)
查看(V)
插入(I)
修改(M)
文本(T)
调试(C)
其他(X)
命令(O)
窗口(W)
帮助(H)

图 2-4 Authorware 的菜单栏

这里主要介绍一下 Authorware 特有的菜单。

- “插入”菜单：用于引入知识对象、图像和 OLE 对象等。
- “修改”菜单：用于修改图标、图像和文件的属性，组建及改变前景和背景的设置等。
- “文本”菜单：提供丰富的文字处理功能，用于设定文字的字体、大小、颜色、风格等。
- “调试”菜单：用于调试程序。
- “其他”菜单：用于库的链接及查找“显示”图标中文本的拼写错误等。
- “命令”菜单：里面有关于 Authorware.com 的相关内容，还有 RTF 编辑器和查找 Xtras 等内容。
- “窗口”菜单：用于打开演示窗口、库窗口、计算窗口、变量窗口、函数窗口及知识对象窗口等。
- “帮助”菜单：从中可获得更多有关 Authorware 的信息。

2.1.3 常用工具栏

常用工具栏是 Authorware 窗口的重要组成部分，如图 2-5 所示。其中每个按钮实质上是菜单栏中的某一个命令，因为使用频率较高，所以放在常用工具栏中，这也是常用工具栏的由来。熟练使用常用工具栏中的按钮，可以使课件制作事半功倍。

保存
搜索
控制面板
函数
(默认风格)
B
I
U
导入
文本样式表
运行
变量
知识对象

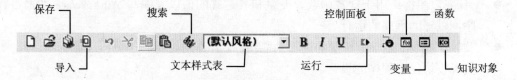

图 2-5 常用工具栏

2.1.4 图标栏

图标栏在 Authorware 窗口的左侧，如图 2-6 所示，包括 13 个图标、开始旗、结束旗和图标色彩调色板，是 Authorware 最特殊也是最核心的部分。

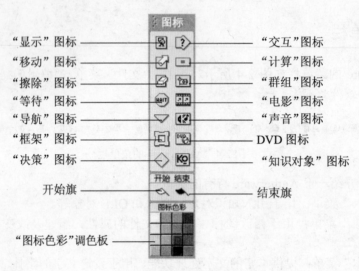

"显示"图标 —— "交互"图标
"移动"图标 —— "计算"图标
"擦除"图标 —— "群组"图标
"等待"图标 —— "电影"图标
"导航"图标 —— "声音"图标
"框架"图标 —— DVD 图标
"决策"图标 —— "知识对象"图标
开始旗 —— 结束旗
"图标色彩"调色板

图 2-6　图标栏

- "显示"图标：Authorware 中最重要、最基本的图标，可用来制作课件的静态画面、文字，可用来显示变量、函数值的即时变化。
- "移动"图标：与"显示"图标相配合，可制作出简单的二维动画效果。
- "擦除"图标：用来清除显示画面、对象。
- "等待"图标：其作用是暂停程序的运行，直到用户按键、单击或者经过一段时间的等待之后，程序再继续运行。
- "导航"图标：其作用是控制程序从一个图标跳转到另一个图标去执行，常与框架图标配合使用。
- "框架"图标：用于建立页面系统、超文本和超媒体。
- "决策"图标：其作用是控制程序流程的走向，完成程序的条件设置、判断处理和循环操作等功能。
- "交互"图标：用于设置交互作用的结构，以达到实现人机交互的目的。
- "计算"图标：用于计算函数、变量和表达式的值以及编写 Authorware 的命令程序，以辅助程序的运行。
- "群组"图标：是一个特殊的逻辑功能图标，其作用是将一部分程序图标组合起来，实现模块化子程序的设计。
- "电影"图标：用于加载和播放外部各种不同格式的动画和影片，如用 3ds Max、QuickTime、Microsoft Video for Windows、Animator、MPEG 以及 Director 等制作的文件。

- "声音"图标：用于加载和播放音乐及录制的各种外部声音文件。
- DVD 图标：可以在应用程序中整合播放 DVD 视频文件。普通用户很少用该图标。
- "知识对象"图标：实质就是程序设计的向导，它引导用户建立起具有某项功能的程序段。一开始进入 Authorware 出现的"新建"对话框提供的可选取知识对象也属于此范围。
- 开始旗：用于设置调试程序的开始位置。
- 结束旗：用于设置调试程序的结束位置。
- "图标色彩"调色板：赋予设计的图标不同颜色，以利于识别。

2.1.5　程序设计窗口

程序设计窗口是 Authorware 的设计中心，Authorware 具有对流程可视化编程功能，主要体现在程序设计窗口的风格上。程序设计窗口如图 2-7 所示。

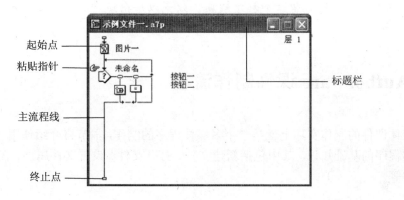

图 2-7　程序设计窗口

程序设计窗口主要包括以下几个部分。

- 标题栏：显示被编辑的程序文件名，在未保存之前显示为"未命名"。
- 主流程线：一条被两个小矩形框封闭的直线，用来放置设计图标，程序执行时，沿主流程线依次执行各个设计图标。两个小矩形分别是程序的起始点和终止点，表示程序的开始和结束。
- 粘贴指针（手形标志）：形状为一只小手，指示下一步设计图标在流程线上的位置。单击程序设计窗口的任意空白处，粘贴指针就会跳至相应的位置。

可以看出，这种流程图式的程序结构直观生动地反映了程序的执行过程，制作的课件作品可以较好地体现教学思想，对于广大教师来说，也比较容易上手。

2.1.6　函数、变量、知识对象面板过大问题的解决方法

在 Authorware 课件制作过程中，出现了如图 2-8 所示的函数、变量、知识对象面板过大的问题，导致 Authorware 软件没有办法使用，该怎么解决这个问题？

这个问题是 Authorware 7 本身的问题。目前的解决方案有好几种，最简单的方法是下

载"Authorware 7 面板补丁"软件（下载网址：http://www.cai8.net）。关闭 Authorware，然后运行该补丁程序，显示如图 2-9 所示的程序界面。单击 Patch 按钮，程序就会提示已经修补好了这个问题，然后单击 Exit 按钮退出即可。下次退出 Authorware 之前要记得先关闭函数、变量、知识对象面板，否则还会出现面板过大的问题。

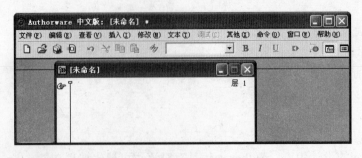

图 2-8　函数、变量面板过大

图 2-9　Authorware 7 面板补丁

专家点拨：建议保留这个补丁程序，以免以后出现"面板过大"问题的时候再次下载。

2.2　Authorware 课件制作流程

多媒体课件的制作实际上就是一个多媒体程序的制作，本节将介绍使用 Authorware 创建多媒体程序的基础知识，其中包括新建文件、打开文件、设置文件属性、流程线的操作、保存文件等。

2.2.1　新建和打开文件

1．新建文件

Authorware 新建一个文件是很简单的。当运行 Authorware 时，弹出"新建"对话框，提供了可选取知识对象来新建文件，单击"不选"按钮后就自动新建了一个文件。

另外，选择"文件"|"新建"|"文件"菜单命令，或者单击"常用工具栏"上的"新建"按钮□，都可以新建一个文件。

2．打开文件

如果要打开以前的文件，可以单击"常用工具栏"上的"打开"按钮☑，弹出"选择文件"对话框，如图 2-10 所示。选择要打开的文件后，单击"打开"按钮就可以打开该文件进行编辑和修改操作了。

专家点拨：也可以选择"文件"|"打开"|"文件"菜单命令，这时候可以看到最近打开过的几个文件，直接选择想打开的文件即可。

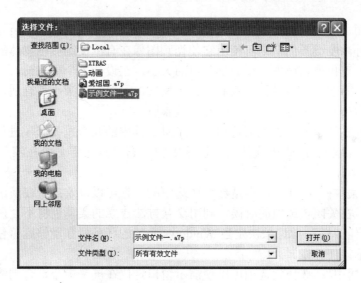

图 2-10　"选择文件"对话框

2.2.2　设置文件属性

第一次启动 Authorware 时，打开程序的同时会打开文件的属性面板，位于操作区的正下方，如图 2-11 所示。在以后的操作中如果属性面板没有在操作区的下方出现，可以选择"修改"│"文件"│"属性"菜单命令，调出"属性：文件"面板。在进行具体的 Authorware 课件制作以前，一般要先设置好文件属性。

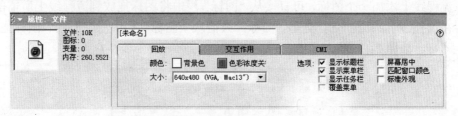

图 2-11　"属性：文件"面板

🔖专家点拨：对于一个新建立的 Authorware 文件，首先要做的就是对它的文件属性进行设置。一开始打开文件的默认属性设置并不能满足每一个程序的要求，如果这时候文件的属性设置不好，在将来的程序设计中会遇到许多麻烦，有的时候甚至会导致整个课件制作失败。

在面板的左边是文件的基本信息。在右边最上方的文本框中可以输入文件名称，文件默认的名称是"未命名"，如果想改变文件的标题名称，可以在这里输入文件标题。

每当打开文件的属性面板时，默认打开的选项卡就是"回放"选项卡，它提供的是在程序播放时的一些基本设置，这些设置对于一个程序设计的成功与否非常重要，一般在开始设计具体程序之前就应该首先设置好，"回放"选项卡的面板如图 2-11 所示。

"颜色"选项：后面有两个颜色方框，前面一个"背景色"颜色框用来设置整个文件的背景颜色，后面一个"色彩浓度"颜色框很少用到，当计算机中已经安装有一块视频卡，并且它支持某种浓度键颜色，则可使用它使视频图像在有浓度键颜色物体的地方播放。

在"大小"下拉列表框中选择演示窗口的大小。在设计一个程序前，一定要设置好演示窗口的大小，不然在程序设计完成后，如果发现演示窗口的大小不合适，要进行修改，那么整个程序中所有的内容的位置几乎都要调整。

在对话框的右边是一些其他的选项，这里只对其中的几个重要选项进行讲解。

- "显示标题栏"：此选项是被默认选中的，它可以决定是否在演示窗口中显示标题栏。
- "显示菜单栏"：此选项也是被默认选中的，它可以决定是否在演示窗口中显示菜单栏，在关闭该选项的时候，利用交互方法建立的菜单也将不会显示出来。
- "显示任务栏"：此选项决定当 Windows 系统的任务栏在能够遮盖住演示窗口时是否显示该任务栏。
- "屏幕居中"：选择此选项可以使演示窗口定位在屏幕中心，否则演示窗口出现的位置不固定。

2.2.3 流程线操作

Authorware 的制作理念是以构建程序的结构和流程线上的图标来实现各项功能。因此在程序设计时，常常需要在流程线上对图标进行添加、删除等操作，下面就来介绍具体的方法。

1．图标的添加和删除

在流程线上添加一个图标，可直接从"图标"栏中将图标拖放到流程线上所需的位置。例如要在流程线上添加一个"交互"图标，只需从"图标"栏中将"交互"图标拖放到流程线上即可，如图 2-12 所示。

图 2-12　在流程线上添加一个图标

🔖专家点拨：Authorware 允许将外部的素材（如图片、声音、视频等）文件直接拖动到流程线上。具体方法是，打开 Windows 资源管理器，然后拖动这两个程序窗口，使它们变小。在 Windows 资源管理器中找到需要添加的媒体文件，将其拖动到 Authorware 流程线上，Authorware 会自动生成相应的图标。

要想删除一个流程线上已有的图标，可选择该图标，再按 Delete 键删除。

2．图标的命名

图标添加后，会在右侧出现一个默认的名称。为了使课件中同类图标容易辨认，增强程序的可读性，需要为图标重新命名。在流程线上单击需命名的图标，使该图标被选中，此时图标右侧的图标名也被选中，直接输入新的名称即可。这里也可直接由鼠标选择右侧的图标名后，再进行修改。例如将上面添加的"交互"图标改名为"交互"，如图 2-13 所示。

3．改变图标颜色

对于一个大型课件来说，流程线上的图标往往很多，为了便于区别，除了给它们命名外，还可给图标添上不同的颜色。在流程线上选择需要改变颜色的图标，在图标栏下面的"图标色彩"调色板中选择需要的颜色，即可改变图标的颜色，如图 2-14 所示。

图 2-13　更改"交互"图标的名称

图 2-14　改变流程线上图标的颜色

专家点拨：在流程线上选择连续的多个图标时，也可直接由鼠标拖出一个虚线框将需选择的图标框住来实现选择。选择"编辑" | "选择全部"菜单命令可以选择流程线上的所有图标。

4．改变图标位置

要改变图标的位置，可直接将图标拖放到流程线上所需的位置。这种拖动方式也可实现将图标从一个程序窗口拖放到另一个程序窗口的流程线上。

当需要改变多个图标的位置时，可按 Shift 键依次选择所需的图标，按 Ctrl+X 键剪切这些图标，然后在流程线所需位置单击，按 Ctrl+V 键粘贴这些图标即可。这种方法也适用于将一个程序中的图标移动到另一个程序中。

2.2.4 保存文件

课件制作完成后，当然要将文件保存起来。选择"文件"|"保存"菜单命令，或者单击"常用工具栏"上的"保存"按钮，弹出"保存文件为"对话框，如图2-15所示。输入要保存的文件名，单击"保存"按钮即可。

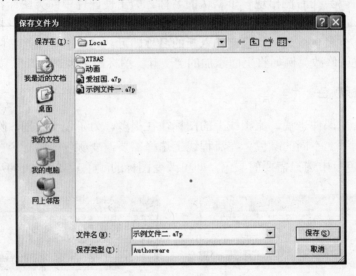

图 2-15 "保存文件为"对话框

要关闭当前编辑的文件，只要选择"文件"|"关闭"菜单命令就可以，或者单击程序设计窗口右上方的"关闭"按钮，同样可以关闭当前文件。

2.3 认识 Authorware 中的变量和函数

Authorware 是一个流程式多媒体制作软件，它的程序制作基本上都是使用图标的拖动来完成的，但只依靠简单的图标拖动制作，很难完成复杂的工作，为此，在 Authorware 中加入了变量和函数的内容。利用变量、函数及编程，可以制作出功能更加强大的多媒体课件。本节先简单认识一下 Authorware 中的变量和函数。

2.3.1 变量

所谓的变量，顾名思义指的是程序运行时其值可以改变的量。在 Authorware 中，变量包括自定义变量和系统变量。

1. 自定义变量

自定义变量是用户自己定义的变量。相对于其他的编程语言，在 Authorware 中使用自定义变量比较简单，用户无须考虑变量是全局变量还是局部变量，也无须考虑变量的数据类型是整数型还是浮点型等。当为一个变量赋值时，变量的类型由所赋予的值的类型决定。自定义变量可以在计算图标以及各种属性面板的文本输入框中使用，还可插入到文本对象中使用。下面介绍在计算图标中使用自定义变量时变量的定义过程。

（1）拖放一个计算图标到流程线上。双击流程线上的计算图标，打开计算图标的代码编辑窗口，在窗口中为自定义变量赋值，如图 2-16 所示。

（2）关闭计算图标编辑窗口完成对变量的定义，此时会弹出一个对话框，提示保存对计算图标的修改，如图 2-17 所示。

图 2-16　在计算图标的代码编辑窗口中为变量赋值

图 2-17　提示保存对计算图标的修改

（3）单击"是"按钮关闭对话框，弹出"新建变量"对话框。分别在对话框中的文本框中输入变量名、变量初始值和变量说明，如图 2-18 所示。单击"确定"按钮关闭对话框完成变量的定义。

专家点拨：在 Authorware 中根据变量存储的数据类型，可将变量分为以下 4 种类型。

数值型变量：用于存储具体的数字。

字符型变量：用于存储字符串。

逻辑型变量：存储 TRUE 和 FALSE 这两个逻辑值。

列表型变量：用于存储一组数据或变量。

2．系统变量

系统变量是指 Authorware 已定义好的变量，常用来记录系统内部图标、对象、响应关系和状态，在程序中可以被直接调用。系统变量和自定义变量一样，可在计算图标、各种属性

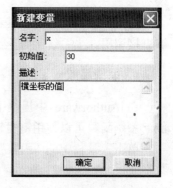

图 2-18　在"新建变量"对话框中完成变量的定义

对话框的文本输入框中使用，还可插入到文本对象中使用。下面以在计算图标中使用为例介绍系统变量的使用。

（1）在流程线上双击计算图标打开代码编辑窗口，单击工具栏中的"变量"按钮 或选择"窗口"|"面板"|"变量"菜单命令，打开"变量"面板，如图 2-19 所示。

在"变量"面板的"分类"下拉列表框中列出了 12 种系统变量，选择一种系统变量，

在其下方的列表框中会显示出该类的所有系统变量。"初始值"和"变量"文本框显示出变量的初值和当前值。"参考"框中显示当前使用该变量的图标的名称。"描述"框中显示对该变量的说明。

（2）双击需要的系统变量（或选择后单击"粘贴"按钮），即可将系统变量复制到代码需要的地方，例如这里的计算图标的代码编辑窗口，如图 2-20 所示。

图 2-19 "变量"面板

图 2-20 在计算图标的代码编辑窗口中添加系统变量

2.3.2 函数

函数一般指的是提供某种特殊功能的子程序。Authorware 自带了大量的系统函数，能够直接调用。当系统函数无法满足要求时，Authorware 也允许用户使用自定义函数。

1. 系统函数

在 Authorware 中提供了丰富的系统函数，使用系统函数可以完成许多高级的扩展功能。系统函数可以使用键盘输入到任何需要的地方，也可使用"函数"面板来进行输入。

单击工具栏中的"函数"按钮 或选择"窗口"|"面板"|"函数"菜单命令，打开"函数"面板，如图 2-21 所示。

专家点拨：Authorware 中的系统函数按其用途被分为不同类型。其中，"字符"类用于对字符和字符串的操作，"绘图"类用于在演示窗口中绘制图形，"跳转"类用于实现图标间的跳转和跳转到外部文件，"数学"类用于复杂的数学运算，"时间"类可处理与时间有关的操作。

"函数"面板中各选项栏的用途与"变量"面板类似。选择需要的函数后双击（或单击"粘贴"按钮）可将函数添加到需要的位置，如计算图标的代码编辑窗口中，如图 2-22 所示。

图 2-21　"函数"面板

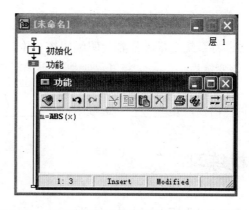

图 2-22　在计算图标的代码编辑窗口中添加系统函数

2．自定义函数

Authorware 中自定义函数有两种文件格式，其一为 DLL（Dynamic Link File）文件格式。熟悉 Windows 编程的朋友都知道，DLL 文件即为动态链接库文件，它是 Windows 的重要组成部分。Windows 环境中的开发工具，如 VB、VC 等均能开发出功能强大的 DLL 文件。DLL 文件功能虽然强大，但要正确地使用它必须对 Windows 下的程序设计有深入的了解，这显然不是一般用户所能做到的。为此，Authorware 提供了自定义函数的第二种文件格式，即 UCD（User Code File）文件格式。UCD 格式的文件是按照 Authorware 函数格式开发的自定义函数库，加载后会增加一个函数类，该类中有多个自定义函数供使用。

本章习题

一、选择题

1．同时选择流程线上多个图标，可执行下面哪种操作？（　　　）

　　A．按住 Shift 键单击需选择的图标

　　B．按住 Ctrl 键单击需选择的图标

　　C．按住 Alt 键单击需选择的图标

　　D．依次单击需选择的图标进行选择

2．在 Authorware 中，变量被定义为 4 种类型，下面哪种不属于这 4 种类型？（　　　）

　　A．数值型变量　　　　　　　　　　　B．字符型变量

　　C．发散型变量　　　　　　　　　　　D．逻辑型变量

3．包括 13 个图标、开始旗、结束旗和图标色彩调色板，是 Authorware 最特殊也是最核心的部分。这个对象是（　　　）。

A．常用工具栏　　B．菜单栏　　　　C．图标栏　　　　　D．属性面板

二、填空题

　　1．要想删除一个流程线上已有的图标，可选择该图标，按_____键删除。

　　2．将系统变量添加到代码编辑窗口中，除了可直接输入外，还可以在"变量"面板中选择该变量后_____将其添加到代码编辑窗口。

　　3．欲使程序运行时演示窗口的大小为 640×400 像素，可选择_____命令打开文件"属性"面板，在_____选项卡的_____下拉列表框中进行选择设置。

上机练习

练习1　图标的基本操作

　　练习流程线上图标的添加、删除、上色等基本操作。

> **要点提示**

　　根据 2.2.3 小节介绍的操作方法进行练习。

练习2　Authorware 文件的基本操作

　　用显示图标尝试插入一个图片素材，练习新建、打开、保存 Authorware 文件的操作。

> **要点提示**

　　根据 2.2 节介绍的操作方法进行练习。在使用显示图标时，首先将显示图标拖放到流程线上，然后双击显示图标打开演示窗口，单击工具栏中的"导入"按钮 将外部图片文件导入到显示窗口中。

第3章

在 Authorware 课件中应用文字、图形和图像

文字、图形和图像是多媒体课件中最常见的元素。作为一个优秀的多媒体创作平台，Authorware可以把文字、图形和图像完美地组合在一起。这方面的操作主要是用"显示"图标来完成的。本章主要讲解在Authorware课件中应用文字、图形和图像的方法和技巧。

3.1 在 Authorware 课件中应用文字

文字是多媒体课件中不可或缺的元素，Authorware 提供了多种创建文字对象的方法，其自带的文字工具同时具有对创建的文字对象进行编辑的能力。同时 Authorware 还支持 RTF 文件格式、OLE 技术，从而使在 Authorware 中也能够方便地使用包含多媒体信息的文档。

3.1.1 利用 Authorware 的文字工具创建文本

在 Authorware 的绘图工具箱中提供了文字工具，使用该工具可以方便地在 Authorware 课件中创建文本对象。

1. 创建文本对象

（1）新建一个 Authorware 文档，在流程线上放置一个"显示"图标，双击"显示"图标打开演示窗口和绘图工具箱。在绘图工具箱中选择"文字"工具 A，在演示窗口中需要创建文本对象处单击，得到一个水平的缩排线，其结构如图 3-1 所示。在演示窗口中拖动缩排线上的控制柄，可改变它们的位置，从而可控制输入文本的宽度、每一个段落的左右缩进和段落首行的缩进。

专家点拨：在缩排线上拖动左右边界调整句柄可控制输入文本的宽度。拖动首行缩进标记可以控制第一行的缩进量。拖动段落左右缩进标记可以控制整个段落的左右缩进。

（2）输入文字，创建一个多段落的文本对象，通过设置缩进量和左右边距设置段落的样式，如图 3-2 所示。

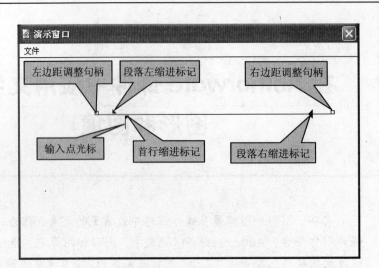

图 3-1 演示窗口中的水平缩排线

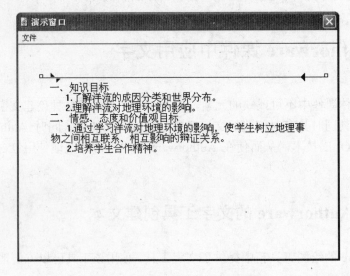

图 3-2 创建的多段落的文本对象

2. 制表符的使用

在水平缩排线上单击，会出现字符制表符，在输入文字时，按 Tab 键，光标会自动跳到下一个制表符。若在字符制表符上再次单击则字符制表符会变为小数点制表符，输入数字时，小数点会自动对齐。使用制表符，可以用"文字"工具在演示窗口中制作简单的表格，如图 3-3 所示。

专家点拨：当需要取消一个制表符时，可以用鼠标将其向两端拖出，制表符即会被取消。

3. 文本对象的移动和删除

在绘图工具箱中选择"选择/移动"工具，演示窗口中创建的文本对象周围出现 6

个控制柄，如图 3-4 所示。此时，用鼠标可以拖动整个文本对象改变其在演示窗口中的位置，拖动控制柄可改变文本框的大小，但不能改变其中文字的大小。

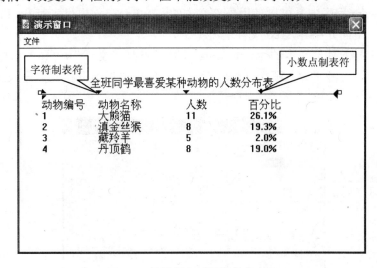

图 3-3　使用制表符制作简单表格

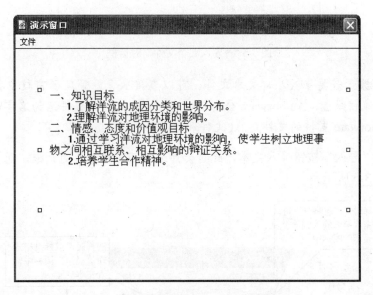

图 3-4　文本对象周围出现六个控制柄

　　使用"选择/移动"工具在已经创建的文本对象上单击，可选择此文本对象，按 Delete 键可将该文本对象删除。

3.1.2　引用外部文本

　　使用包含图像、表格、图表等多种媒体信息的外部文本，能够使课件内容更加丰富。在 Authorware 中使用外部文本可以采用直接导入、从软件中将对象粘贴到"显示"图标中和使用插入 OLE 对象这 3 种方法，下面就来逐一进行介绍。

1．外部文本的导入

在 Authorware 程序中是可以使用外部文本的，Authorware 提供了对.txt 和.rtf 这两种文件格式的支持，下面介绍导入.txt 文件的方法。

（1）打开需导入外部文本的 Authorware 文档，选择"文件"|"导入和导出"|"导入媒体"菜单命令，打开"导入哪个文件"对话框，使用该对话框找到需导入的文本文件，如图 3-5 所示。

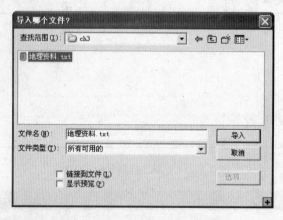

图 3-5 "导入哪个文件"对话框

专家点拨：若要导入外部文本文件，可以直接从资源管理器窗口中将文件拖动到 Authorware 的流程线上，Authorware 会自动创建以文本文件的文件名为名字的"显示"图标。这里 Authorware 支持的文件是.txt 文件和.rtf 文件。

（2）单击"导入"按钮导入文本，此时会弹出"RTF 导入"对话框，对话框中各设置项的含义如图 3-6 所示。

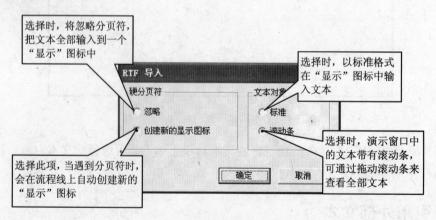

图 3-6 "RTF 导入"对话框

（3）完成设置后，单击"确定"按钮，将选定的.txt 文件按设定的方式导入。此时 Authorware 会自动在流程线上创建一个"显示"图标，并且文本带有滚动条，如图 3-7 所示。

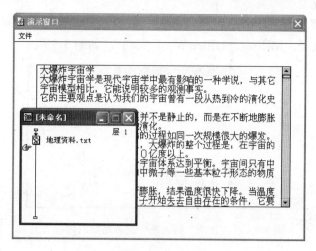

图 3-7　将外部.txt 文件导入到课件中

2．外部文本对象的粘贴

通过 Windows 的剪贴板，可以将其他文字编辑软件（如 Word，WPS 等）中被编辑的文本对象直接粘贴到 Authorware "显示" 图标中来。具体的操作步骤如下。

（1）在 Word 中打开文档，选择需要部分，如图 3-8 所示。

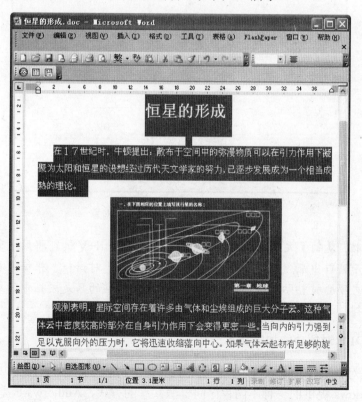

图 3-8　在 Word 中选择需要的文字和图像

（2）按 **Ctrl+C** 键复制选择的对象后，切换到 Authorware，打开 "显示" 图标的演示

窗口。选择"编辑"|"选择性粘贴"菜单命令，打开"选择性粘贴"对话框。在对话框的"作为"列表框中选择"Microsoft Office Word 文档"，如图 3-9 所示。

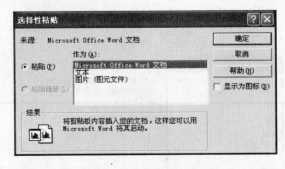

图 3-9　在"作为"列表框中选择粘贴的内容类型

（3）单击"确定"按钮，完成对象的粘贴，此时 Word 文档中选择的文字和图形都会被粘贴到演示窗口中来，如图 3-10 所示。

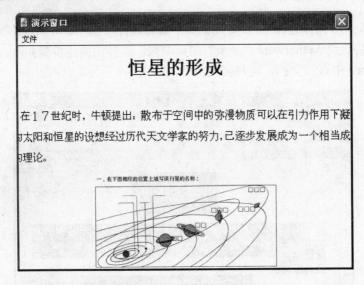

图 3-10　粘贴到演示窗口中的对象

专家点拨：复制了文本对象后，在演示窗口中按 Ctrl+V 键可将系统剪贴板中的对象直接粘贴到演示窗口中来。此时会自动弹出"RTF 导入"对话框，根据需要进行设置后，关闭对话框，文字会被粘贴到演示窗口中来。但此时粘贴的只是文档中的文字，其他对象如图形将被丢掉。

3．利用 OLE 对象功能加载文本

OLE 就是对象链接和嵌入技术，它能够将其他应用程序制作的对象作为自己的对象使用。这是 Windows 提供的一种不同程序间资源共享的方式，Authorware 提供了对 OLE 的支持。利用 OLE 对象加载文本的方法如下。

（1）打开"显示"图标的演示窗口，选择"插入"|"OLE 对象"命令，打开"插入

对象"对话框,选择"新建"单选按钮,在"对象类型"列表框中选择"Microsoft Word 文档"选项,如图 3-11 所示。

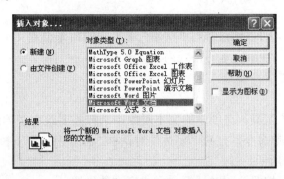

图 3-11　"插入对象"对话框

专家点拨:从"插入对象"对话框的"对象类型"列表框中可以看到,使用 OLE 对象插入的方法,不仅可以插入 Word 文档,还可以插入公式、Excel 工作表、Photoshop 图像等多种对象。当 Authorware 课件中需要插入这些对象时,可使用 OLE 技术,采用这里介绍的方法来实现。

(2)单击"确定"按钮关闭对话框,Authorware 启动 Word,如图 3-12 所示。此时即可进行文字的输入或将外部文档调入进行编辑。完成编辑后,单击文字以外的部分,即可退出 Word 文字处理状态,回到 Authorware 演示窗口,同时被编辑的文档也会在"显示"图标中显示出来。

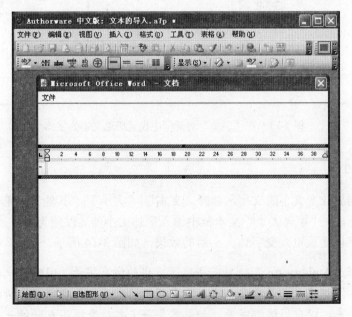

图 3-12　Word 文档的编辑处理

当需要对"显示"图标中使用 OLE 方式创建的文档进行修改时,可在演示窗口中双击文本对象,即可调出链接的处理程序,进行编辑处理。

3.1.3 设置文字格式

在 Authorware 中，可以通过执行"文本"菜单中的命令设置文本的字体、大小、风格、对齐方式、消除锯齿、卷帘文本等格式内容。

1. 文字字体

（1）选择"文字"工具，在创建的文本对象中选择需要改变字体的文字。选择"文本"|"字体"|"其他"菜单命令，打开"字体"对话框。在"字体"下拉列表框中为文字选择一种字体，如图 3-13 所示。

（2）单击"确定"按钮关闭对话框，完成字体的设置。

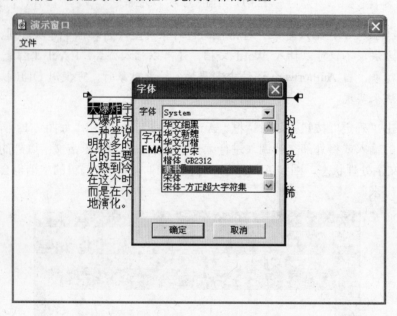

图 3-13 在"字体"对话框中设置所选文字的字体

2. 文字大小

（1）选择需要改变大小的文字，选择"文本"|"大小"|"其他"菜单命令，打开"字体大小"对话框。在"字体大小"文本框中输入字体大小值（以磅为单位），在预览框中可输入自己的文字以便预览改变字体大小后的效果，如图 3-14 所示。

专家点拨：Authorware 支持当前字体所提供的所有字号，同时用户也可以创建新的字号。在"文本"|"字号"菜单命令中，首先列出的数字即为当前字体所提供的字号，可以直接用鼠标单击，以应用这些字号。如果需要将文本对象提高或降低一个单位级字号可按 Ctrl+↑ 键或 Ctrl+↓ 键。

（2）单击"确定"按钮关闭对话框，完成文字大小的设置。

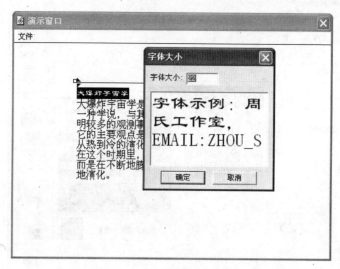

图 3-14　在"字体大小"对话框中设置所选文字的大小

3．字体风格

选择"文本"|"风格"菜单命令，在打开的子菜单中可以选择文字的风格效果。如图 3-15 所示为选择了"加粗"和"倾斜"菜单命令后的文字效果。

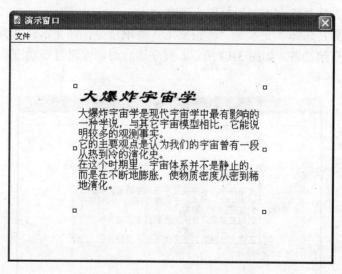

图 3-15　改变文字风格后的效果

4．文字对齐

选择"文本"|"对齐"菜单命令，在打开的子菜单中可以选择文字的对齐方式。这里各种对齐方式是以水平缩排线的段落左、右缩进标记的位置为标准的。

5．文字颜色

选择需要更该颜色的文字，单击"工具"面板中的 按钮，打开"调色板"窗口。在"调色板"中选择所需的颜色单击即可更改文字的颜色，效果如图 3-16 所示。

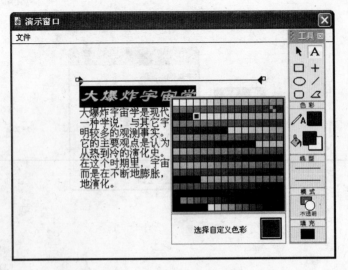

图 3-16 更改文字的颜色

6．卷帘文本

当输入的文本内容很多时，文本往往超出了演示窗口的范围，从而造成文本不能完全显示。有时课件的布局需要文本框不能设置过大，这时也会遇到文字不能完全显示的问题。解决此类问题的方法是将文本对象设置为卷帘文本。

选择文本对象，选择"文本"|"卷帘文本"菜单命令，则文本转换为卷帘文本，在文本框右侧出现垂直滚动条，如图 3-17 所示。程序运行时，可通过拖动滚动条来实现所有文本的显示。

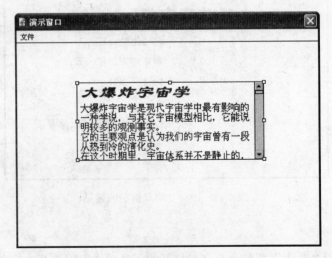

图 3-17 将文本对象设置为"卷帘文本"

7．消除锯齿

选中文本内容，选择"文本"|"消除锯齿"菜单命令，可以使文本变得平滑，并且字号也显得比原来小了一些，如图 3-18 所示。

设置文本的消除锯齿功能

----消除锯齿前

设置文本的消除锯齿功能

----消除锯齿后

图 3-18　消除锯齿前后对比

如果不使用文字的消除锯齿功能，文字上难免有一些毛刺。平滑后的文字给人的感觉好得多，但在有些字体中如果使用了文字的消除锯齿功能，字体会减小很多。

8．保护原始分行

选中文本，选择"文本"|"保护原始分行"菜单命令，可以使文本保持原有的状态，不被重新定义长度，并且不管文本中的字体如何变化。

9．自定义文本风格

Authorware 为文本对象的格式化提供了比上面介绍的方法更为快捷的方法，那就是使用自定义风格。通过自定义风格可将文本对象的字体、颜色、风格等设置好后，直接用于其后创建的文本对象。下面介绍自定义风格的方法。

（1）选择"文本"|"定义样式"菜单命令，打开"定义风格"对话框，其各设置项的含义如图 3-19 所示。完成对话框中的各项设置后，单击"完成"按钮关闭对话框，定义的文本样式即可用于其他文本对象了。

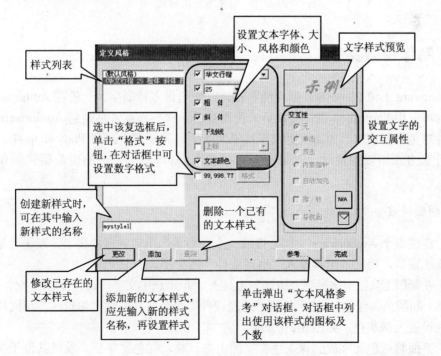

图 3-19　"定义风格"对话框

专家点拨：定义的风格是可以在"定义风格"面板中删除的，但该风格必须没有被应用，否则"删除"按钮不可用。如果希望了解某种风格被应用于何处，可在"定义风格"对话框中选择该风格，单击"参考"按钮，会打开"文本风格参考"对话框，该对话框中将列出所有使用该样式的图标。

（2）在使用一种自定义样式时，首先选择要定义样式的文本，再选择"文本"|"应用样式"菜单命令，打开"应用样式"面板，选中面板中需要的文本样式，即可将已经定义的样式应用到选择的文本，如图 3-20 所示。

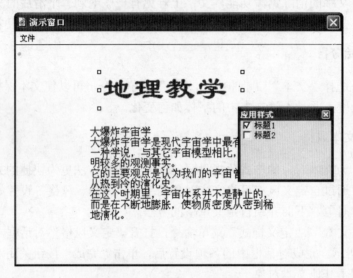

图 3-20　对文本应用样式

3.1.4　制作特效文字

Authorware 不像 Photoshop 那样能够设计制作出很多特效字。一般在 Authorware 中的特效字都可以用 Photoshop 设计完成后，用图片的形式导入或者粘贴到 Authorware 中。然而，课件难免需要修改，如果要更改图片中的文字，需要重新回到 Photoshop 中，十分麻烦。有什么办法可以解决这一难题呢？可以使用 Authorware 中的覆盖模式制作一些特效字。

1．阴影特效

（1）新建一个 Authorware 文档，拖放一个"显示"图标到流程线上，双击"显示"图标打开演示窗口，用文本工具输入"地理课件"四个字。

（2）在绘图工具箱中切换到"指针"工具 ，单击选中文字，设置合适的字体（隶书）、大小（48）和颜色（红色）。然后复制"地理课件"四个字并粘贴到编辑区，用同样的方法将其颜色设置为深灰色，如图 3-21 所示。

（3）下面将红色文字放到深灰色文字的上方。移动红色文字后，发现其位于灰色文字的下方，如图 3-22 所示。选中红色文字，选择"修改"|"置于上层"菜单命令，红色文

字就出现在了灰色文字上方，如图 3-23 所示。

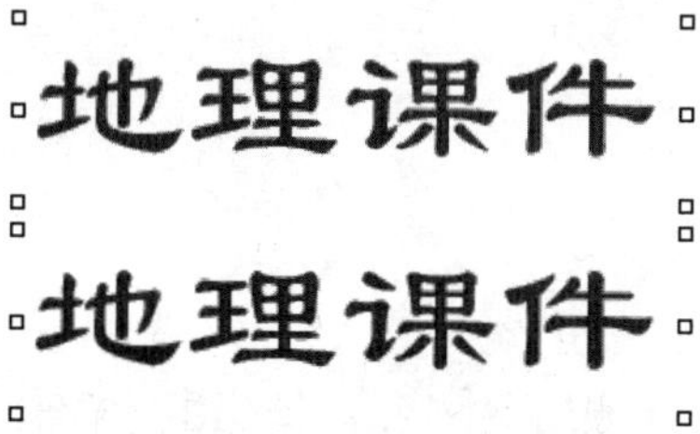

图 3-21　复制并粘贴一个文本对象 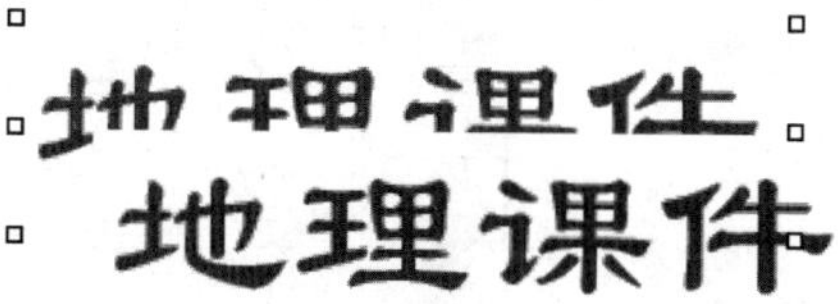　　　　　图 3-22　红色文字在灰色文字的下方

（4）在绘图工具箱中，单击"模式"按钮，打开覆盖模式面板，将两种文字都设置为"透明"模式，如图 3-24 所示。

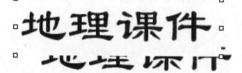

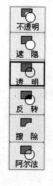

图 3-23　红色文字在灰色文字的上方　　　　　图 3-24　将文字设置为"透明"模式

（5）移动红色文字到合适位置，就可以实现阴影特效，如图 3-25 所示。

（6）为了修改方便，可以同时选择两种文字，选择"修改"|"群组"菜单命令，两种文字就变成一个群组，如图 3-26 所示。移动的时候，就不会出现只移动一种文字的现象了。

图 3-25　实现的阴影特效　　　　　图 3-26　两种文字变成一个群组

专家点拨：在移动红色文字时，可以用鼠标直接拖动，也可以使用键盘上的方向键移动，可以达到一种微调的效果。

2. 空心特效

（1）新建一个 Authorware 文档，拖放一个"显示"图标到流程线上，双击"显示"图标打开演示窗口，添加黑色的文字和黄色的文字，如图 3-27 所示。

（2）和制作阴影特效一样，将黄色文字放在黑色文字前面，打开绘图工具箱中覆盖模式面板，将黄色文字设置为"反转"

图 3-27　添加黑色的文字和黄色的文字

模式，如图 3-28 所示。调整文字的位置，最后呈现空心特效，如图 3-29 所示。

图 3-28　黄色文字设置为"反转"模式　　　　　图 3-29　最后呈现的空心特效

3．填充特效

（1）新建一个 Authorware 文档，拖放一个"显示"图标到流程线上，双击"显示"图标打开演示窗口，添加一个红色文字。

（2）用绘图工具箱中"矩形"工具□绘制一个长方形。设置线条颜色为白色，填充颜色为黑色，覆盖模式选择"透明"模式，在填充模式面板中选择合适的模式，如图 3-30 所示。

完成后的长方形填充效果如图 3-31 所示。

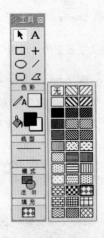

图 3-30　在填充模式面板中选择合适的模式　　　图 3-31　完成后的长方形填充效果

（3）移动长方形到文字上方，如图 3-32 所示。将长方形的填充颜色设置为白色后，最后完成的填充特效如图 3-33 所示。

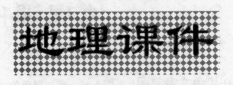

图 3-32　移动长方形到文字上方　　　　　图 3-33　最后完成的填充特效

3.2 在 Authorware 课件中应用图形和图像

图形、图像是课件中最常见的元素。在 Authorware 的"显示"图标和"交互"图标中都能够加入图形和图像。Authorware 提供了绘图工具，使用户在制作课件时，能够根据需要来绘制一些简单的图形。对于一些效果复杂的图形，可以使用其他专业图像处理软件制作，然后导入到 Authorware 中使用。

3.2.1 创建图形

Authorware 提供的绘图工具可绘制直线、斜线、椭圆、矩形、圆角矩形和多边形。使用这些工具，能够在"显示"图标和"交互"图标中绘制简单的图形对象。下面就来介绍课件中图形工具的使用方法和技巧。

1. 绘图工具箱简介

（1）在图标栏中放置一个"显示"图标放到流程线上。

（2）双击"显示"图标打开演示窗口，此时会同时打开绘图工具箱。绘图工具箱中各类工具的作用如图 3-34 所示。

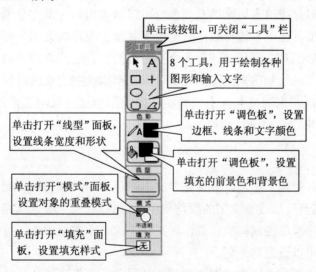

图 3-34 绘图工具箱

绘图工具箱共由 5 个区域组成，由上到下分别是工具区、色彩区、线型区、模式区和填充区。

2. 工具区

在工具区内与绘制图形、输入文字有关的工具共有 8 种。

"选择/移动"工具▲：选择演示窗口中的对象，被选中的对象的四周会出现 8 个矩形小方框，拖动这些小方框可以改变图形或图像的大小。但如果选中的是文字对象，它的周围只会出现 6 个矩形小方框。

"矩形"工具□：选择该工具，在演示窗口中按下鼠标左键拖动可以画出一个矩形，在按住 Shift 键的同时按下鼠标左键拖动可以画出一个正方形。

"椭圆"工具○：选择该工具，在演示窗口中按下鼠标左键拖动可以画出一个椭圆，在按住 Shift 键的同时按下鼠标左键拖动可以画出一个圆形。

"圆角矩形"工具□：选择该工具，在演示窗口中按下鼠标左键拖动可以画出一个圆角矩形，在按住 Shift 键的同时按下鼠标左键拖动可以画出一个正圆角矩形。在画出的圆角矩形的右上方，有一个矩形小方框，在这个小方框上拖动鼠标，可以改变圆角矩形的圆角大小，向外拖动最多能变成矩形，向内拖动最多能变成圆形。

"文字"工具Ａ：用来在演示窗口中输入文字，它的相关内容在第 3.1 节中有详细讲解。

"直线"工具＋：选择该工具，在演示窗口中按下鼠标左键拖动，可以绘制出水平、垂直或倾斜 45°的直线。

"斜线"工具╱：选择该工具，在演示窗口中按下鼠标左键拖动，可以绘制出任意方向的直线。在按住 Shift 键的同时按下鼠标左键拖动，可以实现直线工具的功能。

"多边形"工具▱：选择该工具，在演示窗口中连续单击鼠标，可以绘制任意形状的多边形，在终点处双击可以停止多边形的绘制。这个多边形可以是起点和终点相连的，也可以是不相连的，但最终给多边形填充颜色时可以将多边形内部完全填满。如果想要修改多边形，使用选择工具选中多边形后，只能改变其整个图形的大小。而保持多边形的选中状态，再选择多边形工具，则可以调节各个小方框的位置达到修改多边形形状的目的。

不管使用什么工具绘制出来的图形，都可以在刚刚绘制出来的时候，直接拖动它周围或两端的矩形小方框，来调整其大小或长度。如果图形已经取消选择，可以使用"选择/移动"工具▲将其选中，再进行调节。

3．色彩区

在色彩区里面共有两个选项，分别是"文本颜色"工具▱和"颜色填充"工具▱。

"文本颜色"工具可以改变文字的颜色和图形框的颜色。"颜色填充"工具可以给图形内部填色，不过要注意单击鼠标的位置，如果在上面一个方框单击，可以设置前景色，在后面的方框中单击可以设置背景色。

设置颜色时要注意，首先选中要调整颜色的对象，再设置颜色。选择颜色时，可以在对应工具的方框上单击，打开颜色选择框，如图 3-35 所示。使用鼠标在任意一个小方框中单击就可以选中该颜色，赋予选中的图形或文字。

单击"选择自定义色彩"后面的颜色框，可以打开"颜色"对话框，如图 3-36 所示。在右侧的"拾色"窗口中可以选择颜色，在下面的小窗口中形成预览。也可以通过调整色调、饱和度、亮度的值或调整红、绿、蓝的值来调整颜色。颜色设置完成以后，单击对话框左下角的"确定"按钮即可。

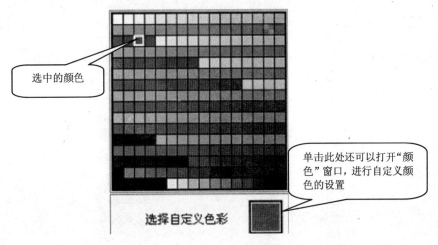

图 3-35　颜色选择框

4. 线型区

在线型区的任意位置单击都可以打开线型面板，如图 3-37 所示。

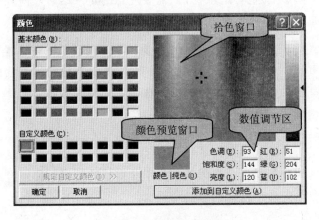

图 3-36　"颜色"对话框　　　　　　　图 3-37　线型面板

在上半区可以选择线的粗细，下半区可以选择线的类型，选择后结果在线型区里用方框体现出来。

专家点拨：在 Authorware 中虽然提供了线型面板，但它的种类很少，在实际绘图工作中很难达到要求。线型的粗细如果不能达到要求，可以利用实心的填充矩形来弥补，箭头可以用多边形工具来绘制。

5. 模式区

在模式区是覆盖模式选项，单击该区域的任何位置，都可以打开覆盖模式面板，如图 3-38 所示。

可以在其中选择一种覆盖模式，在默认情况下选择的是"不透明"。它们的具体设置方法将在后面详细讲解。

6．填充区

在填充区内的任何位置单击，都可以打开填充样式面板，如图 3-39 所示。

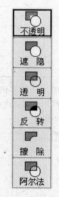

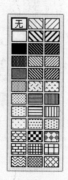

图 3-38　覆盖模式面板　　　　图 3-39　填充样式面板

在默认的情况下，图形是没有填充的，也就是选择的最上方的"无"样式。如果想填充其他样式，可以先将图形选中，然后选择填充样式。需要注意的是，这时候前景色和背景色的设置显得很重要，可以通过使用颜色填充工具进行设置。

专家点拨：使用填充样式面板时，要注意的一点是竖排第一列的第一种选择"无"和第二种选择"白色"是不相同的。如果选中"无"的话，其实是没有进行填充，图形中间部分是透明的，如果选中"白色"的话，图形将被填上白色，是不透明的。

3.2.2　导入外部图像

Authorware 所带的绘图工具的功能是十分有限的，为了获得好的效果，使用经过其他专业图像处理软件处理后的图像不失为一种好的方法。

1．单个外部图像的导入

在 Authorware 中，外部图像可以导入到"显示"图标或"交互"图标中。

（1）新建一个 Authorware 文档。从图标栏中放置一个"显示"图标到流程线上。

（2）在流程线上双击该"显示"图标打开演示窗口，单击工具栏中的"导入"按钮 ，打开"导入哪个文件"对话框。使用该对话框找到需要的文件，并选择该文件，如图 3-40 所示。选择需导入的文件后单击"导入"按钮即可将选定的文件导入到演示窗口中。

专家点拨：如果勾选对话框中的"链接到文件"复选框，则选择的文件不会导入到文件中，只是作为链接文件的形式存在。如果勾选对话框中的"显示预览"复选框，则对话框中部会出现一个预览窗格，显示所选图像的缩略图。

2．多个外部图像的导入

（1）新建一个 Authorware 文档。从图标栏中放置一个"显示"图标放到流程线上。

（2）打开"显示"图标的演示窗口。单击工具栏中的"导入"按钮，打开"导入哪个文件"对话框。单击对话框下方的 按钮，将对话框展开，此时可以导入多个图片文件，如图 3-41 所示。

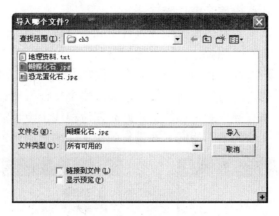

图 3-40　"导入哪个文件"对话框

图 3-41　展开的"导入哪个文件"对话框

（3）在左侧的文件列表中选择需导入的文件，单击右侧的"添加"按钮，将需添加的文件逐个添加到"导入文件列表"列表框中。单击"添加全部"按钮，可将当前文件夹中的所有 Authorware 支持的图像文件全部添加到"导入文件列表"列表框中。

（4）在"导入文件列表"列表框中，选择文件名后，单击"删除"按钮可将选择的文件从列表中删除。完成文件的选择后，单击"导入"按钮，可将列表框中的文件一次性导入到当前的"显示"图标中。

专家点拨：将多张图片导入同一"显示"图标的演示窗口内，所有的图片都是同时被选中的，如果这些图片都比较小，可以在任意没有显示对象的位置单击或单击绘图工具箱中的文本工具，取消所有的选择，然后重新选择对象进行调整，这样的调整显得方便快捷。

3．将多个图像直接导入到流程线

将多张图片导入同一"显示"图标的演示窗口内，所有的图片都是同时被选中的，如果这些图片中有形状较大的，它将会充满整个演示窗口，这时候将找不到非选择区，也就无法取消对所有图片的选择，它们位置的调整是很难达到目的的。可以在图片上按下鼠标将图片平移，使演示窗口露出非选择区，然后单击取消选择再进行位置调整。这样做不仅麻烦，还可能使一些图片移出演示窗口无法选择。

避免这种情况的方法就是将图像分别导入到不同"显示"图标的演示窗口中，使得每个"显示"图标中都只有一张图像，操作方法如下。

（1）在流程线上想要加入图片的地方单击，在该位置出现一个手形指针，如图 3-42 所示。

（2）单击工具栏上的"导入"按钮，打开"导入哪个文件"对话框。选择一个图像文件，单击"导入"按钮将它导入到流程线上，此时在流程线上会自动加上一个"显示"图标，图标的名称和图像文件的名称相同，并带有图像文件的后缀名，如图 3-43 所示。

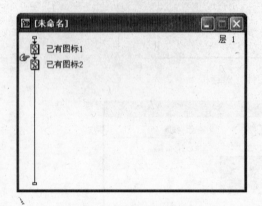
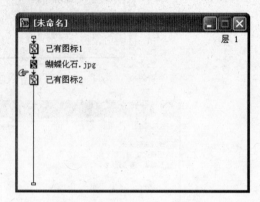

图 3-42　确定手形指针位置　　　　图 3-43　使用"导入"按钮导入一张图片到流程线

（3）如果想同时导入多张图片或多个其他多媒体文件，可以在"导入哪个文件"对话框单击加号按钮，打开扩展面板，使用前面讲解的方法选择多个图像文件，单击"导入"按钮，将选中的图像文件全部导入到流程线上，如图 3-44 所示。

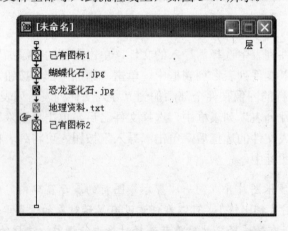

图 3-44　使用"导入"按钮导入多张图片到流程线

使用"导入"按钮直接导入多张图片到流程线的方法非常实用，它避免了同一个"显示"图标中多个图片难以选择和调整的弊端，使工作效率大大提高。

3.2.3 设置外部图像的属性

双击流程线上的"显示"图标，打开演示窗口，不管用哪一种方法导入的图像，图像都已经出现在演示窗口中了。在图像上双击，打开"属性：图像"对话框，如图 3-45 所示。

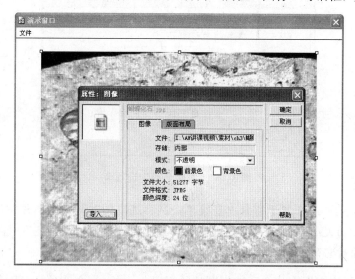

图 3-45 "属性：图像"对话框

在"属性：图像"对话框的左侧有一个预览窗口，可以看到引入图像的格式对应的图标，下面是一个"导入"按钮，单击该按钮，可以再次打开"导入哪个文件"对话框，重新选择导入的图像。

在"属性：图像"对话框的中间部分的最上方是一个文本框，显示的是图片所在的"显示"图标的名称。在对话框的下面有两个选项卡，分别是"图像"选项卡和"版面布局"选项卡。

1. "图像"选项卡

在"图像"选项卡里主要是一些图像的基本信息。

- "文件"：它后面的文本框中显示的是导入的图像文件的原始位置。
- "存储"：表示文件存储的方式。如果在导入图片时选中了"链接到文件"复选框，则这时文本框里面显示的是"外部"，如果没有选中"链接到文件"复选框，则文本框中显示的是"内部"。
- "模式"：图像文件的透明模式选项。在它后面的下拉列表框中，一共列出了 6 种透明模式。
- "颜色"：后面的两个小方框分别用来设置图片的前景色和背景色。
- "文件大小"：表示图像占用空间的大小。
- "文件格式"：表示文件的存储格式。
- "颜色深度"：表示位图的颜色位数。

2."版面布局"选项卡

该选项卡主要是包括一些图像的位置信息，可以通过对该选项卡中内容的调整，精确调整图像的位置，如图 3-46 所示。

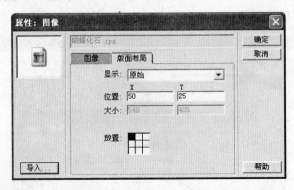

图 3-46 "版面布局"选项卡

专家点拨：可以在演示窗口中直接单击鼠标选中图片，拖动图片四周的 8 个矩形小方框来调整图片的大小，但如果想更精确地给图片定位的话，最好还是使用"版面布局"选项卡里的选项对它的位置进行调整。

"显示"下拉列表框中包含了选择图片的显示大小的 3 个选项，分别是"原始"、"比例"和"裁切"。

- "原始"：在默认情况下选择的是"原始"选项，此时下面的"位置"选项显示的是图片左上角的点在演示窗口中的位置，可以在这里设置它的位置，但它下面"大小"选项是发灰显示时，说明不能调整图片的大小，如图 3-46 所示。
- "比例"：这个选项是最常用的一个选项，它可以调整图片的位置、大小或比例，使用起来非常灵活。在以后的制作中，主要是使用这个选项来设置图片的大小和位置，它包括的内容如图 3-47 所示。

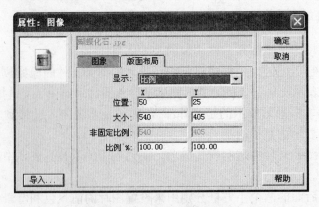

图 3-47 "比例"选项的内容

- "裁切"：使用这个选项的各种设置，可以达到裁切图像的目的，如图 3-48 所示。

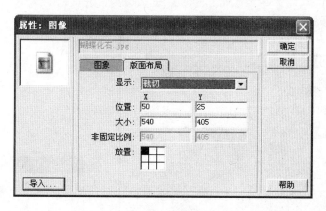

图 3-48　"裁切"选项的内容

在这个选项的设置中，"位置"仍然表示裁剪后的图片左上角点的位置，"大小"表示裁剪后图像的大小，"非固定比例"表示图片的原始大小。在这个选项中，最重要的一个内容就是"放置"设置项，它表示把整个原始图像设置分割成 9 个部分，选取不同的部分获得的图像内容不相同。

在设置完"裁切"选项的内容以后，单击"确定"按钮回到演示窗口，再调整图片四周的 8 个矩形小方框仍然可以达到调整裁剪图像位置的目的。

3.3　对象的编辑

在一个"显示"图标里面经常会加入多张图像、图形或多个文字，它们重叠放在一起，有时会影响整个演示窗口的效果，这时就需要对它们进行编辑，调整它们的位置、叠放次序、对齐方式和透明模式等。

3.3.1　对象的叠放、对齐和透明

本节通过实例讲解如何调整对象的位置和尺寸、叠放次序、对齐方式和透明模式等。

1．位置和尺寸的调整

（1）新建一个 Authorware 文档，在一个"显示"图标中任意导入三张图像。

（2）在演示窗口中的空白区域单击鼠标，取消对图像的选择。再次在图像上单击，选中最上面的图像，这时图像上面出现 8 个白色调节手柄，如图 3-49 所示。

（3）拖动手柄可以调整图像的尺寸。不过，在拖动选中的图像四周的矩形小方框时，会弹出一个"警示"对话框，询问是否真的要改变比例，如图 3-50 所示。

（4）单击"确定"按钮，就可以自由地调整图片的大小了。

专家点拨：对于在 Authorware 中自己创建的图形，在选中图形后，直接调整四周的矩形小方框就可以调整图形的大小了，不会出现如图 3-50 所示的"警示"对话框。

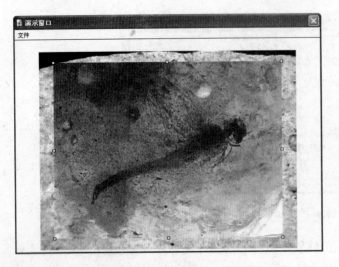

图 3-49 图像上的调节手柄

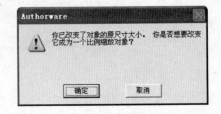

图 3-50 "警示"对话框

（5）对于对象位置的改变，直接在它们上面拖动就可以了。对三张图像分别进行调整，调整后的位置和大小如图 3-51 所示。

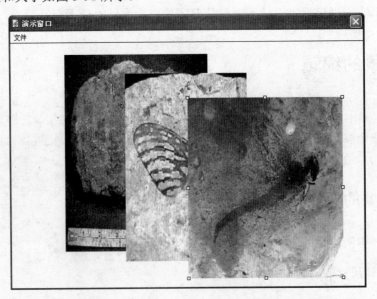

图 3-51 调整图像的尺寸和位置

2．叠放次序的调整

（1）如图 3-51 所示，如果想把中间一张图像显示在最前面，可以在中间的图像上单击，将其选中，然后选择"修改"|"置于上层"菜单命令，就可以把图像移动到演示窗口最上层的位置了，如图 3-52 所示。

（2）如果想把这张图像调整到最下层，同样要先选中该图像，不过执行的是"修改"|"置于下层"命令，图像就被移动到了演示窗口的最下层，如图 3-53 所示。

图 3-52　将图像调整到最上层

图 3-53　将图像调整到最下层

专家点拨：在"显示"图标和"交互"图标中，如果要把选择对象移动到最上层，可以按 Ctrl+Shift+↑ 键，如果要移动到最下层，可以按 Shift+Ctrl+↓ 键。

3．对齐方式的调整

要想将图像对齐，可以使用手动调整和工具调整两种方法，而两种方法混用可以取得很好的效果。

选择"查看"|"显示网格"菜单命令，可以在演示窗口显示网格线，如图 3-54 所示。选择"查看"|"对齐网格"菜单命令，可以在拖动图像到新位置后使其被网格捕捉，也就是就近停靠在网格线上。

专家点拨：网格线是用来对照调整图像、图形和文字的位置的，它只是在程序设计过程中的一个参照物而已，在程序运行和打包后网格线不会出现在演示窗口中。

有了网格线的辅助，可以使对象的位置调整方便、精确，但由于眼睛的缘故，仍然存在一定的偏差。如果再辅以排列工具的调整，那就更加精确了。选择"修改"|"排列"菜单命令，打开排列面板，如图 3-55 所示。

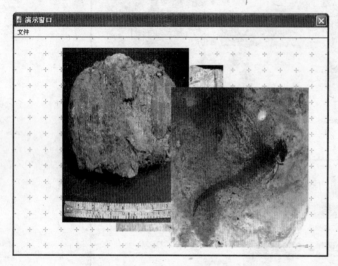

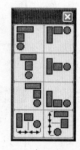

图 3-54　打开网格线的演示窗口　　　　　　图 3-55　排列面板

专家点拨：排列面板是用来调整一个图标里的多个对象的位置的。它不仅可以调整"显示"图标里的对象，还可以调整"交互"图标里的按钮、热区等的位置。

以下是各种排列的功能。

- 左对齐：在垂直方向，各选中对象以各自左边缘为准对齐。
- 垂直居中对齐：在垂直方向，各选中对象以各自的竖直中心线为准对齐。
- 右对齐：在垂直方向，各选中对象以各自右边缘为准对齐。
- 垂直等间距对齐：各选中对象在垂直方向上等间距排列。
- 顶部对齐：在水平方向上，各选中对象以各自上边缘为准对齐。
- 水平居中对齐：在水平方向上，各选中对象以各自水平中心线为准对齐。
- 底部对齐：在水平方向上，各选中对象以各自下边缘为准对齐。
- 水平等间距对齐：各选中对象在水平方向上等间距排列。

在使用各种排列工具的时候，必须先要选中多个对齐对象。

4．透明模式的调整

在课件中使用外部图像时，经常需要演示窗口中的图像背景透明。另外，输入的文字也希望以透明方式显示。这时就需要调整对象的透明模式。

选中需要调整透明模式的对象，在绘图工具箱中的模式栏中单击，弹出"模式"面板，在其中选择需要的模式类型即可。Authorware 提供了 6 种透明模式，如图 3-56 所示。

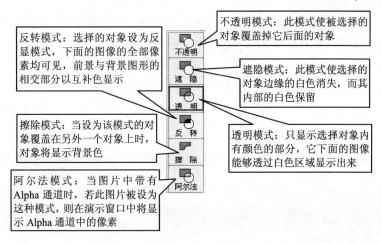

图 3-56　模式面板

图片是多媒体课件制作中使用最为频繁的媒体，对图片的使用上，许多设计者精挑细选，可谓非常用心。但有时候在背景图片与前景图片重叠时，往往会在前景图片周围出现许多锯齿。如何解决这种情况，并使用较好的边缘透明效果呢？一般情况下有两种处理方法，介绍如下。

（1）利用 Photoshop 等图像处理软件将图片制作成透明背景的 GIF 格式文件，把这个图片导入到 Authorware 中后，设置图片的"模式"为"透明"。

（2）利用 Photoshop 等图像处理软件将图片制作成包含 Alpha 通道的文件（可以包含 Alpha 通道的图像文件格式如 PNG、TIFF 等），把这个图片导入到 Authorware 中后，设置图片的"模式"为"阿尔法"。

3.3.2　多个显示对象的编辑

在本节前面的内容中，主要介绍了在同一个"显示"图标中导入、调整图片的方法。在同一个"显示"图标里面，如果导入多张图像或绘制多个图形的话，后导入或绘制的对象总在上面，它们的重合部分将是互相遮挡的。对于它们上下位置的调整，可以通过"修改"菜单中的"置于上层"和"置于下层"来进行。如果是内容比较少也就罢了，如果内容比较多，调整起来可就麻烦了，并且在将来的显示和擦除效果的设置中都不是很好设置，所以在实际的程序制作过程中，一般都采用一个"显示"图标放置一个显示对象的方法。

不管是一个"显示"图标，还是多个"显示"图标，都可以把"显示"图标的演示窗口想象成是透明的玻璃纸，这些玻璃纸都放在一个设置好颜色的背景上，这个背景的颜色就是文件的背景色。

如果是在一个"显示"图标的演示窗口中放置多个对象，就像在一张透明的玻璃纸上放置多张图片或多个图形、文字等。如果是在多个"显示"图标内放置对象，就可以认为在多张透明的玻璃纸上分别放置一些内容。从纸的正上方往下看，将对象放置在一张玻璃纸或多张玻璃纸上并没有多大的区别，因为这些玻璃纸都是透明的。

很显然，如果将对象分别放置在不同的"显示"图标里，显然更容易调整单个对象的位置，而且还不会影响到其他的"显示"图标里的内容。默认情况下，在流程线下方的"显示"图标的内容总是会显示在其上方"显示"图标内容的上面，尽管它们默认的图层都是 0。

下面应用一个小例子来说明各"显示"图标中对象位置的变化。

（1）新建一个 Authorware 文档。将 Authorware 的演示窗口适当缩小，把存有图像的文件夹窗口也适当缩小，在文件夹中选择三个图像文件，将它们拖动到流程线上，如图 3-57 所示。

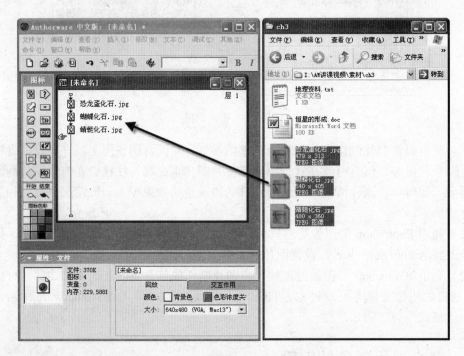

图 3-57　将选中的图像文件拖动到流程线上

（2）释放鼠标键后可以看到在流程线上多了三个"显示"图标，名称分别是"恐龙蛋化石.jpg"、"蝴蝶化石.jpg"、"蜻蜓化石.jpg"，它们默认的图层都是"0"，但显示时是流程线后面的图像覆盖了前面的图像。

（3）分别单击三个"显示"图标，打开它们对应的演示窗口，适当缩小图片尺寸，并调整各自的位置。然后单击工具栏上的"运行"按钮运行程序，演示窗口中各对象的覆盖关系如图 3-58 所示。

（4）在流程设计窗口中的流程线上拖动"显示"图标，改变它们的上下位置，可以改变各图标中对象的前后次序。将名称为"恐龙蛋化石.jpg"的"显示"图标拖动到流程线的最下方，其他设置保持不变，再次单击工具栏上的"运行"按钮运行程序，演示窗口中各对象间新的覆盖关系如图 3-59 所示。

专家点拨：在将流程线上方的一个图标移动到下方时，其他图标的位置会依次上移，如果都是采用默认的图层设置，也就是不设置图层的数值，它们之间的覆盖关系和图标在流程线上的先后次序就有直接联系。

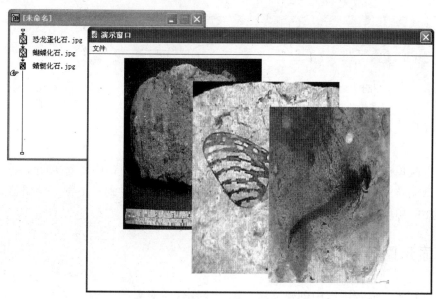

图 3-58 多个"显示"图标中对象的层级关系

图 3-59 演示窗口中各对象的位置发生改变

（5）如果希望不管三个"显示"图标在流程线上的次序如何调整，都能够使名称为"蜻蜓化石.jpg"的"显示"图标中的内容显示在演示窗口的最上层，可以在该"显示"图标上单击，位于操作区下方的属性面板变为该"显示"图标的属性面板，在"层"文本框中输入"3"，就可以把这个"显示"图标的对象所在的图层设置为图层 3，如图 3-60 所示。

专家点拨：打开"显示"图标的属性面板，在"层"文本框中输入数值可以改变不同"显示"图标中对象的先后顺序，此数值可以为正值，也可以为负值。但不是非常复杂的程序，其数值不用设置得很大。

图 3-60　设置"显示"图标的图层

（6）再次单击工具栏上的"运行"按钮运行程序，演示窗口中各对象间出现新的覆盖关系。任意调整三个"显示"图标在流程线上的位置，可以看到，不管怎样调整，蜻蜓化石的图片始终出现在演示窗口的最上层。

3.3.3　显示图标的属性设置

前面讲解了在显示图标中创建文字、图形、图像等对象的方法。本节详细讲解一下显示图标属性的设置。

显示图标的属性是在其属性面板中设置的。在"显示"图标上单击，操作区下方的属性面板就变为该显示图标的属性面板，如图 3-61 所示。

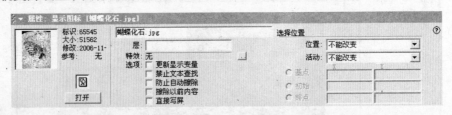

图 3-61　"显示"图标的属性面板

专家点拨：在"显示"图标的属性面板的标题栏中标题的最后部分是图标的名称，这和属性面板中标题输入框中的标题、流程线上图标的名称三者是一致的。

在属性面板标题栏的最前面有一个向下的小三角箭头，说明这时属性面板处于展开状态。在标题栏上单击，可以将属性面板缩小到操作区的最下方以最小化方式显示，小三角箭头的方向变成了向右。再次在该标题栏上单击，可以将属性面板恢复为展开方式。

1．基本信息

在属性面板的左侧，有一个预览窗口以及关于"显示"图标的一些基本信息，包括软件赋予的标识、"显示"图标的大小、最后的修改时间和是否使用函数等内容。最下面是一个"打开"按钮，单击该按钮，可以打开该"显示"图标的演示窗口。

2．显示设置

在属性面板的中部，是一些比较重要的关于图标内容的显示设置。

（1）"文本框"：用来输入"显示"图标的名称，它的内容和应用设计窗口中显示图标的名称是对应的。一个改变了，另一个也会跟着改变。

（2）"层"：用来设置"显示"图标中对象的层次，在后面的文本框中可以输入一个数值，数值越大，显示对象越会显示在上面。此外，在文本框中还可以输入一个变量或表达式。

（3）"特效"：默认情况下，在它后面的文本框中显示的是"无"，表示没有任何显示效果，"显示"图标的内容会直接显示在演示窗口中。单击文本框右侧的展开按钮，可以打开"特效方式"对话框，如图 3-62 所示。在其中选择需要的特效方式，"显示"图标的内容就会按照选定的特效方式进行显示。

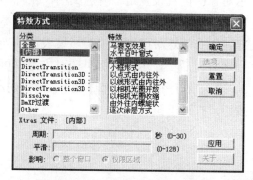

图 3-62 "特效方式"对话框

（4）"选项"：它后面的复选框内容主要是一些关于显示方面的设置。

● "更新显示变量"：图标中不仅可以显示文字和图片，还可以显示一些变量的值，选中此项，在运行程序时，可以使显示窗口中的内容随时显示变量值的变化。

专家点拨：例如在显示窗口中利用文本输入工具输入一个时间函数 FullTime，并将它用大括号括起来，在程序运行时，就会显示完整的系统时间。但如果不选中"更新显示变量"选项，时间的数值是不变的，只是显示程序运行到该处一刹那的时间，如果要显示变化的时间，则必须选中"更新显示变量"选项。

● "禁止文本查找"：这项功能的用处不是很大，选中此项，可以在利用查找工具对文字进行查找和替换时对该图标的内容不起作用。
● "防止自动擦除"：在 Authorware 中有许多图标具有自动擦除以前图标内容的功能，选中此项，可以使图标内容不被自动擦除，除非遇到擦除图标将其选中擦除。
● "擦除以前内容"：这个复选框和上面"防止自动擦除"的功能是相反的，选中此项后，在显示该"显示"图标内容的时候，会把以前没有选中"防止自动擦除"复选框的图标中的内容擦除掉。
● "直接写屏"：选中此项，图标的内容将总是显示在屏幕的最前面，并且使在"特效"中设置的显示效果自动失效。

3．版面布局

在"显示"图标属性面板的右侧是关于版面布局的设置选项。这部分内容往往被大多数人忽略。即使有人使用过，恐怕使用的频次也非常有限。但使用这部分内容的确可以设计出类似于"移动"图标的程序，在某种程度上来讲，这方面的设置将使"显示"图标具有更大的灵活性。

（1）"位置"：用来设置"显示"图标中的对象在演示窗口中的位置。在该选项中，默认选中的是"不能改变"，表示在程序打包或发布后，"显示"图标中对象的位置是不能改变的。单击它后面的下拉按钮，打开下拉列表框，可以看到它包含的各项内容，如图 3-63 所示。

● 在屏幕上：表示显示对象在演示窗口中的任意位置。

● 在路径上：表示显示对象可以在固定的线路上的某点。

● 在区域内：表示显示对象可以在某一个固定的区域里的某点。

在"位置"中进行显示对象的位置设置是很有意义的，在程序设计的过程中很难看出该设置的作用。因为在程序设计过程中，显示窗口中的内容即使不设置各种位置的变化，它也是可以移动的，但在打包发布后这种区别就很明显地表现出来。

（2）"活动"：表示在程序打包后"显示"图标里的对象是否可以移动。在该选项中，默认选中的是"不能改变"，表示在程序打包或发布后显示图标中对象的位置是不可移动的。单击"活动"后面的下拉按钮，打开下拉列表框，可以看到它包含的各项内容，如图 3-64 所示。

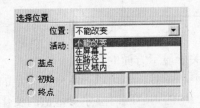　　　　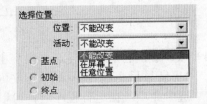

图 3-63 "位置"下拉列表框　　　　图 3-64 "活动"下拉列表框

根据"位置"和"活动"两者组合的不同，"显示"图标内对象的移动有多种选择，读者可以在学习了第 6 章的"移动"图标后再返回来仔细领悟，一定会有很大的收获。

本章习题

一、选择题

1．在流程线上双击下面哪个图标能够在打开演示窗口的同时打开绘图工具箱？（　　）

A．▨　　　　B．▱　　　　C．▱　　　　D．▨

2．在填充面板中单击□按钮（第 1 列第 2 行的按钮），则会获得怎样的图形填充效果？（　　）

　　A．取消对象的底纹填充　　　　B．将对象填充为白色

　　C．以设置的前景色填充　　　　D．以设定的背景色填充

3．在模式面板中将一个图像对象设置为"透明"，则其下面的对象可以通过此图像哪种颜色区域显现出来？（　　）

　　A．黑色　　　　B．白色　　　　C．蓝色　　　　D．绿色

二、填空题

1．在演示窗口中对在同一个"显示"图标中绘制的图形 A 盖住了图形 B，若需要使 B 盖住 A，则应该_____。

2．当需要在演示窗口中插入一段带有图片的文档时，可先用 Word 打开文档，将文档复制，在 Authorware 中选择_____命令打开"选择性粘贴"对话框，选择"作为"列表中的_____选项将其复制到演示窗口中。

3．当程序运行时，按_____键可暂停程序的运行，单击演示窗口中对象，可选择该对象。

4．"显示"图标属性面板中的"层"参数用来设置"显示"图标中对象的层次，在后面的文本框中可以输入一个数值，数值越_____，显示对象越会显示在上面。

上机练习

练习1　输入文本实例——古诗欣赏

利用"文本"工具输入一首古诗，并格式化文字效果，效果如图 3-65 所示。

图 3-65　古诗欣赏

要点提示

（1）新建 Authorware 文档，拖放一个"显示"图标到流程线上，命名为"古诗"。

（2）双击"古诗"显示图标打开演示窗口。

（3）用"文字"工具输入古诗内容。

（4）将古诗标题文字字体设置为华文行楷，文字大小设置为 24 磅；将古诗的作者文字字体设置为华文行楷，文字大小设置为 12 磅；将古诗内容文字字体设置为隶书，文字大小设置为 14 磅。

练习 2　导入外部文本

练习导入 Authorware 软件系统文件夹下的 FONTMAP.TxT 文本文件，效果如图 3-66 所示。

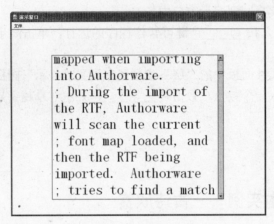

图 3-66　导入外部文本

要点提示

（1）新建 Authorware 文档，拖放一个"显示"图标到流程线上，命名为"导入文本"。

（2）双击"导入文本"显示图标打开演示窗口。

（3）选择"文件"|"导入和导出"|"导入媒体"菜单命令，找到 Authorware 文件夹下的文本文件 FONTMAP.TxT 后双击。

（4）在弹出的对话框中，"硬分页符"选项选择"忽略"；"文本对象"选项选择"滚动条"。

练习 3　文字特效

利用覆盖模式、填充模式等制作立体文字、空心文字、黑白特效文字和填充特效文字。效果如图 3-67 所示。

要点提示

（1）新建 Authorware 文档，拖放一个"显示"图标到流程线上，命名为"特效文字"。

（2）双击"特效文字""显示"图标打开演示窗口。用"文字"工具添加相应的文字内容。

（3）制作立体字时，需将文字复制，然后粘贴两次，得到两组相同的文字，将这两组文字分别设置为红色和黄色。最后，将三组文字叠加在一起，注意每一组文字都向下偏离一点。

图 3-67　文字特效

（4）制作黑白特效文字时，注意将文字的覆盖模式改为"反转模式"，然后将文字移到绘制好的黑色矩形上即可。

（5）制作空心文字时，先将文字复制一份，并将复制得到文字的覆盖模式改为"反转模式"，再将它移到原文字上即可。

（6）制作填充特效文字时，先绘制填充色为黑色、线条色为白色、覆盖模式为"透明"，填充模式为第 10 行第 1 列模式的矩形，再输入红色的文字，然后将矩形移到文字上方，最后将矩形的填充颜色改为白色即可。

（7）每一种特效文字制作完成后，都要选中这一组文字的所有内容，按 Ctrl+G 键组成群组。

练习 4　插入 PowerPoint 幻灯片

制作一个插入 PowerPoint 幻灯片的课件实例，效果如图 3-68 所示。

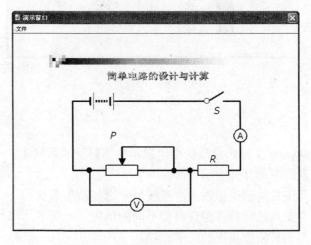

图 3-68　插入 PowerPoint 幻灯片的课件

要点提示

（1）新建 Authorware 文档，拖放一个"显示"图标到流程线上，命名为"PowerPoint 幻灯片"。双击"显示"图标打开演示窗口。

（2）选择"插入"|"OLE 对象"菜单命令。在弹出的对话框中，选中"由文件创建"单选按钮，单击"浏览"按钮，选择 PowerPoint 文件，如"物理电路图.ppt"，单击"确定"按钮，幻灯片即被插入。

（3）通过幻灯片周围的 8 个控制点调整其大小和位置。

（4）选择"编辑"|"演示文稿 OLE 对象"|"属性"菜单命令，在弹出的"对象属性"对话框中，将"激活触发条件"选项设置为"单击"，将"触发值"选项设置为"显示"，最后单击"确定"按钮。

（5）运行程序，在演示窗口中单击幻灯片即可演示，其播放方式与在 PowerPoint 中的播放方式一样。

练习 5　绘制直方图

用绘图工具绘制一个直方图效果，如图 3-69 所示。

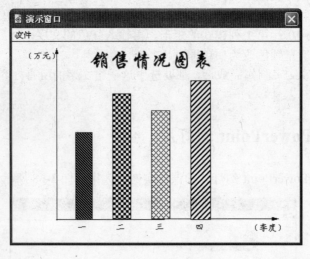

图 3-69　直方图

要点提示

（1）新建 Authorware 文档，拖放一个"显示"图标到流程线上。

（2）双击"显示"图标打开演示窗口。

（3）用"直线"工具绘制坐标系，注意线型要选择箭头形状。

（4）用"矩形"工具绘制直方图并设置不同的填充。

（5）用"文字"工具添加相应的文字。

练习 6　数学习题演示课件

制作一个数学习题演示课件。在演示窗口中显示如图 3-70 所示内容,同时要求为题目和几何图形的出现分别添加过渡效果。

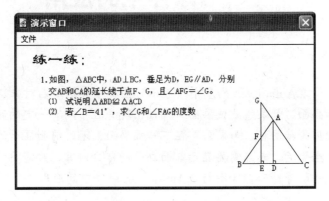

图 3-70　数学习题演示课件

要点提示

(1) 新建 Authorware 文档,拖放两个“显示”图标到流程线上。

(2) 分别在两个“显示”图标中输入文字和绘制几何图形。

(3) 分别设置两个“显示”图标的显示特效。

第 4 章

等待和擦除图标在 Authorware
课件中的应用

在 Authorware 的多个"显示"图标中分别加入对象,可以有层次地显示画面。如果想要使画面一幅幅出现并且中间有一定的时间间隔,就需要使用等待图标。如果需要在下一幅画面出现时前面显示的内容不对新画面产生影响,或只需要显示前面画面的部分内容,则需要使用擦除图标。本章讲解等待和擦除图标在 Authorware 课件中的应用。

4.1 等待图标在 Authorware 课件中的应用

作为一个以交互性见长的多媒体软件,Authorware 时时考虑到交互问题,让用户参与到程序的进程中,等待图标的交互是一种最简单的交互。在 Authorware 课件运行过程中设置一定的等待时间,让用户有时间决定是否进行下一步的操作,这是必要的。实现等待的最基本的方法就是使用等待图标。

4.1.1 等待图标的属性

新建一个 Authorware 文档,从工具栏中拖动一个等待图标到流程线上,位于操作区下方的属性面板变为"属性:等待图标"面板,如图 4-1 所示。

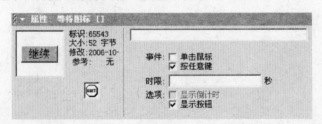

图 4-1 "属性:等待图标"面板

属性面板的左边,是一些关于等待图标的基本信息,包括计算机赋予的标识、图标的大小、修改时间、是否应用变量等。在预览窗口中是等待图标的按钮样式。

属性面板的右边,是一些关于等待图标的设置。具体情况如下所述。

在最上面的文本框中可以设置图标的标题,默认情况下为空。在文本框中输入标题后,流程线上图标的标题也会跟着改变。

　　在"事件"后面有两个复选框。如果选中"单击鼠标"复选框，表示当用户单击时程序会自动向下运行。"按任意键"复选框是被默认选中的，表示当用户在按下键盘上的任意键时程序自动向下运行。

　　在"时限"文本框中可以输入一个暂停时间，如果不输入时间，则时间响应不起作用。这个时间值是以秒为计数单位的，表示等待时间到达此数值后，不管用户是否单击过，或是否按过任意键，程序都会自动向下运行。

　　在"选项"后面有两个复选框。当"时限"文本框中没有输入时间值的时候，"显示倒计时"复选框不可选，只有输入了时间值时，"显示倒计时"复选框才可选。如果选中该复选框，在预览窗口会出现一个小时钟🐞。程序运行时，在演示窗口中也会出现一个闹钟，从上面可以看到等待剩余的时间比例。"显示按钮"复选框默认是选中的，如果不取消选中该复选框，程序运行到暂停时，演示窗口中会出现一个 继续 按钮，单击该按钮，程序会继续向下运行。

　　🐞专家点拨：如果在等待图标中设置了小时钟（选中了"显示倒计时"复选框），那么在运行程序进行调试时，可以直接拖动小时钟改变其位置。但是如果要想调整 继续 按钮的位置，则必须单击"控制"面板上的"暂停"按钮停止程序运行后，才可以拖动 继续 按钮改变其位置。

4.1.2　等待图标应用实例——化石图片演示课件

　　本节应用等待图标和"显示"图标制作一个化石图片演示的地理课件。在课件运行出现暂停的时候，屏幕上会出现小时钟或等待按钮，等待若干时间或者单击"继续"按钮可以使程序继续向下运行，如图 4-2 和图 4-3 所示。

图 4-2　使用闹钟辅助控制程序等待时间

以下是详细制作步骤。

1. 新建一个 Authorware 文件

（1）新建一个文件，在文件属性面板中单击"背景色"前面的颜色方框，出现"颜色"对话框，选择一种颜色作为背景色，单击"确定"按钮，如图 4-4 所示。

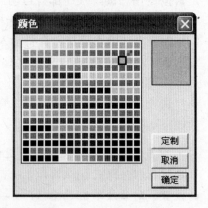

图 4-3　使用按钮控制等待时间　　　　　　图 4-4　选择文件背景色

专家点拨：在本课件中选择的是一种黄绿色作为背景色，这和演示的图片中的颜色形成了呼应的效果。

（2）单击工具栏上的"保存"按钮，出现"保存文件为"对话框，选择适当文件夹，在"文件名"文本框中输入"化石演示"，单击"保存"按钮，保存文件。

（3）从图标栏拖动 5 个"显示"图标到流程线上，分别命名为"标题文字"、"蝴蝶"、"菊石"、"恐龙蛋"、"蜻蜓"，如图 4-5 所示。

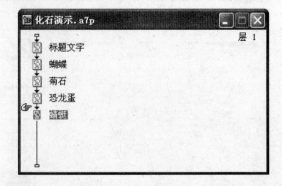

图 4-5　在流程线上加入 5 个"显示"图标并命名

专家点拨：在本课件中，采用了先设置程序框架的方法进行设计，它可以在程序开始时就充分体现对程序总体运行过程的把握。在本程序设计开始的时候，就加入了 5 个"显示"图标，但并没有加入相关内容。

2. 输入标题文字并导入图片

（1）双击名称为"标题文字"的"显示"图标，打开演示窗口。单击绘图工具箱中的"文本"按钮 ，在演示窗口中单击，输入文本"化石演示"。单击绘图工具箱中的"选择"按钮，文本被自动选中，设置文本的字体为隶书，字号为 60 磅。同时选中"文本"菜单下的"消除锯齿"命令，打开文字的抗锯齿功能。调整文字四周的矩形小方框，将文字排成一列，放置到演示窗口的右侧，并将文字设置成"透明"方式。

（2）双击名称为"蝴蝶"的"显示"图标，打开演示窗口。单击工具栏上的"导入"按钮，出现"导入哪个文件"对话框，选中"显示预览"复选框，选择名称为"蝴蝶"的图片，单击"导入"按钮，将图片导入到演示窗口中，如图 4-6 所示。

图 4-6　导入图片

（3）在图片上双击，出现"属性：图像"对话框。选择"版面布局"选项卡，在"显示"文本框后面的下拉列表框中选择"比例"选项，设置图片的位置和大小如图 4-7 所示，单击"确定"按钮完成设置。

图 4-7　确定图片的大小及位置

专家点拨：在图片位置的设计上，采用了精确定位的方法，将所有图片的左上角顶点的位置分别设置为"80"和"60"，大小设置为"400×300"。这样在程序的演示中不会因图片变化而出现突然的感觉。

（4）用同样的方法将"菊石"、"恐龙蛋"、"蜻蜓"图片分别导入到另外三个"显示"图标中，并对图片的位置和大小进行设置。

（5）单击工具栏上的"运行"按钮 ▶ 播放程序。程序运行后马上停止在最后一张图片上，根本看不到中间过程，其结果如图 4-8 所示。

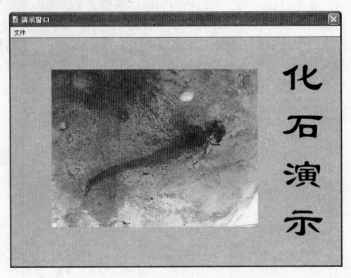

图 4-8　没有使用等待图标的运行结果

3. 使用闹钟辅助控制等待时间

（1）从图标栏中拖动一个等待图标到流程线上，把它放置在名称为"蝴蝶"和"菊石"的两个"显示"图标中间。

（2）位于操作区下方的属性面板变为等待图标的属性面板。在图标名称文本框中输入"出现闹钟"，然后取消选中"按任意键"和"显示按钮"复选框。在"时限"文本框中输入"5"，此时"显示倒计时"复选框变为可选，选中此复选框，在左边的预览框中出现一个小时钟，如图 4-9 所示。

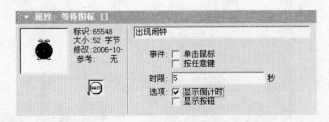

图 4-9　使用闹钟辅助控制等待时间

专家点拨：有的时候，等待图标属性面板中的"时限"文本框中无法输入数字，这是怎么回事呢？在输入数字之前请确认输入法是否英文输入法状态，否则会出现无法输入的情况。该情况出现在 Authorware 软件的所有对话框、面板的文本框和计算图标编辑窗口中。

（3）单击工具栏上的"运行"按钮 ▶ 播放程序，在左下角出现闹钟的时候程序会出现暂停，同时闹钟指针开始转动。使用鼠标拖动闹钟可以改变它的位置。

4．使用按钮控制等待时间

（1）从图标栏中拖动一个等待图标到流程线上，把它放置在名称为"菊石"和"恐龙蛋"的两个"显示"图标中间。

（2）位于操作区下方的属性面板变为"属性：等待图标"面板。在图标名称文本框中输入"出现按钮"，然后取消选中"按任意键"复选框，如图 4-10 所示。

（3）单击工具栏上的"运行"按钮 ▶ 播放程序，播放到名称为"菊石"的图片时程序会出现暂停，并且在演示窗口左上角出现一个名称为"继续"的按钮。

（4）单击工具栏中的"控制面板"按钮 ⚙，打开控制面板，如图 4-11 所示。单击其中的"暂停"按钮，然后在演示窗口中单击"继续"按钮，该按钮变为选中状态，拖动它到图片的正下方。

图 4-10　"属性：等待图标"面板

图 4-11　控制面板

🔲**专家点拨**：在 Authorware 中，必须在程序运行中才能改变按钮的位置，并且前提是程序必须处于暂停状态。使程序处于暂停状态的方法是在程序运行中，按下控制面板上的暂停按钮。

（5）按钮的外观过于单一，下面来改变一下按钮的外观。选择"修改"|"文件"|"属性"菜单命令，打开文件属性面板。单击"交互作用"标签，打开该选项卡。单击"等待按钮"后面的展开按钮 ，打开"按钮"对话框，如图 4-12 所示。

图 4-12　"按钮"对话框

（6）在对话框中选择一种按钮形式，单击"确定"按钮即可完成按钮形状设置。本例采用了一种平面化的按钮，它是一种在苹果计算机的操作系统中默认的按钮样式，如图 4-13 所示。在"标签"文本框中可以输入文字，可以改变按钮的标签文字。

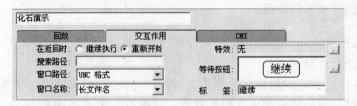

图 4-13 等待按钮的外观设置

5. 使用鼠标、键盘控制等待时间

（1）从图标栏中拖动一个等待图标到流程线上，把它放置在名称为"恐龙蛋"和"蜻蜓"的两个"显示"图标中间。

（2）位于操作区下方的属性面板变为"属性：等待图标"面板。在图标名称文本框中输入"鼠标键盘控制"，然后取消选中"显示按钮"复选框，选中"单击鼠标"复选框，并在"时限"文本框中输入"10"，如图 4-14 所示。

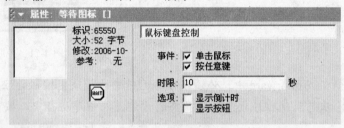

图 4-14 鼠标键盘控制等待时间

（3）单击工具栏上的"运行"按钮 播放程序，对程序进行调试。按 Ctrl+S 键对程序进行再次保存，完成整个程序的设计，程序的流程结构图如图 4-15 所示。

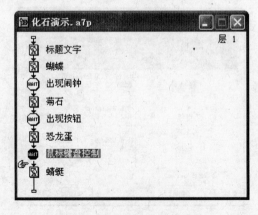

图 4-15 程序的流程结构图

专家点拨：在本例中，三个等待图标分别应用了不同的控制方法，只是为说明等待图标的各种属性设置而制作的。在真正制作程序的时候，有一个关键原则是易用性，显然上述设置是不能满足要求的。

4.1.3　用变量控制等待图标

在制作 Authorware 课件时，如果程序中使用了多个等待图标，并且都是用时限来控制等待图标，那么使用复制、粘贴的方法当然可以节约大量制作时间，可一旦要改变多个等待图标的属性设置，工作量也是挺大的。何况对于大型程序来说，仅寻找等待图标一项工作就已经比较麻烦了。在这种情况下，可以通过使用自定义变量的方法来对等待时间进行控制。

下面接着上一节的课件实例进行操作。

1.　修改等待图标的属性

（1）选择"文件"|"另存为"菜单命令，将文件另存为"化石演示（用变量控制等待图标）"。

（2）选择第一个等待图标，将它的图标名称改为"变量控制"。在对应的"属性：等待图标"面板中，取消对所有复选框的勾选，在"时限"文本框中输入 dengdai。然后在流程控制窗口中的任意位置单击，此时会弹出一个"新建变量"对话框，要求设置变量的初值，变量的名字就是刚才在文本框中输入的 dengdai。在"初始值"后面的文本框中输入"10"，在"描述"下面的文本框中输入如图 4-16 所示的注释语句，单击"确定"按钮完成变量的设置。

图 4-16　"新建变量"对话框

专家点拨：在系统变量中，都有变量的注释语句，一般是说明变量的使用方法。在自定义变量中一般也应该给变量加入注释语句，以便于以后查询。

（3）对其他两个等待图标的属性也用这种方法来修改，使它们与第一个等待图标的设置相同。单击工具栏上的"运行"按钮 ▶ 播放程序，程序运行过程中每两幅画面间的等待时间都变为了 10 秒。

2.　修改变量初值

在上面的步骤中，等待变量的初始值设为 10 秒，无法再直接对变量初值进行重新设定，不过可以在流程线上插入一个计算图标 ▣ 来对变量初值进行设定，步骤如下。

（1）从图标栏中拖动一个计算图标到流程线的最上方，将其命名为"等待初值设定"。

（2）双击图标打开输入窗口，在里面输入如图 4-17 所示的语句。

（3）单击输入窗口右上方的关闭按钮，会弹出一个对话框提示是否保存设置，如图 4-18 所示，单击"是"按钮保存设置，这样就可以重新设定等待图标的等待时间为 5 秒了。

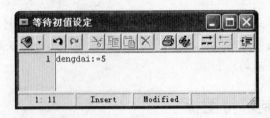

图 4-17 "等待初值设定"窗口

（4）再次运行程序，观看设置结果。整个程序的流程结构图如图 4-19 所示。

图 4-18 保存变量设置的提示对话框

图 4-19 程序流程结构图

4.2 擦除图标在 Authorware 课件中的应用

Authorware 提供了多种显示和擦除效果，并且有许多外部擦除效果插件可以安装使用，使它的显示和擦除效果更加丰富多彩。当然，在 Authorware 中并不是只有使用擦除图标才能达到擦除的目的，还可以使用交互图标的擦除选项或擦除函数等。有了显示和擦除效果的多媒体课件无疑比单调、枯燥的演示更具有生命力。

4.2.1 使用擦除图标的两种方法

打开"化石演示.a7p"文件，将其另存为"化石演示（使用擦除图标）.a7p"。将流程线上的所有等待图标的属性面板中的"单击鼠标"和"按任意键"复选框都选中，并在"时限"文本框中输入"10"。从图标栏中拖动 4 个擦除图标 到流程线的相应位置，并分别命名，如图 4-20 所示。

下面在这个程序的基础上，介绍擦除图标的两种使用方法。

1. 使用擦除图标的第一种方法

（1）双击名称为"蝴蝶"的"显示"图标，打开演示窗口。

（2）单击名称为"擦除蝴蝶"的擦除图标，属性面板变为"属性：擦除图标"面板。

在演示窗口中单击蝴蝶图片，在擦除图标的属性面板右边的"列"列表框中就出现了名称为"蝴蝶"的"显示"图标。

（3）按照同样方法设置其他擦除图标的属性。

图 4-20 在流程线上插入擦除图标

2. 使用擦除图标的第二种方法

单击工具栏中的"运行"按钮 运行程序，因为擦除图标的擦除内容并没有进行选择，所以当程序运行到擦除图标的时候就会自动停止，这时候再单击演示窗口中的相关内容，一样可以起到擦除的效果。

相对来讲，第二种方法在实际操作中的应用更多一些，因为在程序的播放过程中出现停止的时候，可以同时选择多个对象进行擦除。当然，第一种方法并不是不能同时选择多个图标的内容，在按住 Shift 键的同时，双击要擦除的图标也可以同时打开多个窗口的内容，但这显然是比较麻烦的。

4.2.2 擦除图标的属性设置

单击擦除图标，属性面板变为"属性：擦除图标"面板，如图 4-21 所示。

图 4-21 "属性：擦除图标"面板

1．基本信息

"属性：擦除图标"面板的左侧是一些关于该擦除图标的基本信息，包括被自动赋予的图标标识、图标的大小、修改时间、是否使用变量等，还有一个预览窗口和一个"预览"按钮。选择了擦除内容和擦除方式以后，可以单击"预览"按钮在演示窗口中对擦除效果进行预览。

2．擦除特效

"属性：擦除图标"面板的中间部分的最上方是图标名称文本框，这里输入的名称和在流程线上的图标名称相同。在文本框的下方是一个"特效"选项，默认情况下选择的是"无"，表示没有使用任何擦除效果，单击后面的 按钮，可以打开"擦除模式"对话框，如图 4-22 所示。

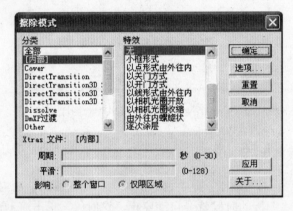

图 4-22 "擦除模式"对话框

专家点拨：图标的擦除效果和图标的显示效果的设置方法相同，只是使用的场合不同而已。在这些特效中，程序自带的效果已经相当丰富，并且每一种都可以设置它们的具体显示值，这样显示或擦除的效果更加可观。

对话框中各选项的含义分别介绍如下。

- "分类"：在"分类"下面的列表框中显示了各种过渡方式的分类。若选择"全部"，可以看到所有的过渡方式；若选择其他分类，在后面的列表框中会显示本类别的过渡方式。
- "特效"：在这个窗口中可以选择具体的过渡方式。如果要清除当前选择的过渡方式，在"内部"类中选择"无"就可以了。
- "Xtras 文件"：这是一个只读选项，它显示的是当前选择的过渡方式所在的类别。
- "周期"：可以在后面的文本框中输入擦除效果延续的时间，单位是秒。
- "平滑"：在该文本框中输入 0~128 之间数值，用来设置过渡的平滑度，其中"0"表示最平滑，数值越大过渡效果越粗糙。
- "影响"：有两个单选按钮，选择"整个窗口"，表示过渡效果将会影响整个演示窗口；选择"仅限区域"，表示过渡效果只影响被选择的区域。

在演示窗口打开的情况下,单击"应用"按钮可以预览擦除的效果,如果满意可以单击"确定"按钮,关闭"擦除模式"对话框。

"属性:擦除图标"面板的"特效"选项下面有一个"防止重叠部分消失"复选框,一般情况下会选择这个复选框,以保证显示效果。

3.其他选项

在"属性:擦除图标"面板的右边是"列"选项,后面有两个单选按钮。在这里的选择直接影响到擦除的内容,虽然只有两项,但应用好了,可以大大提高设置擦除图标的效率。

- 选择"被擦除的图标"选项,可以在后面的列表框中列出要擦除的图标。
- 选择"不擦除的图标"选项,可以在后面的列表框中列出要保留的图标。如果擦除后没有要保留的内容,在这里可以不选任何图标。

如果在选择要擦除或保留的图标的时候,出现了误选,可以在列表框中的图标上单击使它呈选中状态,然后单击"删除"按钮将它从列表中删掉。

专家点拨:如果把不同的显示内容放在同一个显示图标或交互图标中,在实现擦除功能的时候,只要单击其中一个内容,就会把全部内容擦除掉,为了防止这种情况的发生,一般把不同的显示内容尽量放在不同的图标里面。

4.2.3 退出程序的方法

在前面的程序设计中,都是当程序运行到最后一个图标的时候,程序就会自动停止。如果想退出程序,都是采用单击"关闭"按钮的方法。当然,设计的每个程序还都有菜单栏,不过在菜单栏上只有一个"文件"菜单。打开"文件"菜单,其中也只有一个菜单项:"退出",它的快捷键是 Ctrl+Q。在程序运行过程中,也可以通过执行"文件"|"退出"菜单命令或按 Ctrl+Q 键退出程序。

在相当多的时候,程序在设计中是不使用标题栏和菜单栏的,这样在程序运行过程中或程序运行结束时,只能按 Ctrl+Q 键强行退出程序。解决这个问题的好方法是使用退出函数 Quit( ),它的使用方法如下。

(1)打开一个 Authorware 程序,从图标栏拖放一个计算图标 到流程线的最下端。

(2)双击计算图标打开输入窗口,在窗口中输入 Quit( ),如图 4-23 所示。然后关闭输入窗口,在弹出的对话框中单击"是"按钮即可。

图 4-23 设置 Quit 函数

使用 Quit 函数时,在 Quit 后面的括号中可以输入 0~3 之间的数值,分别表示不同的退出方法。

- Quit(0)：这是一种默认的设置，和在括号中不输入数值没有不同。它表示执行该函数可以退出到程序管理器（Windows 3.1）、桌面（Windows 95 以上）或苹果机的探测器，如果程序是从别的 Authorware 程序中跳转来的将返回源程序。
- Quit(1)：表示退出程序回到桌面。
- Quit(2)：表示退出程序并重新启动计算机。
- Quit(3)：表示关闭计算机。

专家点拨：在 Authorware 程序设计中，通常在计算图标的文本输入窗口中输入 Quit( ) 来代替 Quit(0) 的输入。另外和 Quit 函数具有相似功能的还有 QuitRestart 函数，使用该函数时，Authorware 退出程序后从头开始。重启动后，Authorware 把所有的变量都置为初值。QuitRestart 和 Quit 函数都只能在计算图标中使用。

4.3 演示型多媒体课件的制作实例——守株待兔

学习了本章以后，已经可以制作简单的演示型多媒体课件了，为了更好地掌握本章内容，下面完整地制作一个简单的演示型课件。

4.3.1 课件简介

所谓的演示型多媒体课件，有点类似于一张张翻动的图书或广告演示。每当夜幕降临，在繁华街道的两侧有许多不断变换显示内容的显示屏，它们和演示型课件就有很多相似的地方，但使用 Authorware 制作出来的演示程序更专业一些，并具有一定的交互功能。

这是一个演示型的课件，其目的除了演示以外，还可以让课件使用者控制播放的进度，所以在程序的运行过程中，每到一幅画面都会暂停程序的运行，只有在使用者做出响应之后，程序才会按照顺序继续向下运行。

课件预览效果如图 4-24 所示。

图 4-24　课件预览效果

4.3.2　制作步骤

1．新建文件并设置文件的属性

（1）启动 Authorware，单击工具栏中的"新建"按钮，建立一个新文件。

（2）单击工具栏中的"保存"按钮 ，弹出"保存文件为"对话框。在"保存在"下拉列表框中选择文件要保存的文件夹，在"文件名"文本框中输入文件名称"守株待兔——演示型课件"，单击"保存"按钮，对文件进行保存。保存完毕，Authorware 的标题栏和流程设计窗口的标题栏的文件名称都同时发生了变化。

（3）在"属性：文件"面板的"回放"选项卡中，取消选中"显示标题栏"和"显示菜单栏"复选框，选中"屏幕居中"复选框，其他选项使用默认设置，如图 4-25 所示。

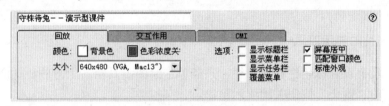

图 4-25　文件属性设置

专家点拨：由于用于演示 Authorware 程序的计算机不同，屏幕的分辨率设置也会不相同，但在 Authorware 程序的设计中设计的窗口大小是一定的，所以选中"屏幕居中"复选框，可以使程序在不同计算机上运行的时候都处于屏幕的中间位置。

2．设计程序框架并添加图片

（1）从图标栏中拖动 5 个群组图标和一个计算图标到流程线上，并对它们分别命名，图标名称如图 4-26 所示。

专家点拨：因为这是一个演示型课件，它的内容是一个小的成语故事，所以制作的程序也是按照事件发展的步骤进行设计的。另外，因为这个实例要展示的内容比较多，所以采用了结构化、模块化的程序设计思路，利用"群组"图标把应用程序划为若干个模块，每个模块都完成一定的功能，而且每个模块都只有一个入口和一个出口。

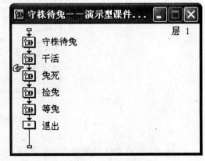

图 4-26　设计程序框架

（2）双击名为"守株待兔"的群组图标，打开"层 2"（第二级）流程设计窗口。对 Authorware 的窗口大小进行适当调整，打开"我的电脑"，找到存放图片的文件夹，将窗口进行适当调整，要能够露出待编辑的流程线。选中需要插入流程线的图像文件 1.bmp，将其拖放到流程线的相应位置，在流程线上出现一个"显示"图标，图标名称与图像文件的名称相同，但被加上了图像格式后缀名，如图 4-27 所示。

图 4-27 将图像文件拖动到流程线上

（3）双击该"显示"图标，打开它的演示窗口，拖动图片四周的 8 个矩形小方框，将图片调整到窗口大小。

3．设置图片的显示效果

（1）由于没有设置标题栏和菜单栏，只能单击绘图工具箱右上方的"关闭"按钮或单击控制面板上的"停止"按钮关闭演示窗口。

（2）在标题为 1.bmp 的"显示"图标上单击，操作区下方的属性面板变为"属性：显示图标"面板。单击"特效"右边的展开按钮 ，打开"特效方式"对话框。在"分类"列表框中选择"[内部]"；在"特效"列表框中选择"以线形式由内往外"；在"周期"文本框中输入 2，表示显示效果持续 2 秒，如图 4-28 所示。单击"确定"按钮，完成显示效果的设置。

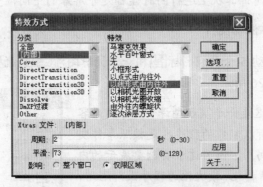

图 4-28 "特效方式"对话框

专家点拨：在通常情况下采用"内部"类型的效果，这样有两个好处：第一，可以减小程序打包发布后的体积；第二，不会在程序发布后出现因打包时未能把特效加入到打包文件中而造成的错误。

4．等待图标的设置

（1）从图标栏中拖动一个等待图标到该层流程线上，同时操作区下方的属性面板变为"属性：等待图标"面板。

（2）因为只是为了方便使用者控制程序运行节奏，所以只选中"单击鼠标"和"按任意键"复选框，表示单击或按下键盘上的任意键程序会继续向下运行，如图 4-29 所示。

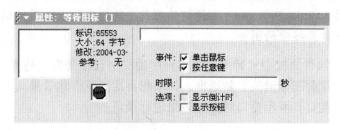

图 4-29　等待图标的设置

5．擦除图标的设置

（1）从图标栏中拖动一个擦除图标到该层流程线上，单击工具栏中的"运行"按钮运行程序，当程序运行到擦除图标时就会自动停止，同时操作区下方的属性面板变为"属性：擦除图标"面板。

（2）在演示窗口中要擦除的内容上单击，相应的图标就出现在"属性：擦除图标"面板右边的列表框中，如图 4-30 所示，同时演示窗口中相应的内容也消失了。

图 4-30　选择要擦除的图标内容

（3）单击"特效"右边的 图标，打开"擦除模式"对话框，如图 4-31 所示。在"分类"下面的列表框中选择"[内部]"，在"特效"下面的列表框中选择"马赛克效果"，在"周期"后面的文本框中输入 2，意思是设置擦除内容的时间是 2 秒。在"平滑"后面的文本框中输入 4，使擦除效果显得更加平滑。如果此时演示窗口是打开的，"应用"按钮变为可选，单击"应用"按钮可以预览擦除效果，反之"应用"按钮发灰显示，则不可选。如果对擦除效果感到满意，可以单击"确定"按钮回到属性面板。

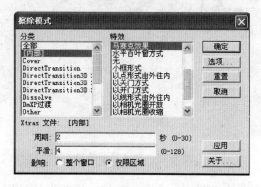

图 4-31　"擦除模式"对话框

专家点拨：在擦除图标中要按照想要擦除的内容的多少来确定擦除的方式，因为如果已经选中了一些要擦除的内容后再选择擦除方式是比较麻烦的。一般情况下，如果要擦除的对象多，就用 Icons to Preserve（要保留的图标）选择要保留的图标就可以了。反之则用默认的选项，选择要擦除的图标。

（4）此时，在属性面板中"特效"文本框中的文字已经变为"马赛克效果"，选中文本框下面的"防止重叠部分消失"复选框。如果想再次预览擦除效果，可以单击属性面板左边的预览按钮，能打开演示窗口对擦除效果进行预览。

6. 输入文字并设置显示效果

（1）双击名称为"干活"的群组图标，打开二级流程设计窗口，将名称为 2.bmp 的图像拖动到流程线上并确定其位置。

（2）从图标栏中拖放一个"显示"图标到流程线上，将其命名为"干活文字"，双击打开该图标，在演示窗口中输入两段文字，分别是"古时候的宋国"和"有个人在田里干活"。

（3）在绘图工具箱中单击选中"选择"工具，使文字处于选中状态，设置文字字体为隶书，字号为 24 磅。

（4）单击工具栏上的"运行"按钮运行程序，当程序运行到有文字的图标时会暂停运行。在演示窗口单击文字使其处于被选中状态，调整文字位置。此时两句话是被一起调整的，其实是选中的整个图标中的内容。为了和图片配合，把文字拖动到窗口的下端，分两行排列。然后单击控制面板上的"停止"按钮结束程序的运行。

（5）单击名称为"干活文字"的"显示"图标，在属性面板中，单击"特效"右边的展开按钮，打开"显示方式"对话框。选择"逐次涂层方式"特效，设定显示周期为 2 秒，单击"确定"按钮完成显示效果设置。该部分文字显示效果完成一半时的效果如图 4-32 所示。

图 4-32　文字显示效果

（6）使用同样的方法设计"图片—文字—等待—擦除"的过程，直到所有的演示内容全部设置完毕。其中部分流程结构图如图 4-33 所示。

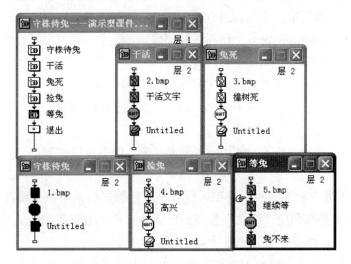

图 4-33　程序流程结构图演示部分

🐾**专家点拨**：在程序设计过程中，经常要打开不同的流程设计窗口进行操作，但它们之间经常会发生相互遮挡的现象，为了防止这种情况的发生，可以将它们进行合理的排列。

7. 退出程序

（1）双击一级流程线上最后的计算图标将其打开，将输入法调整到英文半角状态，在文本输入窗口里输入 Quit( )，如图 4-34 所示。

（2）单击计算图标窗口右上角的"关闭"按钮，弹出一个提示是否保存函数的警告对话框，单击"确定"按钮保存。

到此为止，就完成了整个程序的制作。可以运行整个程序观看结果，如果觉得效果满意，按 Ctrl+S 键可以再次保存文件。

图 4-34　退出的设置

本章习题

一、选择题

1. 在 Authorware 程序设计中使用等待图标，可使程序暂停运行，等待到指定时间、用户单击"继续"按钮、用户按下任意键或（　　），再继续程序的运行。

　　A．次数限制　　　　　B．单击鼠标　　　　C．时间限制　　　D．按鼠标右键

2. Authorware 图标栏提供了丰富的图标，如果要清除指定对象，需要使用（　　）。

　　A．显示图标　　　　　B．等待图标　　　　C．擦除图标　　　D．动画图标

3. 擦除图标用于清除指定对象，（　　　）。

    A. 只能一次指定一个图标进行擦除

    B. 可以一次同时指定多个图标进行擦除

    C. 不可以擦除动画图标中的内容

    D. 一个"显示"图标中的多个对象可以分别擦除

二、填空题

1. 等待图标的控制方法有：使用闹钟辅助控制、使用按钮控制、＿＿＿＿＿＿、＿＿＿＿＿＿、＿＿＿＿＿＿。

2. 在等待图标中设置的小时钟在运行程序进行调试时，可以直接在上面按下鼠标拖动变换位置。但是要想调整"继续"按钮的位置则必须单击控制面板上的＿＿＿＿＿＿按钮停止程序运行后，才可以在该按钮上按下鼠标拖动改变位置。

3. 如果在选择要擦除或保留的图标的时候，出现了误选，可以在属性面板的"被擦除的图标"列表框中的图标上单击使它呈选中状态，然后单击＿＿＿＿＿＿按钮将它从列表中删掉。

4. 有的时候，等待图标属性面板中的"时限"文本框中怎么也无法输入数字，如果想正确输入数字，必须将输入法切换到＿＿＿＿＿＿输入法状态，否则的话会出现无法输入的情况。该情况出现在 Authorware 的所有对话框、面板的文本框和计算图标编辑窗口中。

5. 退出程序的最好方法是使用退出函数＿＿＿＿＿＿。

上机练习

练习 1　等待图标的控制方法

Authorware 时时考虑到交互问题，让用户参与到程序的进程中，等待图标的交互是一种最简单的交互。等待图标的控制方法有：使用时限控制、使用按钮控制、使用鼠标控制、使用键盘控制、使用变量控制。这里要求练习并熟练掌握等待图标的这些控制方法。

┌─────────┐
│ 要点提示 │
└─────────┘

根据本章 4.1 节的内容进行操作练习。

练习 2　课件实例——世界景观欣赏

利用"显示"图标、等待图标、擦除图标制作一个演示型课件实例——世界景观欣赏，效果如图 4-35 所示。

图 4-35　世界景观欣赏

要点提示

（1）新建 Authorware 文档，设置文档属性。

（2）拖放两个"显示"图标到流程线上，在第一个"显示"图标中插入一个背景图片，在第二个"显示"图标中输入标题文字。

（3）将"显示"图标、等待图标、擦除图标依次拖放到流程线上并重新命名，共 5 组。

（4）分别将外部图片插入到 5 个"显示"图标中。分别设置"显示"图标、等待图标、擦除图标的属性，实现演示型课件的效果。

（5）最后利用 Quit( )函数实现程序的退出。

在 Authorware 课件中应用声音、视频和动画

　　Authorware支持各种类型的声音、视频和动画素材的导入。在用Authorware制作多媒体课件时，可以将外部的声音（声效、解说词、音乐等）、视频、动画等素材导入到Authorware中进行处理。这样制作出来的课件，图像、动画、声音、视频等交织在一起，多种媒体同时作用，可以为学习者建构一个真正的多媒体学习场景。

5.1　在 Authorware 课件中应用声音

　　声音是多媒体课件不可缺少的元素，课件中优美的背景音乐、课文的领读、某个内容的解说、交互的提示音等都离不开声音的使用。Authorware 提供了对多种声音文件的支持，其能够支持的声音文件格式包括 WAVE、SWA、MP3、AIFF 和 PCM 等，用户能够很方便地在课件中使用它们。

5.1.1　在课件中插入声音

　　在 Authorware 中通过声音图标将外部声音文件导入，然后通过设置声音图标的属性进一步对声音进行控制。

1. 导入声音文件

　　（1）从图标栏中拖动一个声音图标到流程线上，将图标名称更改为 WAV。单击声音图标，然后打开"属性：声音图标"面板，如图 5-1 所示。

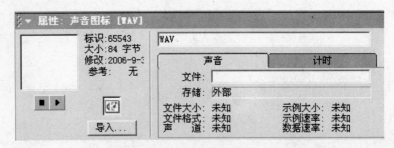

图 5-1　"属性：声音图标"面板

（2）单击"导入"按钮，打开"导入哪个文件"对话框。使用该对话框找到所需的声音文件，如图 5-2 所示。单击"导入"按钮，即可将选择的声音文件导入到课件中。

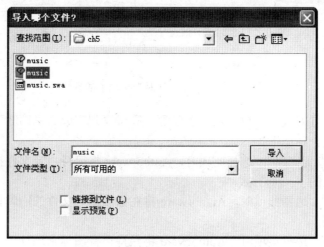

图 5-2　"导入哪个文件"对话框

专家点拨：在对话框的下端有两个复选框，单击选中"显示预览"复选框，对话框的右侧就多出了一个预览窗格。在对话框的列表中选择一个声音文件，在预览窗格中并没有预览对象出现，说明对于声音图标该复选框是无效的。如果选中"链接到文件"复选框，则可以使声音文件不嵌入到图标内，而是采用外部链接的方式将它链接到声音图标上。

（3）单击"导入"按钮，可以将声音文件导入到声音图标里。在这期间，会出现一个处理声音数据的进度框。

2．设置声音图标的属性

"属性：声音图标"面板中"声音"选项卡各项的含义如图 5-3 所示。

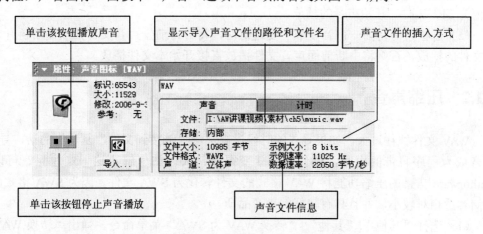

图 5-3　导入声音文件后的"声音"选项卡

声音在课件中的播放设置，一般通过对"属性：声音图标"面板中的"计时"选项卡进行设置来实现，如图 5-4 所示。

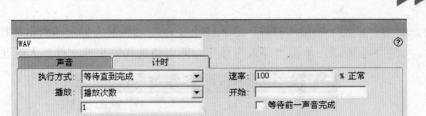

图 5-4 "计时"选项卡的设置

（1）在"执行方式"下拉列表框中包含"等待直到完成"、"同时"和"永久"三个选项，它们的含义介绍如下。

● "等待直到完成"：选择此项时，Authorware 将等待声音文件播放完后，再执行流程线上的下一个图标。

● "同时"：选择此项时，Authorware 将在播放声音文件的同时执行流程线上的下一个图标。

● "永久"：选择该项时，Authorware 将保持声音图标永远处于被激活状态，同时监视"开始"文本框中变量的值，一旦为 TRUE，即开始播放。

（2）在"播放"下拉列表框中包含"播放次数"和"直到为真"两个选项，它们的含义分别如下。

● "播放次数"：选择该项时，Authorware 将按照其下面的文本框中输入的数字或表达式的值确定声音播放的次数，其默认值为 1。

● "直到为真"：选择该项时，若"执行方式"中设置为"永久"，Authorware 将在下面文本框中的变量或表达式值为 TRUE 时停止播放。

（3）在"速率"文本框中设置声音播放的速度，100%表示按声音文件原来的速度播放，低于此值表示比原速度慢，否则表示比原速度快。此文本框可输入变量或表达式。

（4）在"开始"文本框中设置开始播放声音文件的条件，可以输入变量或表达式，当其值为 TRUE 时，开始声音的播放。

（5）选中"等待前一声音完成"复选框时，将等待前一声音文件播放完后再开始本声音文件的播放，否则将中断前面声音文件播放直接开始本文件播放。

5.1.2　压缩声音

WAV 文件往往过大，如果导入的时候没有选中"链接到文件"复选框的话，导入后，声音成为程序自带的内容，课件文件就变得非常大。如何解决这一难题呢？可以使用 Authorware 自带的压缩功能将 WAV 格式的文件转化为 SWA 文件。因为 SWA 格式的声音存储容量相对较小，并且具有较好的声音品质。

（1）选择"其他"|"其他"|"转换 WAV 为 SWA"菜单命令，弹出"转换.WAV 文件到.SWA 文件"对话框，如图 5-5 所示。

（2）单击"添加文件"按钮，弹出选择 WAV 文件对话框，选择一个需要转换的 WAV 格式声音文件（比如 music.wav），然后单击"打开"按钮。

（3）单击"转换文件的目标文件夹"按钮，可以为转换得到的 SWA 格式声音文件指定一个存储文件夹。

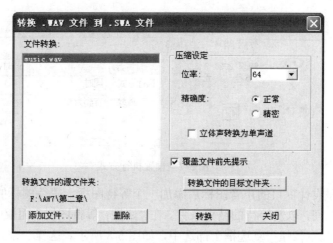

图 5-5 "转换 .WAV 文件到 .SWA 文件"对话框

专家点拨：在对话框的"位率"下拉列表框中可以为转换设置一个采样频率，默认设置为 64。该值越小，声音质量越好，但压缩比越低；该值越大，声音质量越差，但压缩比越高。"精确度"单选按钮组用于设置声音转换的质量，选择"精密"单选按钮，在进行转换时尽量保证声音不失真，但是也会造成转换后形成的 SWA 文件较大；选中"立体声转换为单声道"复选框，会在进行格式转换时将包含两个声道的声音文件转换为单声道声音文件。

（4）拖动一个声音图标到程序设计窗口，双击它，在属性面板中单击"导入"按钮，在弹出的"导入哪个文件"对话框中选择 music.swa 文件，可以看到文件格式是 SWA，如图 5-6 所示。压缩后的 SWA 格式文件要比 WAV 格式文件小很多，而音质却差不多。有时候为了考虑课件文件的容量大小，一般选择 SWA 格式的文件。

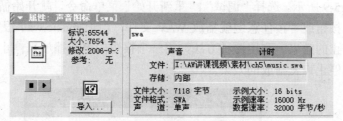

图 5-6 文件格式是 SWA 的声音属性

5.1.3 控制声音播放

控制声音的播放是保证课件正常运行的基础。本节通过一个实例讲解控制声音停止的技巧。

（1）新建一个 Authorware 文档。从图标栏中拖动一个声音图标到流程线上，将图标名称更改为 mp3。

（2）导入 music.mp3 文件后，在属性面板中打开"计时"选项卡，"执行方式"选择"同时"，"播放"选择"直到为真"。这时候该声音文件就可以循环播放了，如图 5-7 所示。

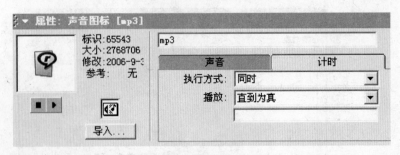

图 5-7　设置执行方式

（3）在程序设计窗口的声音图标后添加一个等待图标。等待图标的功能是在流程线上设置一段等待时间，以及等待的结束条件。在"属性：等待图标"面板中，将"单击鼠标"、"按任意键"、"显示按钮"复选框全部选中，如图 5-8 所示。这样一来，不管单击或者按键盘上的任意一个键时，程序都会继续向下执行。

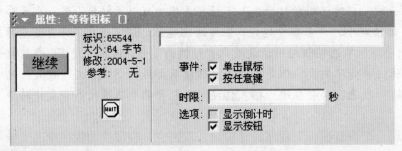

图 5-8　设置等待图标属性

（4）在等待图标后再加一个声音图标，导入 music.wav 文件，程序设计窗口最终有三个图标，如图 5-9 所示。选择"调试"|"重新开始"菜单命令，就开始循环播放 MP3 文件，单击"继续"按钮或者按任意键就播放 WAV 文件，由于 music.wav 很短，能起到将 MP3 文件的播放停止的效果。利用这种方法，用一个很短的声音播放来停止前面较长声音的播放，可以达到停止声音播放的效果。

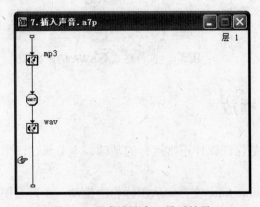

图 5-9　程序设计窗口最后效果

专家点拨：一般情况下，用系统函数和系统变量来控制声音的停止、播放、暂停和继续播放等。详细内容请参看 9.3.1 节。

5.1.4　声音和图像同步课件实例——可爱的动物

在制作课件时，往往需要声音和图像同步播放的效果，比如解说声音和解说对象同步播放。本节利用 Authorware 的影音同步功能制作一个课件实例——可爱的动物。程序运行时，随着解说声音动物图片一张张出现在演示窗口中，它们都是在精确的时间随着解说声音出现在演示窗口中，如图 5-10 所示。

图 5-10　课件效果

以下是本实例的详细制作步骤。

1．新建文件并设置背景

（1）新建一个 Authorware 文件，单击工具栏上的"保存"按钮，将文件保存为"声音和图像同步"。可以看到 Authorware 的标题栏和流程设计窗口的标题栏中的文件名称都已经变成了"声音和图像同步"。

（2）从图标栏拖动一个"显示"图标到流程线上，将其命名为"背景图片"，在该图标上双击打开演示窗口，单击工具栏上的"导入"按钮，打开"导入哪个文件"对话框。找到存放图片的文件夹，双击名称为"声音同步背景图"的图片，将其导入到演示窗口，因为图较大，不用调节其大小，如图 5-11 所示。

图 5-11　导入背景图片

专家点拨：在这个实例中，制作的是一个以动物为主题的课件，所以采用了一个绿叶的画面作为背景，从而体现环保意识。

（3）从图标栏中拖动一个"显示"图标到流程线上，将其命名为"标题"，在该图标上双击打开演示窗口，用文本工具输入"可爱的动物"文字，并把文字设置成合适的格式。

2．插入声音文件并加入同步内容

（1）从图标栏中拖动一个声音图标到流程线上，将其命名为"主声音"。再从图标栏中拖动几个"显示"图标到声音图标的右下方，并为它们分别命名，如图 5-12 所示。

专家点拨：要想使声音文件与其他内容同步，必须将同步的内容放在声音图标的右下方，此时在同步内容对应的图标上方出现一个时钟样式的设置标志。

（2）单击名称为"主声音"的声音图标，展开"属性：声音图标"面板，单击"导入"

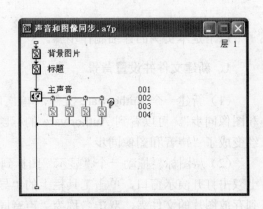

图 5-12　设置声音文件的同步图标

按钮,打开"导入哪个文件"对话框,找到存放声音文件的文件夹,双击名称为"动物解说配音.wav"的声音文件,将其导入到声音图标内。

(3)双击名称为"001"的"显示"图标,打开演示窗口。单击工具栏上的"导入"按钮,打开"导入哪个文件"对话框,导入一张狮子图片。

(4)在演示窗口显示的图片上双击鼠标,打开"属性:图像"对话框。单击"版面布局"选项卡,在"显示"下拉列表框中选择"比例"选项,在"位置"后面的两个文本框中分别输入 100 和 60,在"大小"后面的两个文本框中分别输入 460 和 320,单击"确定"按钮,完成图片位置和大小的设置,如图 5-13 所示。

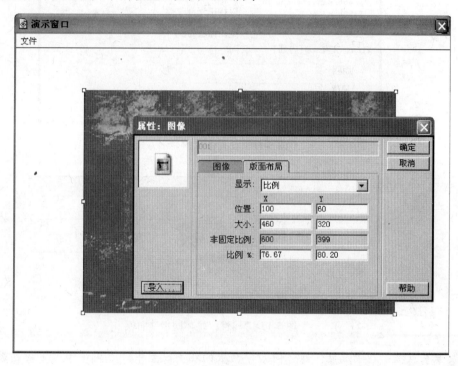

图 5-13 设置图片的属性

专家点拨:在制作依次展示多个图像的效果时,对各个"显示"图标中的图像的位置进行设置,目的是防止它们在显示过程中因位置不同而使人产生不适的感觉。

(5)在"显示"图标的属性面板中,单击"特效"后面的展开按钮 ,打开"特效方式"对话框。在"分类"列表框中选择"[内部]",在"特效"列表框中选择"马赛克效果"。在"周期"文本框中输入 2,表示显示效果持续时间为 2 秒。在"平滑"文本框中输入 24,使平滑度加强,如图 5-14 所示,单击"确定"按钮完成设置。

使用同样的方法完成其余三个"显示"图标内容的设置,并可以设置不同的显示效果。

3.设置同步属性

(1)单击名称为"001"的"显示"图标上面的小时钟,操作区下方的属性面板变为"属性:媒体同步"面板。在"同步于"下拉列表框中选择"秒",表示同步单位为秒。在下面的文本框中输入 0，表示同步时间为 0 秒。在"擦除条件"下拉列表框中选择 "在下一事件后"，表示在下一个事件响应之后擦除，如图 5-15 所示。

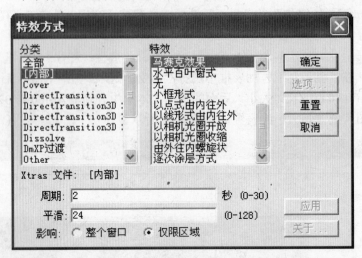

图 5-14　设置图片的显示方式

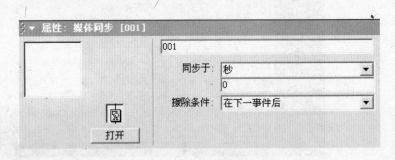

图 5-15　"属性：媒体同步"面板

专家点拨：在"属性：媒体同步"面板的相关设置中，"同步于"下拉列表框中有两个选项：秒和位置。一般在设置声音同步时使用"秒"做单位，而在电影同步时使用"位置"做单位。

（2）使用同样的方法设置其他三个"显示"图标的媒体同步属性，分别设置它们的开始显示时间是 12、23、35，也就是设置同步单位为秒，并分别在"同步于"下面的文本框中输入这三个数。

5.2　在 Authorware 课件中应用视频

作为一个优秀的多媒体制作工具，Authorware 具有强大的集成功能，能够将多种媒体形式结合起来。Authorware 除支持常见的声音文件外，也能够支持常见的视频文件，使多媒体课件中能够使用各种格式的数字电影文件。

5.2.1 数字电影文件的导入和属性设置

数字电影实际上是快速播放的一系列静态图像，并且大多还伴随音效。数字电影一般来源于动画软件（如 3ds Max、Animator 等）、视频编辑软件（如会声会影、Premiere 等）制作或者处理的数字电影文件。

在 Authorware 中利用电影图标进行数字电影的使用。Authorware 支持的数字电影文件格式包括 Director（DIR、DXR）、Video for Windows（AVI）、QuickTime for Windows（MOV）、Autodesk Animator、Animator pro、3ds Max（FLC、FLI、CEL）、MPEG（MPG）、BMP/DIB（位图序列）。在这些数字电影类型中，有些必须直接插入到 Authorware 中，有些必须以外部链接文件的形式进行应用。数字电影存储在 Authorware 程序的内部还是外部，是由它所加载的数字电影文件类型决定的。

1. 数字电影文件的导入

（1）在课件中加载数字电影文件的方法和加载声音文件的方法一样，从图标栏拖动一个电影图标到流程线上。同时操作区下方的属性面板变为"属性：电影图标"面板。

（2）此时可以在属性面板的标题栏输入图标名称，或直接在流程线上给图标命名，将它命名为"数字电影"。

（3）单击"属性：电影图标"面板左侧的"导入"按钮，打开"导入哪个文件"对话框，在其中选择"数字电影"文件，如图 5-16 所示。

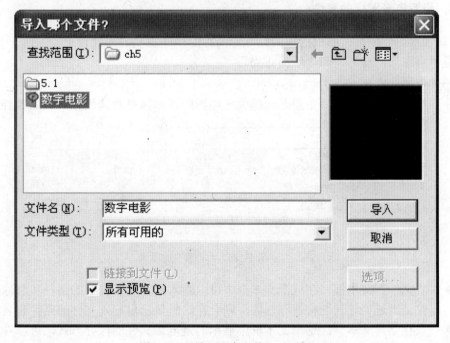

图 5-16 "导入哪个文件"对话框

（4）选中"显示预览"复选框，可以预览电影效果。确认是要导入的文件后，单击"导入"按钮，导入电影文件。

2. 预览电影

"属性：电影图标"面板的左侧是预览窗口、预览控制按钮和一些关于电影的基本信息，如图 5-17 所示。

预览窗口中显示的是电影文件使用的播放器图标。

在预览窗口的下方有一排按钮，这些是对电影文件进行预览时的控制按钮。"播放"按钮 ▶ 用于播放电影文件，"停止"按钮 ■ 用于停止正在播放的电影文件，"单步前进"按钮 ▮▶ 用于单帧向前跳进预览电影文件，"单步后退"按钮 ◀▮ 用于单帧向后跳进预览电影文件。

图 5-17　属性面板的左侧部分

在这排按钮的下面，是一个关于电影长度的信息，既可以看到电影的总长度，又可以在预览时监视电影运行的位置。

专家点拨：在制作 Authorware 课件时，会遇到插入的视频不能正常播放的情况，这是因为计算机系统缺少相应的视频播放插件或者视频解码软件。要解决视频文件在 Authorware 中不能播放的问题，首先要判断该视频文件是何种压缩算法和编码方式制作而成的。然后安装相应的视频播放插件或解码软件进行播放。例如要在 Authorware 中播放 MPEG-4 格式的视频文件，那么需要安装 DivX 解码软件，发布课件时也需要将这个插件一同发布，这样就能在没有安装该插件的计算机上顺利播放。

3. 设置电影图标的属性

"属性：电影图标"面板的中间是电影图标的一些主要的属性设置，包括 3 个选项卡，分别是"电影"、"计时"和"版面布局"。

1）"电影"选项卡

在"电影"选项卡里，主要是一些关于电影的基本信息及其设置，如图 5-18 所示。

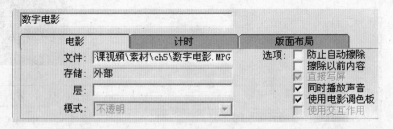

图 5-18　"电影"选项卡

- "文件"文本框：在这个文本框中可以输入数字电影文件的路径和名称，如果文件是通过"导入"按钮导入的，则会在这里显示出导入文件的路径和名称。
- "存储"文本框：这个文本框中显示的是电影文件的保存方式，可以看到文本框中的内容是发灰显示的，这说明它是只读的。如果显示"外部"，说明电影文件是外部存储的；如果显示"内部"，则表示电影文件是内部存储的。数字电影文件存储在 Authorware 程序的内部还是外部，是由它所加载的数字电影文件类型决定的。

● "层"文本框：显示当前数字电影所在的层，默认情况下不填入数字，表示层数为 0。也可以通过输入一个数字或一个变量来调整当前数字电影所在的层。对于外部链接的数字电影，它总是显示在演示窗口的最上方，设置层是没有意义的。但对于内部嵌入的数字电影可以设置它的层数。

● "模式"下拉列表框：设置电影对象显示模式。对于外部链接文件来说，这一项都是发灰显示的，选择的都是"不透明"模式，说明文件是不透明的。对于内部嵌入的文件，则会有 4 种模式供选择："不透明"、"透明"、"覆盖"和"反相"。

● "选项"选项区：提供了一些关于数字电影显示的内容，和"显示"图标中的属性内容相似，请参阅"显示"图标的属性。

2）"计时"选项卡

在"计时"选项卡里，提供了一些关于数字电影时间控制的选项，如图 5-19 所示。这些属性和声音图标的"计时"选项卡类似。

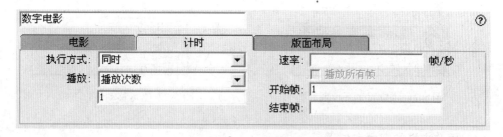

图 5-19　"计时"选项卡

● "执行方式"下拉列表框：用来设置电影文件播放的同步问题。共有 3 种选项，分别是"等待直到完成"、"同时"和"永久"。

● "播放"下拉列表框：用户可以设置电影文件播放的次数。它包括"重复"、"播放次数"、"直到为真" 3 个选项。

● "速率"文本框：可以输入数字电影播放的速率。在一般情况下，如果在文本框中不输入数值，将按 Authorware 默认的速率（25 帧/秒）进行播放。也可以输入一个数值作为设定的速率，输入的数值越小，播放速度越慢，数值越大，播放速度越快。

● "播放所有帧"复选框：选中此复选框时，Authorware 将以尽可能快的速度播放电影文件的每一帧，不过播放速度不会超过在"速率"文本框中设置的速度。该选项可以使数字电影在不同的系统中以不同的速度播放。它只对以内部文件存储方式的电影文件有效。

● "开始帧"文本框：默认情况下，此文本框中有一个数字 1，表示电影将从第一帧开始播放。但也可以在该文本框中输入一个数字或表达式，自定义电影播放的开始位置。

● "结束帧"文本框：在默认情况下，此文本框中没有数值，但如果需要对电影的结束加入控制条件，可以在这里输入一个数字或表达式。

3）"版面布局"选项卡

在这个选项卡里主要提供了一些版面布局方面的选项，它们主要用来确定数字电影的位置，如图 5-20 所示。此选项卡与"显示"图标的"版面布局"选项卡设置相同。

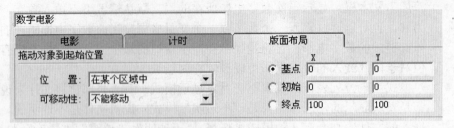

图 5-20 "版面布局"选项卡

- "位置"下拉列表框：用来确定数字电影在演示窗口中的位置，主要包括如图 5-21 所示的几个选项。由于选项的不同，右侧位置区的内容也会随着改变。
- "可移动性"下拉列表框：用来确定电影文件在打包后是否可以移动，主要包括如图 5-22 所示的几个选项。

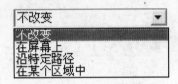

图 5-21 "位置"下拉列表框

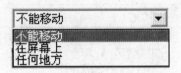

图 5-22 "可移动性"下拉列表框

4．更改电影的尺寸和位置

在前面的步骤中，利用数字电影图标导入了一个数字电影文件。下面介绍如何更改电影的尺寸和位置。

（1）单击工具栏上的"控制面板"按钮，打开控制面板。

（2）单击"运行"按钮播放程序，当程序运行到电影出现后，单击"暂停"按钮，使程序暂停运行。

（3）单击演示窗口中的电影，在周围出现 8 个控制柄，拖动控制柄可以改变电影在演示窗口中的尺寸，直接拖动电影可以改变其在演示窗口中的位置，如图 5-23 所示。

5.2.2 数字电影和解说词的同步

本节将制作一个图文并茂的视频教程课件。课件运行时，随着电影文件的播放，解说文字同时出现在演示窗口中，它们都是在精确的时间随着电影文件出现在演示窗口中，如图 5-24 所示。

以下是详细制作步骤。

1．新建 Authorware 文件并设置文件属性

（1）新建一个 Authorware 文件，将其文件名保存为"电影和文字同步.a7p"。

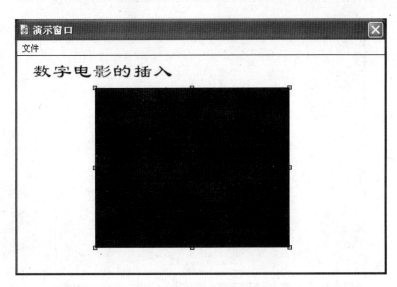

图 5-23 改变影片的尺寸和位置

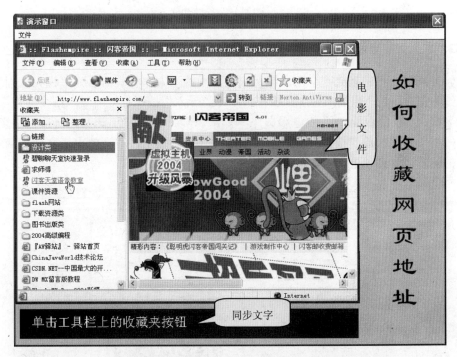

图 5-24 课件效果

（2）在属性面板中，设置背景色为灰色，文件大小为 800×600 像素。

（3）从图标栏拖动两个"显示"图标到流程线上，分别命名为"标题"和"文本框"。双击打开"标题"图标对应的演示窗口，在其中输入"如何收藏网页地址"文本信息，并设置它们的格式。

（4）再双击打开"文本框"图标对应的演示窗口，在其中绘制一个蓝色的长方形，如图 5-25 所示。

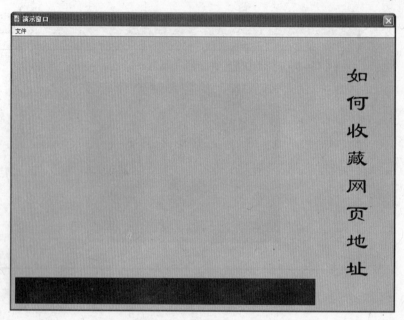

图 5-25　标题和文本框

2．导入数字电影

（1）从图标栏中拖放一个电影图标到流程线的下方，将其命名为"视频教程"。

（2）在"属性：电影图标"面板中，单击"导入"按钮打开"导入哪个文件"对话框，找到名称为"视频教程.avi"的电影文件，单击"导入"按钮将电影文件链接到电影图标内。

（3）单击"播放"按钮打开演示窗口对文件进行预览，并调整电影文件到演示窗口左上角的位置，如图 5-26 所示。

图 5-26　导入电影

3．设置初始文字变量

（1）从图标栏中拖动一个计算图标到流程线上最上方，将其命名为"初始文字"，双击打开输入窗口，在其中输入如图 5-27 所示的程序代码：

wenzi:="这是一个教你如何收藏网址的视频教程"

（2）单击输入窗口右上角的"关闭"按钮，弹出一个提示保存的警告对话框，单击"是"按钮，保存输入内容。保存后弹出一个设置自定义变量的"新建变量"对话框，在"描述"下面的文本框中输入注释文字，如图 5-28 所示。

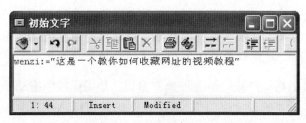

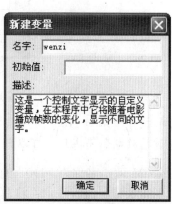

图 5-27　输入初始文字　　　　　　图 5-28　"新建变量"对话框

（3）单击"确定"按钮保存自定义变量。

4．在"显示"图标中加入文字变量

（1）从图标栏中拖动一个"显示"图标到流程线的"文本框"图标下方，将其命名为"文字"。

（2）双击该图标打开演示窗口，单击选择绘图工具箱中的"文本"工具，在演示窗口中输入文字"{wenzi}"。

（3）单击绘图工具箱中的"选择"工具，文本自动处于被选中状态，设置字体为宋体，字号为 18 磅，使文字居中显示，设置文本的颜色为白色，设置文本的状态为透明。将文字调整到蓝色长方形上，如图 5-29 所示。

图 5-29　在"显示"图标中加入文字变量

（4）单击该"显示"图标，在对应的属性面板中选中"更新显示变量"复选框，保证文字的动态更新。

5．制作同步文字

（1）从图标栏中拖动 5 个群组图标到电影图标的右下方，分别命名为"110"、"230"、

"350"、"638"和"800"，如图 5-30 所示。

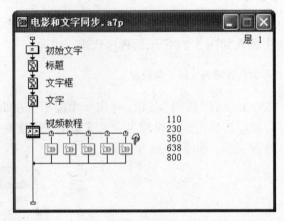

图 5-30　拖动群组图标到电影图标的右下方并命名

　　专家点拨：这里给 5 个群组图标命名的数字实际上就是要同步显示解说文字的关键帧的帧号，比如 110 就是电影播放的第 110 帧。这些帧数字可以在电影图标的属性面板中通过播放电影而得到。可以预览电影，把同步显示文字的关键帧的帧号记下来。

　　（2）双击名称为"110"的群组图标，打开二级流程操作窗口。从图标栏中拖动一个计算图标到该级流程线上，将其命名为"解说文字 1"。双击打开输入窗口，在其中输入如图 5-31 所示的程序代码：

wenzi:="下面教你如何收藏一个网址"

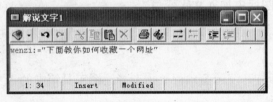

图 5-31　在计算图标的输入窗口输入文字

　　（3）单击窗口右上角的"关闭"按钮，弹出一个"保存"对话框，单击"是"按钮进行保存。

　　（4）使用同样的方法在名称为"230"、"350"、"638"和"800"的群组图标里输入类似的内容，详细内容可以参考本例源文件。

6．设置同步属性

　　（1）单击一级流程设计窗口中名称为"110"的群组图标上面的小时钟，打开"属性：媒体同步"面板。

　　（2）在"同步于"下拉列表框中选择"位置"，它的意思是图标的内容和电影图标播放的帧同步。在下面的文本框中输入"IconTitle"，意思是同步的位置将与图标的名称相同，比如这里小时钟下面的群组图标的名称是"110"，那么当电影图标中的影片播放到第 110

帧的时候，将显示该群组图标里面的内容。

（3）在"擦除条件"下拉列表框中选择"在下一事件后"选项，意思是在下一个事件响应之后将擦除本图标的所有内容，如图 5-32 所示。

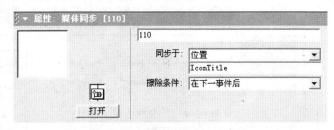

图 5-32　"属性：媒体同步"对话框

专家点拨：在"同步于"下面的文本框中，输入"IconTitle"（图标名称）说明以图标名称为同步的时间。这样做的好处是将来调整图标的同步时间长短时只要改变对应的图标名称就可以了，省去了许多麻烦。

（4）使用相同的方法对其他 4 个群组图标的媒体同步属性进行设置。到此为止，整个程序就完成了，程序的流程结构图如图 5-33 所示。

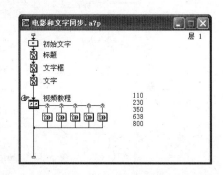

图 5-33　程序流程结构图

5.2.3　在 Authorware 课件中应用 QuickTime 视频

利用数字电影图标可以播放外部视频文件，但是视频显示区域不能再叠加显示其他对象。QuickTime 视频文件在 Authorware 中的应用比较特殊，可以通过插入媒体的方式将其插入到 Authorware 中，并且播放 QuickTime 视频的同时，可以在视频显示区域叠加显示其他对象。

1．插入 QuickTime 视频

在插入 QuickTime 视频文件前，首先应该确认使用的计算机必须安装 QuickTime 4.0 以上版本的软件。如果没有安装，那么无法正常插入 QuickTime 视频文件。

插入 QuickTime 视频文件的具体方法如下所述。

（1）选择"插入"|"媒体"|QuickTime 命令，弹出 QuickTime Xtra Properties（QuickTime Xtra 属性）对话框，同时流程线上出现一个 QuickTime 图标，如图 5-34 所示。

（2）单击对话框中 Browse（浏览）按钮，弹出 Choose a Movie File（选择一个视频文件）对话框，如图 5-35 所示。在这个对话框中选择一个 QuickTime 视频文件"湖面风光.mov"，单击"打开"按钮，返回到 QuickTime Xtra Properties 对话框。此时 QuickTime Xtra Properties 对话框最上面的文本框中会显示打开的 QuickTime 视频文件路径。最后单击 OK 按钮即可。

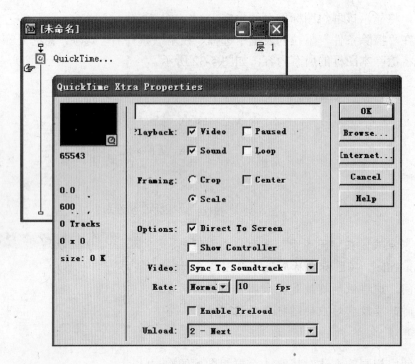

图 5-34 QuickTime Xtra Properties 对话框

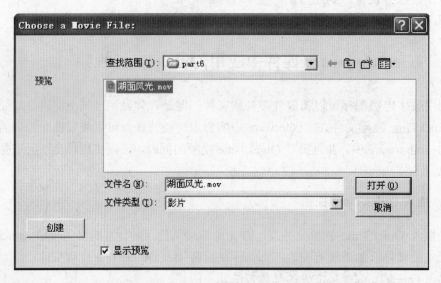

图 5-35 Choose a Movie File 对话框

专家点拨：也可以在 QuickTime Xtra Properties 对话框中单击 Internet（网络）按钮，打开 Open URL 对话框，在该对话框中输入视频文件所在的 URL 地址，实现对视频文件的链接。

（3）运行程序，可以看到 QuickTime 视频的播放效果，如图 5-36 所示。如果需要调整视频画面的尺寸和位置，可以按 Ctrl+P 组合键，让程序暂停下来进行调整。

图 5-36　演示效果

2．设置 QuickTime 视频的属性

可以在 QuickTime Xtra Properties 对话框中，或者在"属性：功能图标[QuickTime…]"面板中设置 QuickTime 视频的属性。

1）QuickTime Xtra Properties 对话框

QuickTime Xtra Properties 对话框如图 5-34 所示。左上方的预览区用于演示所打开的 QuickTime 视频效果。左下方显示所打开的视频文件的总帧数、播放速度、幅面大小和容量大小。最上方的文本框显示所打开的视频文件的路径和文件名，也可以在这里输入新的路径和文件名。

Playback（回放）选项中包括 4 个复选框，分别介绍如下。

- Video（视频）复选框：用于确定是否显示视频文件中的画面，默认是选中状态。
- Sound（声音）复选框：用于确定是否播放视频文件中的声音，默认是选中状态。
- Poused（暂停）复选框：用于确定是否在视频开头暂停视频文件的播放。
- Loop（循环）复选框：用于确定视频文件是否循环播放。

Framing（取景）选项中包括两个单选按钮和一个复选框，分别介绍如下。

- Crop（裁切）单选按钮：用于确定视频文件缩放按裁切方式进行。
- Center（居中）复选框：这个复选框默认是灰色不可使用状态，当选中了 Crop（裁切）单选按钮时，此复选框变为可选。
- Scale（比例）单选按钮：用于确定视频文件缩放按比例方式进行。

Options（选项）选项中包括两个复选框，分别介绍如下。

- Direct TO Screen（直接写屏）复选框：用于确定是否将 QuickTime 视频文件显示在所有对象的最上一层。
- Show Controller（显示控制器）复选框：用于设置是否将播放控制面板显示出来。当取消选中 Direct TO Screen 复选框时，此复选框变为不可用。

Video（视频）下拉列表框包括两个选项，分别介绍如下。

- Sync to SoundTrack（与音轨同步）：用于确定视频和声音同时播放。
- Play Every Frame(no sound)（播放每一帧（静音））：用于确定 Authorware 会播放每一帧，但不与声音同步。

Rate（速率）下拉列表框用于设置播放速率，当选择了 Video 下拉列表框中的 Play Every Frame(no sound)选项后，Rate 下拉列表框才可用。它包括 3 个选项，分别介绍如下。

- Normal（正常）：选择该选项时，QuickTime 视频会以普通播放速率播放。
- Maximum（最大）：选择该选项时，QuickTime 视频会以最大播放速率播放。
- Fixed（固定）：选择该选项时，右侧的文本框被激活，可以在文本框中输入 QuickTime 视频的播放速率。

Enable Preload（允许预先载入）复选框用于设置是否允许预加载 QuickTime 视频。

Unload（不加载）下拉列表框用于设置卸载 QuickTime 视频的方式，它包括 4 个选项，分别介绍如下。

- "3-一般"选项：一般卸载。
- "2-下一步"选项：播放完该 QuickTime 视频后卸载。
- "1-最后"选项：执行完 Authorware 程序后卸载。
- "0-从不"选项：不卸载。

2）"属性：功能图标[QuickTime…]"面板

双击流程线上 QuickTime 图标，可以打开"属性：功能图标[QuickTime…]"面板，如图 5-37 所示。

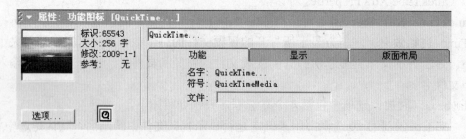

图 5-37 "属性：功能图标[QuickTime…]"面板

面板左侧有一个预览区，显示 QuickTime 视频的第一帧图像。预览区旁边显示有关 QuickTime 视频的信息。面板左下角有一个"选项"按钮，单击该按钮可以打开 QuickTime Xtra Properties 对话框，对 QuickTime 视频属性进行重新设置。

面板右侧包括 3 个选项卡："功能"选项卡、"显示"选项卡和"版面布局"选项卡。"功能"选项卡中的选项介绍如下。

- "名字"：显示该图标的默认名称。"QuickTime…"是 QuickTime 视频图标的默认名称。
- "符号"：显示该图标的类型。QuickTimeMedia 表示该图标为 QuickTime 视频图标。
- "文件"文本框：该文本框给出播放媒体文件所使用的 Xtras 文件的路径和文件名。该 Xtras 文件需要随作品一起发布。

"显示"选项卡和"版面布局"选项卡如图 5-38 和图 5-39 所示。因为和前面介绍的其他图标的属性类似，这里不再赘述。

图 5-38　"显示"选项卡

图 5-39　"版面布局"选项卡

3．视频叠加

利用 QuickTime 视频文件，可以制作在播放的视频上叠加文字、图片等对象的效果，并且还可以通过视频控制器让用户控制视频的播放。下面通过实例进行介绍。

（1）新建一个 Authorware 文件，给文件设置合适的属性。

（2）选择"插入"|"媒体"|QuickTime 命令，弹出 QuickTime Xtra Properties（QuickTime Xtra 属性）对话框，单击 Browse（浏览）按钮，选择一个 QuickTime 视频文件"湖面风光.mov"。另外，取消选中 Direct To Screen（直接写屏）复选框，如图 5-40 所示。

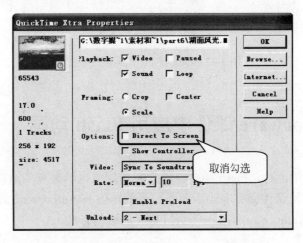

图 5-40　QuickTime Xtra Properties 对话框

（3）在 QuickTime 图标下拖放一个"显示"图标，并在其相对于视频演示区域的位置输入文字"美丽的湖水风光"。设置文字为透明模式，并设置文字格式。

（4）运行程序，可以看见"美丽的湖水风光"几个文字已经叠加在视频之上了，如

图 5-41 所示。

图 5-41　叠加效果

专家点拨：除了在 QuickTime Xtra Properties（QuickTime Xtra 属性）对话框中取消选中 Direct To Screen（直接写屏）复选框外，还可以在插入 QuickTime 视频文件后，双击 QuickTime 图标，在"属性：功能图标[QuickTime…]"面板的"显示"选项卡中，取消选中"直接写屏"复选框，如图 5-42 所示。

图 5-42　QuickTime 图标属性设置

5.3　在 Authorware 课件中应用 Flash 动画

随着 Flash 动画的流行，Flash 动画在课件制作领域也越来越多地被使用。在课件中使用 Flash 动画，能够使课件拥有专业级动画，有效地弥补 Authorware 在动画制作上的某些不足。下面介绍在 Authorware 课件中使用 Flash 动画的方法。

5.3.1　在课件中插入 Flash 动画

Authorware 提供了对 SWF 格式的 Flash 动画文件的支持，并能够方便地对动画在演示窗口中的样式进行设置。

1．Flash 动画的插入

（1）在 Authorware 课件中，将手形标志移到流程线上需要插入 Flash 动画的位置，选择"插入"|"媒体"|Flash Movie 命令，打开 Flash Asset Properties 对话框。单击 Browser 按钮，打开 Open Shockwave Flash Movie 对话框，使用该对话框找到需要插入的 Flash 文件，如图 5-43 所示。

图 5-43　Open Shockwave Flash Movie 对话框

（2）单击"打开"按钮关闭对话框，在 Flash Asset Properties 对话框的 Link File 文本框中显示出该文件的文件名和存储路径，如图 5-44 所示。

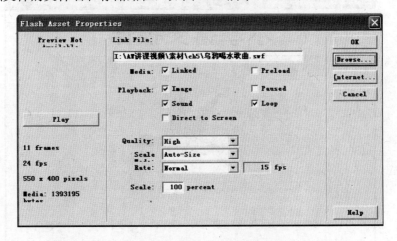

图 5-44　Link File 文本框中显示出文件的文件名和存储路径

（3）单击 OK 按钮，即可插入 Flash 文件。此时，程序的流程线和运行效果如图 5-45 所示。

图 5-45   程序的流程线和运行效果

2．Flash 动画在演示窗口中的位置和演示大小的改变

如果想改变 Flash 动画在演示窗口中的位置和演示大小，可以先运行程序，然后按 Ctrl+P 键暂停程序的运行。在演示窗口中的 Flash 动画上单击，动画周围会出现带有 8 个控制柄的边框，如图 5-46 所示。此时，拖动动画可改变其在演示窗口中的位置，拖动控制柄能够改变动画在演示窗口中显示的大小。

图 5-46   Flash 动画的周围带有控制柄的边框

5.3.2 Flash 动画属性的设置

Flash 动画的属性可以在 Flash Asset Properties 对话框中设置，或者在"属性：功能图标[Flash Movie...]"面板中设置。

1．Flash Asset Properties 对话框

Flash Asset Properties 对话框如图 5-44 所示。左上方的浏览区用于演示所打开的 Flash 动画。如果所打开的动画不能预览，则出现提示信息，并且"播放"按钮不可用。左下方显示所打开的动画的总帧数、播放速度、幅面大小和存储容量大小。

Link File 文本框：显示所打开的动画文件的路径和文件名，可以在这里输入新的路径和文件名，选择不同的 Flash 动画文件。

media（媒体）选项包括两个复选框，分别介绍如下。

- Linked（链接）复选框：选中该复选框可以将所打开的 Flash 动画作为外部文件和 Authorware 链接；如果不选中该复选框，则将动画引入到 Authorware 文件内容。
- Preload（预载）复选框：当 Flash 动画作为外部文件时，此复选框可用。选中该复选框，可以在播放 Flash 动画前，预先将动画载入内存。

Playback（回放）选项包括 5 个复选框，分别介绍如下。

- Image（图像）复选框：用于确定是否显示 Flash 动画中的画面，默认是选中状态。
- Sound（声音）复选框：用于确定是否播放 Flash 动画中的声音，默认是选中状态。
- Poused（暂停）复选框：用于确定是否在 Flash 动画开头暂停动画的播放。
- Loop（循环）复选框：用于确定 Flash 动画是否循环播放。
- Direct TO Screen（直接写屏）复选框：用于确定是否将 Flash 动画显示在所有对象的最上一层。

Quality（品质）下拉列表框包括 4 个选项，这些选项可以设置播放 Flash 动画时的抗锯齿特性、显示质量高低以及执行速度快慢。

Scale（比例模式）下拉列表框包括 5 个选项，这些选项用于控制 Flash 动画在演示窗口中的显示方法。当选中 Flash 动画，并拖动句柄改变其尺寸后，才能看出这些选项的含义和区别。

- Show All（显示全部）：指改变 Flash 动画的尺寸后，保证显示动画的全部内容并保持长宽比，多出的空间用动画的背景色填充。
- No Border（无边界）：指改变 Flash 动画的尺寸后，保证不出现多余的空间并保持长宽比，但不保证显示动画的全部内容。
- Exact Fit（精确匹配）：指改变 Flash 动画的尺寸后，保证不出现多余的空间并不保持长宽比。
- Auto-Size（自动大小）：指改变 Flash 动画的尺寸后，保证不出现多余的空间，不保持长宽比，自动保持该选项为默认值 100%。
- No Scale（无比例）：指改变 Flash 动画的尺寸后，保持动画的比例大小，不保证

显示动画的全部内容。

Rate（速率）下拉列表框包括 3 个选项，用于设置播放速率。

2."属性：功能图标[Flash Movie...]"面板

双击流程线上 Flash 动画图标，可以打开"属性：功能图标[Flash Movie...]"面板，如图 5-47 所示。该面板的结构、选项及设置与 QuickTime 视频的"属性：功能图标[QuickTime...]"面板相似，这里不再赘述。

图 5-47 "属性：功能图标[Flash Movie...]"面板

专家点拨：Authorware 还自带了 Animated Gif Xtras，它和 Flash Asset Xtras 一样作为插件提供了对 GIF 动画的支持，它的导入和属性设置与 Flash 动画的导入和设置大同小异，这里就不再赘述了。

本章习题

一、选择题

1. 使用 Authorware 开发多媒体课件，要实现播放 WAV 音乐功能，需要使用哪个图标？（　　）

    A．视频图标　　　　B．动画图标　　　　C．"显示"图标　　　　D．声音图标

2. 下面哪种格式的文件不属于数字化电影？（　　）

    A．MOV　　　　　　B．SWA　　　　　　C．FLC　　　　　　D．AVI

3. 外部存储类型的数字化电影能设置的覆盖显示模式为（　　）。

    A．透明　　　　　　B．不透明　　　　　C．遮隐　　　　　　D．反转

4. 在 Authorware 中，暂停/继续运行程序的快捷键是（　　）。

    A．Ctrl+R　　　　　B．Ctrl+G　　　　　C．Ctrl+P　　　　　D．Ctrl+V

二、填空题

1. 在 Authorware 中，要想使声音文件与其他内容同步，必须将同步的内容放在声音图标的_____，此时在同步内容对应的图标上方出现一个_____的设置标志。

2. Authorware 提供了对多种声音文件的支持，其能够支持的声音文件格式包括 AIF、PCM、SWA、VOX、_____及_____等。

3. 在制作 Authorware 课件时，会遇到插入的视频不能正常播放的情况，这是因为计

算机系统缺少_____。

4．数字电影和解说词的同步设置中（即"媒体同步属性面板"中），在"同步于"下面的文本框中，输入系统变量_____说明以图标名称为同步的时间。这样做的好处是调整图标的同步时间长短时只要改变对应的图标名称就可以了，省去了许多麻烦。

5．在 Authorware 中插入的 Flash 对象只支持_____和_____两种显示模式。

上机练习

练习 1　为视频课件制作同步配音、字幕

制作一个数字化电影与配音、字幕同步播放的课件实例。在 Authorware 软件系统文件夹下的 ShowMe 文件夹里有一段进行演讲的数字化电影 EDISON.avi。请为这段电影配音并加上字幕，要求在数字化电影中人物开始讲话时，配音与字幕同时出现。程序流程结构图如图 5-48 所示。

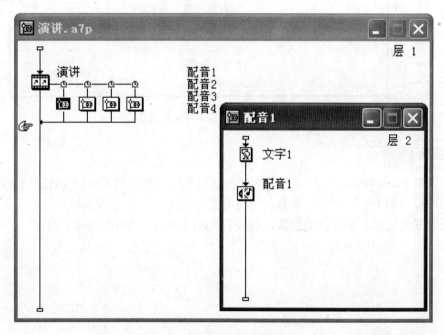

图 5-48　程序流程结构图

要点提示

（1）导入数字电影之后，在"属性：电影图标"面板中，取消选中"同时播放声音"复选框，关闭数字电影本身的声音，这样就不会干扰配音的播放。

（2）单击播放控制按钮，找到人物正要开口讲话的帧并记下帧号，以便同步设置时使用。

练习 2 插入 Flash 课件——看图识字

按照本章 5.3 节讲解的方法制作一个插入 Flash 课件的实例——看图识字，效果如图 5-49 所示。

图 5-49 插入 Flash 课件

要点提示

在调整 Flash 课件尺寸和位置时，要先运行程序，然后按 Ctrl+P 键暂停程序的运行。在演示窗口中的 Flash 动画上单击，动画周围会出现带有 8 个控制柄的边框。此时，拖动动画可改变其在演示窗口中的位置，拖动控制柄能够改变 Flash 动画的尺寸。

第6章

让课件动起来——移动图标的应用

动画是多媒体课件不可或缺的一个组成部分，课件中使用动画可以增强课件的演示效果，提高学生学习的积极性。在课件中使用动画来模拟各种过程，能够将抽象的问题以直观的形式表现出来，将现实中无法看清的变化过程进行模拟、放大以揭示其本质。本章将以实例的形式介绍Authorware课件中实现对象运动的方法和技巧。

6.1　移动图标基础

本节介绍移动图标的使用方法和特点，以及设置移动图标的属性等知识，帮助读者对Authorware 动画设计有一个初步认识。

6.1.1　认识移动图标

在 Authorware 中制作移动效果，需使用工具栏中的移动图标，以移动图标来控制对象在演示窗口中的位置移动。

1．移动图标的特点

Authorware 使用移动图标获得的移动效果只是二维的动画效果，即通过使对象位置的改变来获得移动效果。移动图标可以控制对象移动的时间、速度、起点、终点、路径，但却没有办法改变对象大小、形状、方向、颜色等。如果多媒体程序中需要更加复杂的动画效果，那么只有使用专业的动画制作软件（如 Flash、3ds Max 等）制作完成后，再插入到Authorware 中使用。

虽然 Authorware 在动画制作方面有局限性，但如果能够灵活使用也可以制作出极好的动画效果。将移动图标与系统变量和表达式相结合，能够准确地表现出运动的规律。将动画与 Authorware 强大的交互能力相结合，更能使动画具有交互性，使用户控制运动的过程，获得其他单纯的动画制作软件所无法实现的效果。

2．移动图标的使用

Authorware 的移动图标本身并不能够加入对象，它的作用是控制流程线上对象的移动。移动图标能够驱动的对象可以是文字、图形、图像、数字电影、Flash 动画、GIF 动画等。换而言之，移动图标可以驱动流程线上的显示图标、交互图标、数字电影图标等。

在使用移动图标时，一个移动图标只能控制一个图标的运动，并且会使这个图标中的所有对象发生移动。因此，移动图标必须放在流程线上需移动对象所在图标的后面，如图 6-1 所示。

要想移动多个对象，则需要将这多个对象放到不同的图标中，并且使用多个移动图标来控制它们，如图 6-2 所示。

图 6-1　移动图标放在需移动的对象后面　　　　图 6-2　多个移动图标控制多个图标中的对象

6.1.2　移动图标属性的设置

和其他 Authorware 图标一样，通过拖动操作可将图标栏中的移动图标放置到流程线上所需位置。双击流程线上的移动图标可打开"属性：移动图标"面板，如图 6-3 所示。

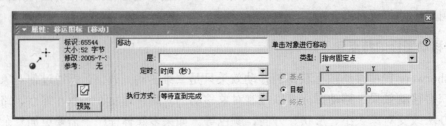

图 6-3　"属性：移动图标"面板

🐾专家点拨：在流程线上放置了移动图标后，直接单击"运行"按钮使程序运行。当遇到没有指定移动对象的移动图标时，程序会自动给出"属性：移动图标"面板供用户指定移动对象，在移动图标前的对象也都会出现在演示窗口中，此时选择需移动的对象就很方便了。

1．移动对象的指定

打开"属性：移动图标"面板后，在演示窗口中单击选择需产生动画的对象，即可为该移动图标指定移动对象。此时"属性：移动图标"面板中显示出选择的图标名称和对象的缩略图，如图 6-4 所示。

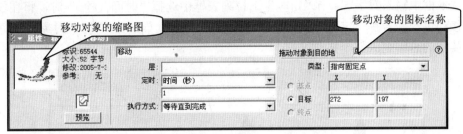

图 6-4 显示出图标名称和对象的缩略图

2. 移动类型

移动图标可以产生 5 种类型的移动，它们分别是指向固定点、指向固定直线上的某点、指向固定区域内的某点、指向固定路径的终点和指向固定路径上的任意点。移动类型在"属性：移动图标"面板的"类型"下拉列表中进行选择，如图 6-5 所示。

图 6-5 选择移动类型

"类型"下拉列表框下方的文本框用于对移动的起点和终点坐标进行设置，不同的移动类型会有不同设置项，在后面将结合实例来进行介绍。

3. 移动中的"层"

在"属性：移动图标"面板中的"层"文本框输入数字（可输入正数、负数和 0），用于设置移动时对象所处的层数。在移动时，层数高的对象将在层数低的对象的上面。

这里设置的层级关系，只在移动时起作用。当移动停止时，演示窗口的静止对象按照各个图标属性面板中设置的层级关系或流程线上的放置顺序来显示。在下面这个实例中，流程线上 3 个显示图标中的对象在静止时的显示效果如图 6-6 所示。

流程线上的移动图标作用于"鸟"显示图标，使鸟图像运动。打开移动图标的"属性：移动图标"面板，在"层"文本框中输入 3 时，运动开始后鸟图像将位于演示窗口的最上层，如图 6-7 所示。

专家点拨：在设置移动图标的层级关系时，当移动对象所在图标的属性面板中的"直接写屏"复选框被选中时，这里的移动层数无论设置为多少，对象都将被显示在最上面。

4. 运动的控制

在"属性：移动图标"面板中，"定时"下拉列表框下方的文本框中可以输入数字、变量和表达式，用于指定对象移动的速度。这一速度有两种衡量方式：时间和移动速率。例如，在文本框中输入数字 5，当"定时"下拉列表框中选择"时间（秒）"时，将在 5 秒完成整个移动过程。若在"定时"下拉列表框中选择"速率（sec/in）"时，对象将以每 5 秒移动 1 英寸的速率完成整个移动过程。

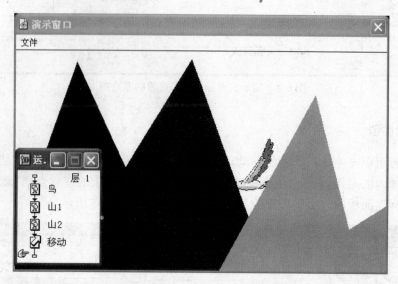

图 6-6　静止时的层次关系

图 6-7　运动时鸟位于最上层

"属性：移动图标"面板中的"执行方式"下拉列表框用于设置移动图标后续图标的执行情况。除"指向固定点"移动类型外，该下拉列表有 3 个选项。选择"等待直到完成"选项时，Authorware 会在移动图标执行完后再执行后续图标。选择"同时"选项时，Authorware 会在移动图标执行的同时执行后续图标。选择"永久"选项时，Authorware 会持续移动指定对象，除非其被擦除。

6.2　"指向固定点"移动类型

"指向固定点"是 Authorware 移动图标默认的移动类型，这种移动类型使对象从当前位置沿直线移动到设定的终点位置。

6.2.1　"指向固定点"移动类型的创建及其属性设置

"指向固定点"是最常用的一种移动类型。本小节通过一辆汽车移动的例子来介绍"指向固定点"移动类型的创建方法及其属性设置。

本实例的运行效果是，程序运行后，一辆汽车从演示窗口的右边移动到演示窗口的左边。具体制作步骤如下所述。

（1）单击工具栏中的"新建"按钮，新建一个 Authorware 文件。将文件大小设置为"根据变量"。

（2）从图标工具栏拖放一个显示图标到流程线上，并命名为"背景"。双击"背景"图标打开演示窗口，将一个背景图像导入到演示窗口中。调整演示窗口尺寸以及背景图像的位置，使背景图像铺满整个演示窗口。

（3）拖放一个显示图标到"背景"图标下面，并命名为"汽车"，将一个汽车图像导入，设置其为透明模式。将这个汽车图像放置在演示窗口的右边。

（4）拖放一个移动图标到"汽车"图标下面，并命名为"移动汽车"。

（5）双击"移动汽车"移动图标，打开"属性：移动图标"面板，在"类型"下拉列表框中选择"指向固定点"移动类型。单击演示窗口中的汽车图像作为移动对象，选定移动对象之后，接着拖放汽车图像到演示窗口的左边，"属性：移动图标"面板的"目标"文本框中会显示相应的目标位置坐标。这时的"属性：移动图标"面板如图 6-8 所示。

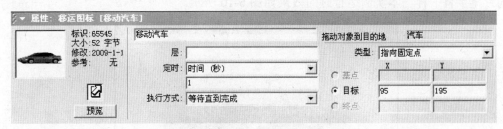

图 6-8　"属性：移动图标"面板

（6）运行程序，可以看到汽车从演示窗口的右边移动到演示窗口的左边的动画效果。程序流程图和运行效果如图 6-9 所示。

"指向固定点"移动类型的属性设置，大部分内容都和移动图标共有的属性相同，不同的只是属性面板右侧的内容，如图 6-8 所示。

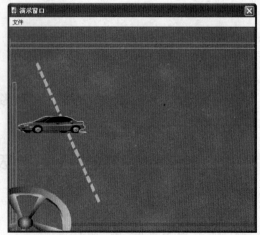

图 6-9　程序流程图和运行效果

在"类型"下拉列表框的下方，有 3 个位置设置项（基点、目标和终点），但其中两行（基点和终点）显示为灰色，表示不可选，只有中间的"目标"单选按钮被默认选中，后面的两个文本框中的数字表示移动对象最终停留的位置。位置是用（x，y）的坐标形式确定的，演示窗口的左上角的位置是（0，0）。

专家点拨：在 Authorware 中，坐标系不是按数学上的右手坐标系的方法建立的。演示窗口的左上角为坐标原点，横坐标向右为正值，纵坐标向下为正值，反方向是负值。

6.2.2　课件实例——移动字幕

本实例是一个文字移动动画，常用于课件结尾显示作者信息。程序运行时，文字从背景图片的下方移入，缓慢通过整个演示屏幕，从背景图片的上方移出消失，就像电影中常见的片尾字幕一样。本实例运行时的效果如图 6-10 所示。

图 6-10　实例运行时的效果

1．准备素材

（1）本实例以"背景.jpg"图片文件作为课件背景。使用 Photoshop 打开该图片，创建一个 Alpha 通道，通道如图 6-11 所示。

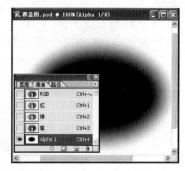

图 6-11   创建一个 Alpha 通道

专家点拨：在 Alpha 通道中，白色的像素表示不透明，而黑色像素表示透明，介于黑白之间的灰度像素则根据灰度的不同具有不同的透明度。在 Authorware 中支持 Alpha 通道作为图片的透明方式。利用图片的 Alpha 通道信息，可精确地透明相应画面的每一个部分，产生十分完美的透明或半透明效果。

（2）将该文件另存为"遮盖图.psd"后退出 Photoshop。该图片将在 Authorware 程序中起到对背景的遮盖作用。

2．导入图片

（1）启动 Authorware，在流程线上放置两个显示图标，将作为背景和遮盖的图片依次导入到这两个显示图标中，并分别命名为"背景"和"遮盖图"。

（2）使用"工具"面板，将"遮盖图"的重叠模式设置为"阿尔法"模式，并调整两个显示图标中图片的大小和位置使它们完全重合。此时的演示窗口的显示效果如图 6-12 所示。

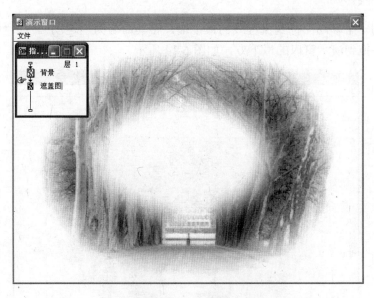

图 6-12   改变两张图片的叠加效果和位置后获得的效果

3．创建文字

（1）在流程线的"背景"和"遮盖图"这两个显示图标之间再放置一个显示图标，将其重新命名为"字幕"。使用"文本"工具创建文字，设置文字的样式，并将其叠放模式设为"透明"，这些文字将作为字幕使用。此时的效果如图 6-13 所示。

图 6-13　创建字幕文字

专家点拨：这里文字需要的颜色是白色（与程序的背景色一致），为了方便文字的编辑和选取，先将其颜色设置为其他易于辨认的颜色。在设置动画效果时，文字没有被直接放置在窗口外，也是为了设置动画时方便对象选择。文字的颜色和初始位置可以在制作完成后再调整。

（2）打开"遮盖图"图标的"属性：显示图标"面板，在"层"文本框中输入数字"2"。

4．运动的实现

（1）拖动一个移动图标到流程线的最下端，将其命名为"运动"。在"字幕"显示图标中，将文字拖到演示窗口的最下方，如图 6-14 所示。

图 6-14　将文字拖到演示窗口的最下方

（2）先在流程线上双击"字幕"显示图标，打开演示窗口，让文字显示出来。然后单击"运动"移动图标，并打开"属性：移动图标"面板。接着单击演示窗口中的文字将其设置为移动对象。最后拖动文字将其放于演示窗口的最上端，完成运动的起点和终点的设置，如图 6-15 所示。

图 6-15　将文字拖到移动的终点

专家点拨：在上面的操作步骤中，当完成"拖动文字将其放于演示窗口的最上端"这个操作时，"属性：移动图标"面板中的"目标"文本框中的两个数字会发生变化，显示的将是文字移动终点的坐标。

（3）单击"运动"移动图标，在"属性：移动图标"面板中设置运动层号为"2"，在"定时"下拉列表框下的文本框中输入数字"20"，即设置运动时间为 20 秒，如图 6-16 所示。

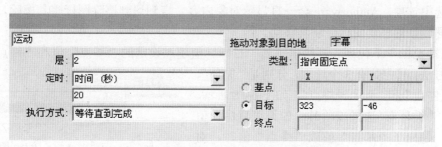

图 6-16　"属性：移动图标"面板中的设置

专家点拨：在"属性：移动图标"面板中，选择"定时"下拉列表框中的"时间（秒）"

时，可设置对象完成整个过程的时间。将时间设置为 0 秒时，可以获得对象从起点跳到终点的效果。当需要精确控制对象移动的速度而不管其移动距离时，可选择"速率（sec/in）"。此时，可以通过速度的设定来实现对象移动的同步。

（4）再次双击打开"字幕"显示图标，此时文字处于被选择状态，将文字的颜色改为最终需要的白色，按键盘上的"↓"键将文字下移出演示窗口，使它完全看不见。

至此，此实例制作完成，测试程序，满意后保存文件，完成本实例的制作。

6.3 "指向固定直线上的某点"移动类型

所谓"指向固定直线上的某点"的移动类型，指的是让对象从出发点运动到一条直线上的某一位置的移动方式。这条直线并非移动的路径，而只是作为对象移动的位置线的作用。

6.3.1 "指向固定直线上的某点"移动类型的属性设置

从图标栏中拖放一个移动图标到流程线上的相应位置，打开"属性：移动图标"面板，在"类型"下拉列表框中选择"指向固定直线上的某点"移动类型，如图 6-17 所示。

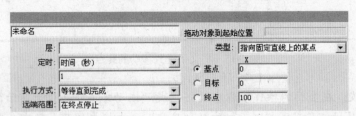

图 6-17 "指向固定直线上的某点"移动方式的"属性"面板

可以看到，左侧预览窗口中的样式发生了改变，中间也多了一个"远端范围"下拉列表框，并且右侧的位置设置也发生了改变。

展开"执行方式"下拉列表框，发现多了一个"永久"选项。用变量或表达式控制移动时，选中该项，Authorware 会一直显示对象内容，直到遇到擦除图标将其擦除，或该对象内容遇到新的移动图标控制其移动。

"远端范围"下拉列表框给出了当"目标"值超过设定的"基点"值和"终点"值时的处理方法。其中共有 3 个选项，分别是"循环"、"在终点停止"和"到上一终点"，如图 6-18 所示。

图 6-18 "远端范围"下拉列表框

- "循环"：选择该项时，如果"目标"值超出了"基点"值或"终点"值时，对象会按照给定值与设定值两者差值执行。例如，"基点"值为 0，"终点"值为 10，如果"目标"值设定为 12，那么按照 12-10=2 执行；如果"目标"值设定为-2，那么按照-2+10=8 执行。

- "在终点停止": 选择该项时, 如果"目标"值超出了"基点"值(或"终点"值)时, 对象将停留在位置线的起点(或终点)处。
- "到上一个终点": 选择该项时, 如果"目标"值超出了"基点"值(或"终点"值)时, 则 Authorware 会将位置线从起点处(或终点处)向外延伸, 最终对象移动的终点仍会位于拉长了的位置线上, 但已经超过了"基点"和"终点"所定义的范围。

在"属性: 移动图标"面板的右侧是关于对象位置的设定。在默认情况下, "基点"和"目标"的值是 0, "终点"的值是 100。实际操作中可以根据需要对它们的值进行更改。

6.3.2 课件实例——射箭游戏

本例制作一个箭射靶心的动画效果。在演示窗口的右侧放置了 3 个靶子, 标号分别是1、2、3, 箭出现在演示窗口的左侧。当运行程序时, 箭将随机射向 3 个靶中任意一个靶的中心位置。稍停 2 秒后, 箭会回到原来位置, 然后再次随机射向 3 个靶中任意一个靶的中心位置。演示效果如图 6-19 和图 6-20 所示。

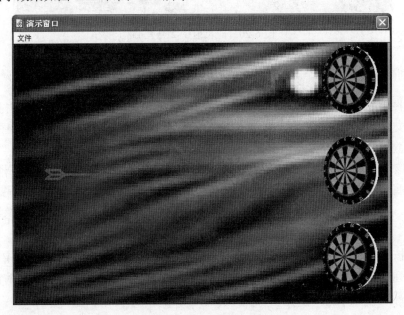

图 6-19 程序运行的初始状态

以下是本实例的详细制作步骤。

1. 新建文档并设置背景图像

(1)新建一个 Authorware 文档, 将其保存为"射箭游戏"。

(2)从图标栏拖放一个显示图标到流程线上, 将其命名为"背景"。双击打开演示窗口, 单击工具栏上的"导入"按钮, 打开"导入哪个文件"对话框, 选择图像文件"打靶背景.jpg", 单击"导入"按钮将其导入到演示窗口中。调整图片的大小, 使其充满整个演示窗口。

图 6-20　随机射中 2 号靶心

2．排列靶子

（1）从图标栏拖放一个显示图标到流程线上，将其命名为"靶子"。双击打开演示窗口，将图像文件"箭靶.bmp"导入到演示窗口中。设置图像为透明模式。调整图像的大小，并将其拖放到演示窗口的右上角。

（2）在该图像被选中的情况下，单击工具栏上的"复制"按钮，将图像复制到 Windows 剪贴板，在演示窗口中单击，然后单击工具栏上的"粘贴"按钮，将其粘贴到演示窗口中，调整其位置，将其拖放到演示窗口中右侧偏中的位置，再次执行粘贴，将图像调整到右侧偏下的位置。

（3）在按下 Shift 键的同时，分别单击选择 3 个靶子图像，将它们一起选中，选择"修改" | "排列"命令，打开"排列方式"面板，如图 6-21 所示。选择其中的垂直居中对齐和垂直等间距对齐方式，对齐 3 个靶子。

3．绘制箭

（1）从图标栏拖放一个显示图标到流程线的下方，将其命名为"箭"。

（2）双击打开演示窗口，在绘图工具箱中单击选择"直线"工具，单击文本颜色工具，在打开的颜色选择框中设置直线的颜色为红色，再单击线型选项，在打开的线型窗口中选择粗线模式和箭头模式，如图 6-22 所示。

（3）在演示窗口中拖动鼠标，绘制出一条带箭头的线段。再选择多边形工具，在演示窗口中绘制出一个箭尾。调整箭头和箭尾的位置，使它们形成一支箭的样子。用鼠标框选箭头和箭尾，选择"修改" | "群组"命令，将它们组合在一起，并将组合后的图形移

动到演示窗口的左侧居中位置。组合前后对比如图 6-23 所示。

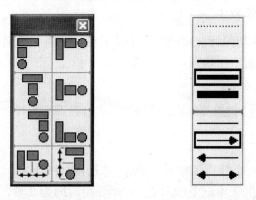

图 6-21 "排列方式"面板　　　　　图 6-22 选择线型模式

图 6-23 将绘制的箭组合前后进行对比

4．设置移动图标的属性

（1）从图标栏拖放一个移动图标到流程线的下方，将其命名为"射箭"。

（2）双击名称为"箭"的显示图标打开它的演示窗口，双击"射箭"移动图标，打开
"属性：移动图标"面板，在演示窗口的"箭"图形上单击将其选中，可以看到该对象已经
出现在"属性：移动图标"面板的预览窗口中了。

（3）在"属性：移动图标"面板中，选择"类型"下拉列表框中的"指向固定直线上
的某点"移动类型。

（4）单击选中"基点"单选按钮，在后面的文本框中输入 1，将演示窗口中的"箭"
图形移动到最上方的靶子中心位置。然后单击选中"终点"单选按钮，在后面的文本框中
输入 3，将演示窗口中的"箭"图形移动到最下方的靶子中心位置。这样在演示窗口中就
出现了一条连接基点位置和终点位置的线段。单击选中"目标"单选按钮，在后面的文本
框中输入变量 x，如图 6-24 所示。

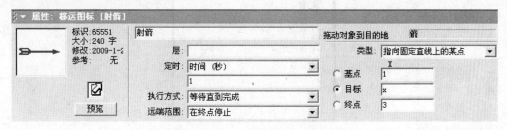

图 6-24 移动图标的属性设置

专家点拨：当在"目标"文本框中输入变量 x 后，会弹出"新建变量"对话框，在其中设置变量 x 的初始值为 1。

（5）在"射箭"移动图标前面放置一个计算图标，将其命名为"位置"。双击这个计算图标，在弹出的代码窗口中输入：

```
x:=Random(1,3,1)
```
这行程序代码用到了一个随机函数，可以得到 1～3 之间的随机整数。

5. 设置等待和返回

（1）从图标栏拖放一个等待图标到"射箭"移动图标的下方，将其命名为"等待 2 秒"。在其属性面板的"时限"文本框中输入 2，表示等待时间为 2 秒，取消选中其他选项。

（2）从图标栏拖放一个计算图标到等待图标的下方，将其命名为返回。双击打开代码窗口，接着单击工具栏上的"函数"按钮 [fx]，打开"函数"面板，选择 GoTo 函数，单击"函数"面板下方的"粘贴"按钮，将其粘贴到计算图标的输入窗口中，并将 IconTitle 改为"箭"，如图 6-25 所示。

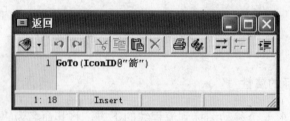

图 6-25　设置返回函数

专家点拨：GoTo 函数是一个程序跳转函数，这里使用它跳转到名称为"箭"的图标位置。

单击代码窗口右上角的关闭按钮，出现提示保存的警告对话框，单击"是"按钮保存设置。

到此为止，整个程序就完成了。程序的流程结构图如图 6-26 所示。

图 6-26　程序的流程结构图

专家点拨：为了使学习更具针对性，这里简化了本实例的功能。其实可以设计一个文本输入交互结构，让用户输入一个数字，从而控制箭射向某一个靶子。本书配套光盘提供了加强功能的"射箭游戏"的源文件和视频教程，读者可以参考学习。

6.4 "指向固定区域内的某点"移动类型

所谓"指向固定区域内的某点"的移动类型，指的是对象向固定区域内某点移动的移动方式，固定区域是由起始位置和终止位置所定义的矩形区域。

6.4.1 "指向固定区域内的某点"移动类型的属性设置

在"属性：移动图标"面板中，在"类型"下拉列表框中选择"指向固定区域内的某点"移动类型，其属性面板如图 6-27 所示。

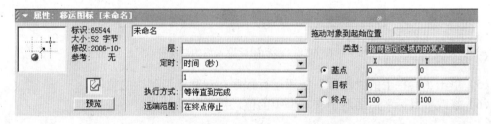

图 6-27 "指向固定区域内的某点"移动类型的属性面板

"指向固定区域内的某点"是一种指向固定区域内某点的移动方式，在没有选择移动对象的时候，其属性面板左侧的预览窗口能够很清楚地反映运动的情况。通过对比可以看到，在属性面板的中间位置的各项内容和"指向固定直线上的某点"的参数内容并没有什么不同，不同的地方在面板右侧的位置选项中，不过不同的也只是从一维的空间定位变为二维的空间定位而已。

"基点"文本框中输入的是矩形区域初始位置的坐标值，它是用两个坐标值，采用（x，y）的形式来表达的。同样可以在"目标"文本框和"终点"文本框中输入数值，来确定到达目标位置和矩形区域结束点的位置。

下面制作一个简单实例。

（1）新建一个 Authorware 文件。

（2）从图标栏中拖动一个显示图标到流程线上，双击打开它的演示窗口。在绘图工具箱中选择"椭圆"工具，在按住 Shift 键的同时在演示窗口中拖动绘制一个圆。在绘图工具箱中单击"颜色填充"工具，打开颜色选择框，在里面任选一种颜色，填充圆形，这里选择了红色。

（3）从图标栏中拖放一个移动图标到显示图标的下面，双击这个移动图标，打开"属性：移动图标"面板。单击演示窗口中的圆形，将其设置为移动对象。然后在"类型"下拉列表框中选择"指向固定区域内的某点"移动类型。

（4）单击"基点"单选按钮，拖动圆形到演示窗口中的任一点，释放鼠标后，Authorware 会自动选中"终点"单选按钮，再次拖动圆形到一个新的位置。此时可以发现在基点位置和终点位置之间出现了一个矩形框，这代表圆形将移动到的矩形区域。单击选中"目标"单选按钮，在后面的两个文本框中分别输入 50 和 60，完成移动图标的设置，如图 6-28 所示。

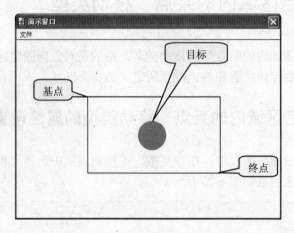

图 6-28　移动图标设置后的情况

（5）单击工具栏上的"运行"按钮运行程序，观察圆形到达的位置。

（6）修改"目标"后面两个文本框中的值，观看移动结果。

6.4.2　课件实例——沿正弦轨迹运动的点

本小节以制作一个在坐标系中沿正弦轨迹运动的点为例来说明"指向固定区域内的某点"移动类型的应用。

当课件运行时，坐标系中的红色质点开始按照正弦曲线运动，到达蓝色区域的右边界处停止运动。本实例制作时采用"指向固定区域内某点"移动类型，使用变量来控制质点在区域内的位置。此程序运行的效果如图 6-29 所示。

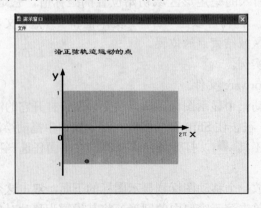

图 6-29　程序运行的效果

1．制作对象及坐标系

（1）新建一个 Authorware 文件。

（2）在流程线上放置两个显示图标，分别命名为"点"和"坐标系"。在"点"显示图标中绘制一个红色圆点。在"坐标系"显示图标中制作标题与绘制坐标系。将绘制好的点放于坐标系的原点处，如图 6-30 所示。

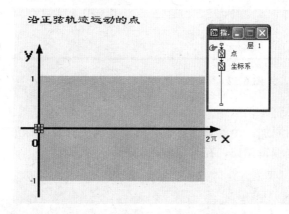

图 6-30　在流程线上的显示图标中分别创建所需图形和文字

2．移动图标的添加和设置

（1）在流程线上放置一个移动图标，将其命名为"运动"。运行程序，使点和坐标系均出现在演示窗口的情况下，打开"属性：移动图标"面板。单击演示窗口中的圆点，将其指定为移动对象。

（2）在"属性：移动图标"面板的"类型"下拉列表框中将移动类型设置为"指向固定区域内的某点"。将圆点拖放到坐标系中蓝色区域的左下角以指定移动区域的起点。此时，"属性：移动图标"面板中的"终点"单选按钮会自动被选中，拖动圆点到蓝色区域的右上角，在演示窗口中系统会自动绘出一个黑框，此黑框即为设定的运动区域，如图 6-31 所示。

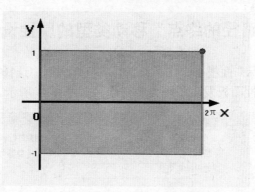

图 6-31　绘出的表示运动区域的黑色方框

（3）在"目标"右侧的两个文本框中输入变量 x 和 y，设定运动的位置由这两个变量的值决定。在"终点"的"X"文本框中将默认值改为 10，即运动区域的终点横坐标的值为 10。在"定时"下拉列表中选择"时间"，在下面的文本框中输入 0.1，设定运动速度。"属性：移动图标"面板中的其他设置如图 6-32 所示。

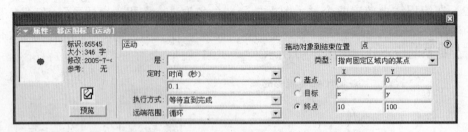

图 6-32 "属性：移动图标"面板中的设置

3．程序代码的编写

（1）在流程线最后添加一个计算图标，将其命名为"计算坐标值"。

（2）双击打开代码编辑窗口，在其中输入如下程序代码。

```
--横坐标值增加0.1
x:=x+0.1
--计算纵坐标的值
y:=50+50*sin(2*x)
--判断是否过界,没有则跳转到"运动"图标
if x<10 then GoTo(@"运动")
```

至此，本实例制作完成，测试效果，保存文件，完成本实例的制作。

6.5 "指向固定路径的终点"移动类型

所谓"指向固定路径的终点"移动类型，指的是让对象沿着定义的路径从起始位置运动到终点位置。这里的路径可以是直线、折线或圆滑的曲线。

6.5.1 "指向固定路径的终点"移动类型的属性设置

在"属性：移动图标"面板中，在"类型"下拉列表框中选择"指向固定路径的终点"移动类型，可以看到属性面板发生了较大的变化，如图 6-33 所示。

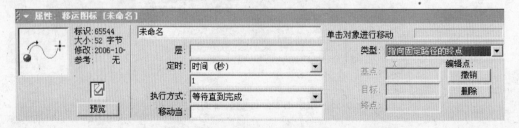

图 6-33 "指向固定路径的终点"移动方式的属性面板

属性面板左侧的预览窗口中的样式可以清楚地反映这种移动方式的移动效果。

属性面板中部偏下的位置多了一个"移动当"选项，后面的文本框用来输入移动的参数。这个参数可以是变量，也可以是一个表达式。在不输入内容的情况下，程序仅在第一次遇到该移动图标时执行它一次，对象移动到终点以后停止移动。如果在文本框中输入了参数，当参数为真时，对象才产生移动，反之不移动。如果到达终点时参数仍然为真，则产生重复的移动，否则会停留在终点位置不再移动。

在属性面板的右侧，只有"撤销"和"删除"两个按钮是可选的，其他内容都已经变成灰色，为不可选状态。这两个按钮的功能是撤销上一步的节点操作和删除节点。

6.5.2　课件实例——有序数对

本实例是新课标人教版七年级下学期数学第六章《平面直角坐标系》第一节《有序数对》教学课件中课堂练习部分的一个演示程序。程序运行时，圆点按照题目指定的路径运动到终点处，程序运行效果如图 6-34 所示。

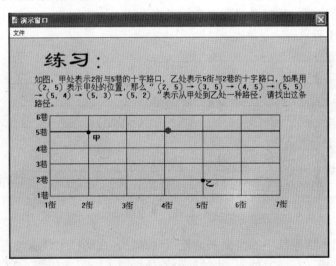

图 6-34　实例运行的效果

1．创建所需对象

（1）新建一个 Authorware 文件。

（2）在流程线上放置两个显示图标，将它们分别命名为"点"和"题和表"。在"点"显示图标中绘制一个蓝色圆点，该圆点将作为移动对象。在"题和表"显示图标中创建文字对象和所需的表格，如图 6-35 所示。

2．设置移动的属性

（1）在流程线上放置一个移动图标。打开"属性：移动图标"面板，在"类型"下拉列表框中选择"指向固定路径的终点"移动类型。在演示窗口中单击蓝色圆点，将其设置为移动对象，此时在蓝色上出现一个黑色的三角形，它表示移动对象的起始点。

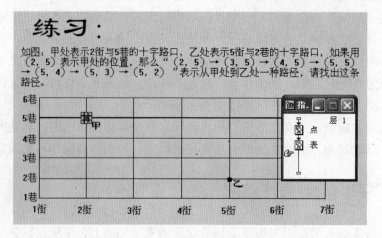

图 6-35　在显示图标中创建所需对象

（2）在演示窗口中拖动蓝色圆点（不能拖动黑色的三角，否则移动的是对象的起始位置）到乙点所在的位置，此时会出现一条线段将这两点连接起来，这条线段就是创建的运动路径，如图 6-36 所示。

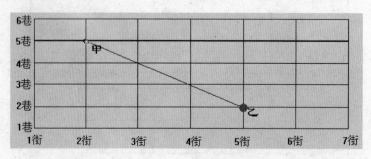

图 6-36　创建一条直线路径

（3）下面按照本例题目中的坐标来调整运动路径。在路径上任意位置单击创建一个折线点，拖动它到坐标（3，5）处，此时整个路径出现了转折，如图 6-37 所示。

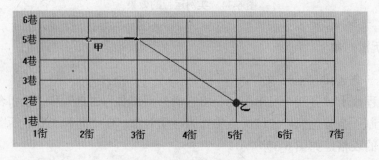

图 6-37　创建转折点使路径发生转折

（4）按相同的方法沿题目中的坐标对路径进行修改，如图 6-38 所示。

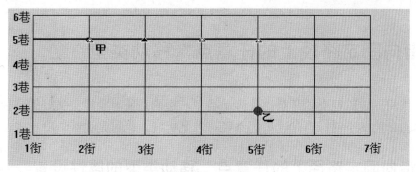

图 6-38　按坐标修改路径

（5）在创建路径时，新创建的点是折线点，用△表示，单击变为▲，表示该点被选择，拖动它可以改变路径的形状。若双击折线点，则该点会变为●，成为一个曲线点，路径会变为圆滑的曲线，朝不同的方向拖动曲线点能够创建不同的曲线路径，如图 6-39 所示。

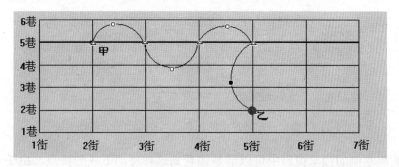

图 6-39　将路径变为曲线

🐭专家点拨：在编辑路径的过程中，如果出现错误，可以打开"属性：移动图标"面板，选择"删除"或"撤销"按钮进行修改。另外，还可以拖动圆形拐点改变曲线的形状。

（6）在"属性：移动图标"面板中的"移动当"文本框中输入 MouseDown 作为动画开始的条件，使程序运行时单击开始动画。其他选项的设置如图 6-40 所示。

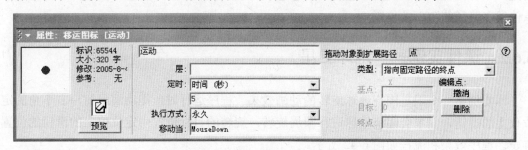

图 6-40　"属性：移动图标"面板中的设置

🐭专家点拨：在"属性：移动图标"面板的"移动当"文本框中可输入变量或表达式，当条件得到满足时运动开始。这里，MouseDown 是一个系统变量，当单击时其值为 True。

至此，本实例制作完成，测试程序满意后保存文件，完成实例的最终制作。

6.6 "指向固定路径上的任意点"移动类型

所谓"指向固定路径上的任意点"移动类型，指的是使对象沿定义好的路径移动到路径起点和终点间的某个目标点。这里的路径可以是折线，也可是曲线。

6.6.1 "指向固定路径上的任意点"移动类型的属性设置

从图标栏拖放一个移动图标到流程线上，双击这个移动图标打开"属性：移动图标"面板，在"类型"下拉列表框中选择"指向固定路径上的任意点"移动类型，如图 6-41 所示。

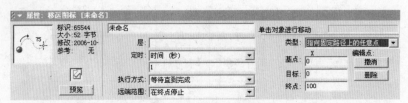

图 6-41 "指向固定路径上的任意点"移动类型的属性面板

在属性面板左侧的预览窗口中可以清楚地看到这种移动方式的特点。由于"指向固定路径上的任意点"移动类型的移动路线是折线或平滑的曲线，所以在"远端范围"下拉列表框中只有"循环"和"在终点停止"两个选项。

在属性面板的右侧是该移动类型关于移动位置的几个选项。其中"基点"表示的是移动的初始位置，"终点"表示的是移动的终点位置，而"目标"表示的是移动对象到达的位置。可以看到，它们的位置都是用一个数字表示的，这些数字并不是一个具体的位置坐标，而是一个比例值。例如，如果"基点"为 0，"终点"为 100，"目标"为 70，那么移动对象停留在路径的 70%的位置。

6.6.2 课件实例——地球卫星

本实例是一个卫星围绕地球旋转的动画效果。程序运行时，拖动演示窗口右下角的定位仪上的滑钮，卫星会围绕地球进行圆周旋转，旋转的目标位置由定位仪上的滑钮的位置确定。程序效果和流程如图 6-42 所示。

本实例的详细制作步骤如下所述。

1．制作卫星围绕地球旋转

（1）新建一个 Authorware 文件。
（2）在流程线上放置一个显示图标，将其命名为"地球"。双击该显示图标打开演示窗口，在演示窗口中导入一个地球图像，并设置为透明模式。将地球图像放于演示窗口的中间。

图 6-42 地球卫星程序效果和流程图

（3）在流程线上再放置一个显示图标，将其命名为"卫星"。双击该显示图标打开演示窗口，在演示窗口中绘制一个卫星图形，将其放置在地球图像左侧。

（4）在流程线上放置一个移动图标，将其命名为"移动卫星"。双击这个移动图标，打开"属性：移动图标"面板，单击演示窗口中的卫星图形，将其指定移动对象。

（5）在"类型"下拉列表框中将移动类型设置为"指向固定路径上的任意点"，在移动对象卫星图形上单击，此时在小球图形的中心会出现一个黑色的三角，它表示移动对象的起始点。

（6）沿着直线拖动卫星图形产生直径长度的直线路径。然后将卫星图形移动到起始点的紧旁边，这时显示 3 个拐点（三角形控制点）。再分别双击这 3 个拐点使之变为圆形。最后，把第 3 个拐点拖放到起始点处，与起始拐点重合，即可产生一个圆形路径，如图 6-43 所示。

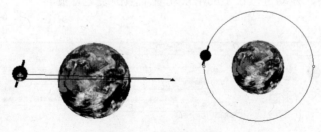

图 6-43 创建圆形路径

（7）打开"属性：移动图标"面板，在"目标"文本框中输入 70。运行程序，可以看到卫星沿着圆形路径旋转移动到整个路径的 70%的位置。

2．用定位仪控制卫星旋转的位置

（1）在"移动卫星"移动图标下方放置一个显示图标，将其命名为"定位仪"。双击该显示图标打开演示窗口，在演示窗口中绘制一个定位仪图形，并标注上角度值。

（2）为了防止拖动滑钮过程中造成定位仪图片位置移动，可以给"定位仪"图标添加一个辅助计算图标。具体操作方法是，右击"定位仪"图标，在弹出的快捷菜单中选择"计算"命令，在弹出的代码输入窗口中输入以下程序代码：

```
Movable@"定位仪":=FALSE
```

Movable 是一个系统变量，专门用来设置对象是否可以移动。如果将它赋值为 TRUE，则表示对象可以移动；如果将它赋值为 FALSE，则表示对象不可以移动。

（3）在流程线下方再放置一个显示图标，将其命名为"滑钮"。双击该显示图标打开演示窗口，在演示窗口中绘制一个滑钮图形，将其放置在定位仪图形上。

（4）选中"滑钮"显示图标，打开其对应的"属性：显示图标"面板。在"位置"下拉列表框和"活动"下拉列表框中都选择"在路径上"，在"终点"文本框中输入 360，如图 6-44 所示。

图 6-44　"属性：显示图标"面板

（5）滑钮的移动路径也同样设置成圆形路径，使这个圆形路径和定位仪的圆形轮廓重合，如图 6-45 所示。

（6）修改"移动卫星"移动图标的属性设置，如图 6-46 所示。这里，在"执行方式"下拉列表框中选择"永久"选项；在"终点"文本框中输入 360；在"目标"文本框中输入"PathPosition@"滑钮""，表示卫星旋转的位置将取决于滑块的位置。

（7）运行程序，拖动定位仪上的滑块观看卫星围绕地球旋转的动画效果。

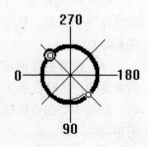

图 6-45　滑钮的移动路径

图 6-46　修改"移动卫星"移动图标的属性设置

本章习题

一、选择题

1．使用 Authorware 制作多媒体课件，要模拟皮球弹跳的运动效果，需要使用移动图

标的哪种移动类型？（ ）

    A．指向固定区域内的某点   B．指向固定直线上的某点

    C．指向固定路径的终点   D．指向固定点

  2．设 Authorware 应用程序的流程线中有 3 个图标，依次命名为 a、b、c，图标 a 和 c 是显示图标，图标 b 是移动图标，如果在图标 b 属性面板的"执行方式"下拉列表框中选择"同时"，则（ ）。

    A．图标 a 的运动完成后，再执行显示图标 c

    B．图标 c 的运动完成后，再执行显示图标 a

    C．图标 a 和图标 c 同时执行

    D．图标 a、b、c 同时执行

  3．利用"移动"图标不能创建哪种类型的动画效果？（ ）

    A．沿路径移动到终点的动画   B．沿三维路径定位的动画

    C．终点沿直线定位的动画   D．沿平面定位的动画

  4．在流程线上，移动图标必须放在移动的对象（ ）。

    A．前面   B．前邻

    C．后面   D．后邻

二、填空题

  1．_____图标的作用是控制流程线上对象的移动，它可以驱动流程线上的"显示"图标、"交互"图标、"数字电影"图标等。

  2．移动图标属性中的"层"文本框用于设置_____时对象所处的层数。

  3．Authorware 中对象的移动类型有_____、_____、_____、_____、_____ 5 种。

  4．_____移动类型指的是让对象沿着定义的路径从起始位置运动到终点位置。移动路径可以是直线、折线或圆滑的曲线，这样可以设计出复杂的运动效果。

上机练习

练习1 汽车拉力赛

  利用移动图标的"指向固定点"移动类型制作一个汽车拉力赛实例，程序运行后，在演示窗口出现 3 辆汽车，它们同时由右向左行驶，直到窗口的左侧，3 辆汽车由于速度不同，到达终点的时间长短也不同。图 6-47 所示为实例运行的一个画面。

  要点提示

  （1）本书配套光盘提供了这个课件实例的源文件（配套光盘\上机练习\ch6\汽车拉力赛.a7p），可作为参考并进行上机练习。

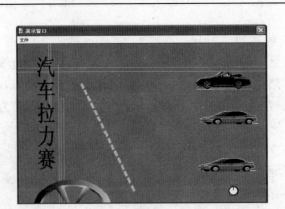

图 6-47　汽车拉力赛

（2）这个实例的制作主要使用了移动图标的"指向固定点"移动类型。

（3）3 辆汽车的运动需要将 3 个汽车图片放在 3 个不同的显示图标中，并且设计 3 个移动图标分别进行控制。

（4）在设置 3 个移动图标的属性时，"执行方式"选项要设置为"同时"，这样可以保证 3 辆汽车同时运行。

（5）由于 3 辆汽车的运动速度不一样，所以在"属性"面板中设置"定时"选项时，3 个移动图标要设置成不同的速度值。

练习 2　数字配对

利用移动图标的"指向固定直线上的某点"移动类型制作一个数字配对课件实例，图 6-48 所示的是实例运行的一个画面。用户在文本框中输入 0～7 间的一个整数，并按回车键后，小羊就会根据输入的数值，自动移动到窗口右边相应数字的位置。

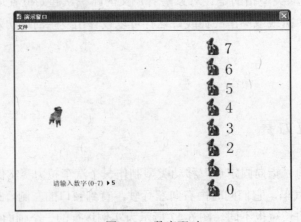

图 6-48　数字配对

要点提示

（1）本书配套光盘提供了这个课件实例的源文件（配套光盘\上机练习\ch6\数字配对.a7p），可作为参考并进行上机练习。

（2）这个课件实例的制作方法和本章 6.3.2 小节的"射箭游戏"实例的制作方法类似，请参考 6.3.2 小节的内容进行练习。

（3）在制作这个实例时，要利用交互图标实现"文本输入"交互。有关"文本输入"交互的知识请参考 7.8 节的相关内容。

练习 3　套圈游戏

利用移动图标的"指向固定区域内的某点"移动类型制作一个套圈游戏实例，程序开始运行后，在演示窗口的右侧显示一个花环，在窗口中间有一组方框，每个方框里放置着一种礼物，如图 6-49 所示。用户在文本框中输入一组数字（两个数字，中间用逗号隔开），可以套住想要的礼物，如图 6-50 所示。

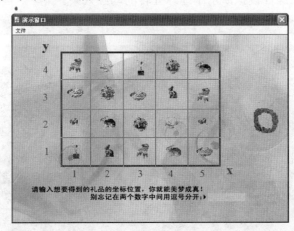

图 6-49　套圈游戏开始画面

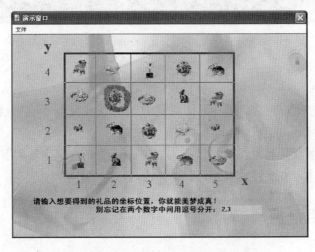

图 6-50　输入数字并套中礼物

要点提示

（1）本书配套光盘提供了这个课件实例的源文件（配套光盘\上机练习\ch6\套圈游

戏.a7p），可作为参考并进行上机练习。

（2）本实例主要使用移动图标的"指向固定区域内的某点"移动类型进行制作，并且使用了文本交互类型。

（3）在设置移动图标属性时，"目标点"后面的两个文本框中输入的是两个系统变量 NumEntry 和 NumEntry2。在文本交互响应中，用户在文本框中输入的前 3 个数值由系统自动地赋值给变量 NumEntry、NumEntry2、NumEntry3。

练习 4　地球公转

利用移动图标的"指向固定路径的终点"移动类型制作一个地球公转课件实例，效果如图 6-51 所示。这个课件模拟演示了地球公转的动画效果。

图 6-51　地球公转

要点提示

（1）本书配套光盘提供了这个课件实例的源文件（配套光盘\上机练习\ch6\地球公转.a7p），可作为参考并进行上机练习。

（2）本实例主要使用移动图标的"指向固定路径的终点"移动类型进行制作。

（3）可以参考本章 6.5 节的相关知识进行练习。

练习 5　小球阻尼振动

利用移动图标的"指向固定路径上的任意点"移动类型制作小球作阻尼振动的动画效果。实例运行时，在半圆形的导轨上一个红色小球顺着导轨来回滚动，每次滚动在导轨上的高度都逐渐减小，最后停在导轨的底部。此程序运行时的效果如图 6-52 所示。

图 6-52　程序运行时的效果

要点提示

（1）本书配套光盘提供了这个课件实例的源文件（配套光盘\上机练习\ch6\小球阻尼振动.a7p），可作为参考并进行上机练习。

（2）在流程线上放置两个显示图标，分别创建小球和导轨。在流程线上放置一个移动图标，单击演示窗口中的红色圆球，将其指定为移动对象。在"类型"下拉列表框中选择"指向固定路径上的任意点"移动类型。

（3）在演示窗口中单击小球，得到表示起点的一个折线点。拖动小球到轨道的另一侧，得到一条直线路径。在路径中间双击得到一个曲线点，将该曲线点向下拖到导轨的上方，得到所需的和轨道一样的一个半圆形的移动路径，如图 6-53 所示。

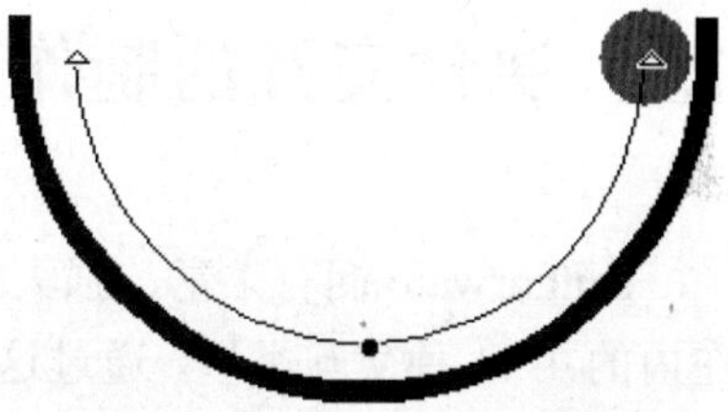

（4）在"目标"文本框中输入"x"指定控制移动目标值的变量。在"定时"下拉列表框下方的文本框中

图 6-53　创建半圆形的移动路径

输入表达式"1–v"，以该值决定每次运动的时间。其他选项的设置采用默认值，如图 6-46 所示。

（5）在流程线线上添加一个计算图标，将其命名为"计算"，在其代码编辑窗口中输入如下的程序代码。

```
--判断是否已经运动到路径终点
if x<>50 then
--位置坐标的变化值
s:=s+5
--当 s<=50 时,运动速度增加,反之,运动速度减小
Test(s<=50,v:=v+0.05,v:=v-0.05)
--当 n=0 时,终点值减小,反之增加
Test(n=0,x:=100.5-s,x:=s)
--完成一次运动后改变 n 值,这里 n 值只有 1 和 0
n:=1-n
GoTo(@"运动")
end if
```

　专家点拨：test 语句是条件语句的另外一种形式，其有两种用法。

test（〈条件表达式〉,〈表达式1〉,〈表达式2〉），其功能是当条件表达式成立时，执行表达式 1，否则执行表达式 2。

test（〈条件表达式〉,〈表达式〉），其功能是条件表达式为真时，执行后面的表达式。否则，直接执行下一语句。

第 7 章

Authorware 课件的交互控制

演示型的课件在一定程度上能吸引学生的注意力，激发学生学习的兴趣，但时间长了，由于学生只能被动地接受演示内容，而不能主动参与人机交互，多媒体课件往往会失去它应有的魅力。幸好Authorware提供了强大的交互功能，在课件中加入交互，能使制作出的课件功能更加强大，充分体现人机交互的优势，让学生有选择地进行主动学习。

7.1 课件交互的制作

Authorware 拥有丰富、强大的交互功能，提供了包括按钮、热区域、热对象、条件等在内的共 11 种交互类型。通过这些交互功能，在进行多媒体课件创作时，可以增强课件的功能，为人机交流提供了一条通道。这一节将对交互结构及其公用属性进行简单介绍，至于各种交互类型的具体属性设置将在后面各个小节中进行详细讲述。

7.1.1 初识交互结构

Authorware 中的交互功能是通过交互图标 来实现的。交互图标和交互图标右侧的交互分支构成了整个交互结构，如图 7-1 所示。

以下是图示说明。

① 交互图标：整个交互结构的入口，也是交互结构的基石，必须与右侧的交互分支组成交互结构后才起作用。双击交互图标可设计交互控制对象（如按钮、文本输入框、热区等）的位置和大小，同时交互图标本身具有显示作用，如图 7-2 所示。

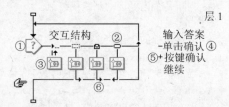

图 7-1 交互结构

② 交互类型标志：Authorware 包括 11 种交互类型，如按钮交互、热对象交互、下拉菜单交互、文本输入交互等。将设计图标拖放到交互图标右侧时，Authorware 将会建立一个交互分支，在弹出的"交互类型"对话框中选择一种交互类型即可建立这种交互类型的交互分支，如图 7-3 所示。

建立交互分支之后，在交互结构流程线上分别用不同的交互类型标志表示交互的类型，双击交互结构上的交互类型标志可调出"属性：交互图标"面板，如图 7-4 所示。

专家点拨：如果属性面板已经出现在窗口底部，则只要单击交互类型标志即可调出该交互类型的属性面板。未作特别说明，下面的操作过程都默认为属性面板已经出现在窗口底部。

图 7-2　交互图标设计窗口

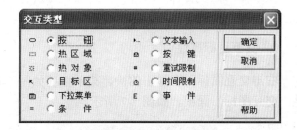

图 7-3　设置交互类型

图 7-4　"属性：交互图标"面板

③ 交互分支：产生交互后程序执行的流程。Authorware 不支持直接将结构类图标作为交互分支图标，如交互图标、框架图标、判断图标、声音图标和数字电影图标等。可以先将结构类图标放入群组图标中，再放到交互图标右侧。如直接将结构类图标先拖放到交互图标右侧，Authorware 将自动创建一个包含了该结构类图标的群组图标。

④ 交互分支图标名称：同一般的图标名称，但涉及部分交互类型，如文本交互、条件交互、按键交互时，交互分支图标名称将起到匹配交互条件的作用。

⑤ 交互状态：交互状态分"不判断"、"正确响应"和"错误响应"三种，具有跟踪用户操作、统计用户的正确或错误次数，并统计得分的作用。

⑥ 交互流程走向：执行完交互分支后流程的走向。

7.1.2　交互图标及其属性

Authorware 中交互的建立必须依靠交互图标，它统领着整个交互结构，因此有必要对交互图标及该图标的属性进行讲解。

1. 交互图标

各个设计图标必须依附于交互图标建立交互结构，实现人机交互。交互分支下的设计图标对用户的每一个响应进行信息反馈，实现对测试者的学习成绩、操作过程进行实时跟踪的目标。

交互图标具有"显示"图标的作用，双击交互图标可打开交互图标设计窗口进行设计。交互图标设计窗口同"显示"图标的设计方法相似，不过它对交互作用中用到的按钮、热区、文本输入框及目标区域等控制对象也可进行编辑，如对按钮的大小、位置的移动、目标区域范围的设置等，如图 7-5 所示。

2．交互图标属性

右击交互图标，在弹出的快捷菜单中（如图 7-6 所示）选择"属性"命令，弹出"属性：交互图标"面板，如图 7-7 所示。

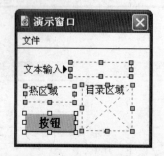

图 7-5　编辑交互图标设计窗口中的对象　　　图 7-6　右击交互图标弹出的快捷菜单

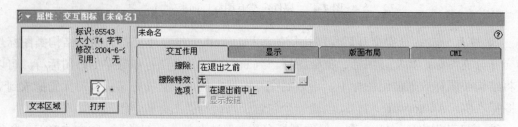

图 7-7　"属性：交互图标"面板

下面介绍"属性：交互图标"面板上的各项内容。

1）公共选项

"图标内容预览窗"：对交互图标设计窗口内的设计内容进行预览。只对用户创建的文本、图形等对象进行预览，对交互控制对象不预览。

"文本区域"按钮：单击此按钮可以设置文本输入响应中的文本输入框的样式。文本区域的设置请参见"7.8.1 文本输入交互属性"一节。

"打开"按钮：单击该按钮，打开交互图标设计窗口，相当于双击交互图标。

"交互图标名"文本框：用于输入交互图标的名称。

2）"交互作用"选项卡

设置与交互作用有关的选项，包括擦除、停留方式等，如图 7-7 所示。

"擦除"下拉列表框：设置何时将交互图标显示的内容擦除。下拉列表框中包括 3 个选项。

- "在下一次输入之后"选项：在进入下一个交互分支之后将交互图标中的显示内容擦除。
- "在退出时"选项：在退出交互结构时将交互图标中的显示内容擦除。
- "不擦除"选项：不擦除交互图标中的显示内容，必须使用擦除图标进行擦除。

"擦除特效"文本框：设置交互图标内容擦除时的擦除效果。使用方法与在擦除图标中指定一种擦除效果相同，这里不在赘述。

"选项"复选框组：在退出之前是否暂停让用户看清显示内容和反馈信息。勾选"在退出前中止"复选框则相当于在退出前设置了一个等待，当用户单击或按任意键，退出当前交互结构。当勾选了"在退出前中止"复选框，则"显示按钮"复选框被激活；勾选"显示按钮"复选框，屏幕上将显示一个"继续"按钮，单击"继续"按钮才会继续往后执行。

3）"显示"和"版面布局"选项卡

这两个选项卡的设置内容与"显示"图标属性面板中的内容一样，如图 7-8 和图 7-9 所示，这里不在赘述。

图 7-8　"显示"选项卡

图 7-9　"版面布局"选项卡

4）CMI 选项卡

该选项卡提供了设置计算机管理教学（CMI）方面的属性，如图 7-10 所示。

图 7-10　CMI 选项卡

"知识对象轨迹:交互作用"复选框：开启或关闭对交互作用过程的跟踪。在选中此复选框之前，必须使"文件属性"面板中的"所有交互作用"复选框处于选中状态。系统变量 CMITrackInteractions 同样可以用于打开或关闭对交互作用过程的跟踪，该变量的当前值将取代对于"知识对象轨迹:交互作用"复选框的设置。

"交互标识"文本框：该文本框用于输入一个作为交互作用唯一的 ID 标识。Authorware 将输入的 ID 作为 CMIAddInteraction 函数的参数列表中的 Interaction ID 参数。

"目标标识"文本框：该文本框输入的内容作为 CMIAddInteraction 函数参数列表中的 objective ID 参数。如果为空，Authorware 将交互图标名当作 CMIAddInteraction 函数 objective ID 参数。

"重要"文本框：表明该交互作用的重要性。Authorware 将该文本框中输入的内容作为 CMIAddInteraction 函数参数列表中的 Weight 参数。

"类型"下拉列表框：指定交互作用的类型。Authorware 将下拉列表框的选择项或下面文本框中输入的字符作为 CMIAddInteraction 函数参数列表中的 Type 参数。如果在下拉列表框中选择了"从区域"选项，Authorware 将使用用户输入的内容作为 Type 参数。可以在下面文本框中输入字符串或表达式，输入表达式请以"="开始。可以将任何字符串作为 Type 参数，但被 AICC 标准承认的仅限于表 7-1 所示内容。

表 7-1　符合 AICC 标准的字符串及表示含义

字符串	表示含义	字符串	表示含义
C	多项选择	P	成绩
F	填空	S	次序
L	类似	T	正确/错误
M	匹配	U	无法预料

7.1.3　交互类型及其属性

Authorware 共有 11 种交互类型，这 11 种类型可在建立交互时弹出的"交互类型"对话框中选择，也可以在交互属性面板中的"类型"下拉列表框中进行更改。每一种交互有各自的属性，其设置内容将在后面介绍。这 11 种交互类型对应的属性面板中的"响应"选项的内容基本相同，如图 7-11 所示。

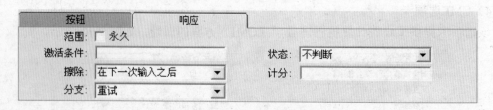

图 7-11　"响应"选项卡

"范围：永久"复选框：设置该交互分支响应范围为永久响应，即在整个程序中都可响应，而不管有没有退出该交互分支所在的交互结构。

"激活条件"文本框：设置该交互分支是否被激活，可在文本框中输入数字、变量或表达式。文本框中输入的值为 TRUE 时该交互分支被激活，用户可响应该交互分支。

"擦除"下拉列表框：该下拉列表框设置交互分支下设计图标内的内容在何时被擦除。列表框中有"在下一次输入之后"、"在下一次输入之前"、"在退出时"和"不擦除"4 个选项。

"分支"下拉列表框：响应该交互分支后的流程走向。默认情况下列表框中有"重试"、"继续"和"退出交互"3 个选项。如果在"范围"选项中选择了"永久"复选框，那么列表框中会增加一个"返回"选项。

"状态"下拉列表框：交互状态分"不判断"、"正确响应"和"错误响应"3 种，具有跟踪用户操作，统计用户的正确或错误次数的作用。

"计分"文本框：输入一个数值或表达式对最终用户学习过程中的操作情况进行得分统计。用户在"状态"下拉列表框中选择了"不判断"选项，则"计分"文本框中的分值无效；如果选择了"正确响应"或"错误响应"选项后，在"计分"文本框中输入的分数值将会反馈给用户。一般选择了"正确响应"选项后得分增加，选择了"错误响应"选项后得分减少，分别用正数和负数来表示。

7.2 按钮交互响应

按钮交互是多媒体课件制作最重要、使用最频繁的交互类型之一。本节通过建立按钮交互，设置按钮交互属性，使读者基本掌握按钮交互的设计方法，并完成一个课件制作中经常用到的实例。

7.2.1 创建一个按钮交互

先制作一个简单的按钮交互结构，步骤如下所述。

（1）新建一个文件，选择"文件"|"保存"菜单命令将新建的文档进行保存。

（2）在图标栏上拖放一个交互图标到流程线上，命名为"按钮交互"。

（3）拖放一个群组图标到交互图标右侧，弹出"交互类型"对话框，选中"按钮"单选按钮，并单击"确定"按钮建立一个按钮交互分支。

（4）单击交互分支下的群组图标，将其命名为"复习巩固"。

最终完成的流程图如图 7-12 所示。

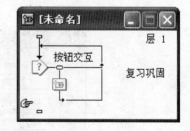

图 7-12　"按钮交互"交互结构流程图

7.2.2 按钮交互属性

单击如图 7-12 所示的交互结构中"复习巩固"交互分支上的按钮交互标志，在 Authorware 窗口底部调出"属性：交互图标"面板，如图 7-13 所示。

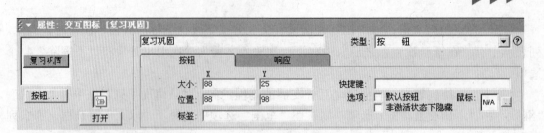

图 7-13 "属性：交互图标"面板

下面对按钮交互属性面板的各个选项进行介绍。

"预览"窗格：对按钮的显示效果进行预览。单击"预览"窗格将弹出"按钮"对话框，可以重新设置按钮的外观，如图 7-14 所示。单击对话框左下角的"添加"按钮或"编辑"按钮，弹出如图 7-15 所示的"按钮编辑"对话框，添加或编辑自定义按钮类型。

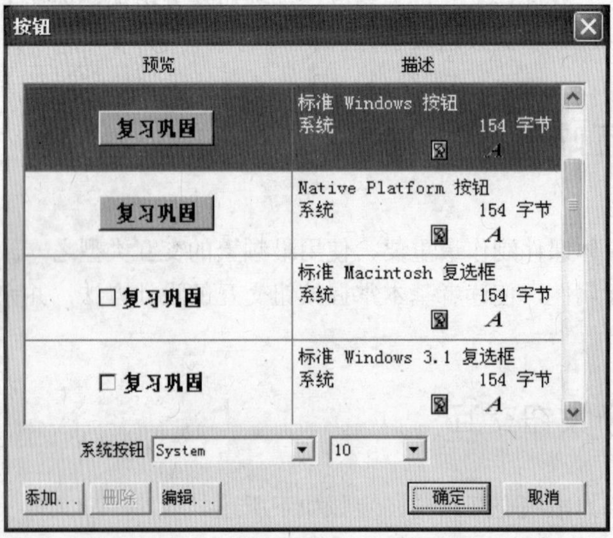

图 7-14 "按钮"对话框

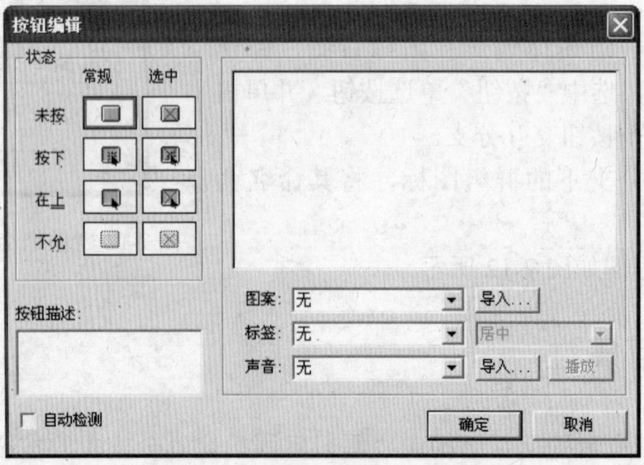

图 7-15 "按钮编辑"对话框

"按钮"按钮：同单击"预览"窗格作用相同，单击该按钮弹出"按钮"对话框，可以重新设置按钮的外观。

"打开"按钮：单击"打开"按钮将打开交互分支下的设计图标。

"类型"下拉列表框：改变交互类型，包括 11 种交互类型。

"按钮"选项卡：如图 7-16 所示，设置按钮的外观。

● "大小"文本框：通过数值精确控制按钮的大小。其中 X 表示按钮的宽度，Y 表示按钮的高度。

● "位置"文本框：通过数值精确控制按钮的位置。其中 X，Y 表示按钮左上角在演示窗口中的坐标值。

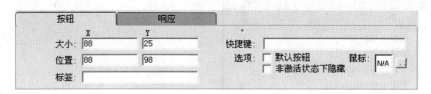

图 7-16　"按钮"选项卡

● "标签"文本框：设置按钮的标签，输入时需用双引号将字符串括起来。此处也可以输入自定义变量来动态更改按钮标题。

● "快捷键"文本框：为按钮交互指定一个响应的快捷键。文本框中的按键是区分大小写的，多个快捷键可用"|"分隔，组合键可连写，如 CtrlV，如果要使用空格键，则在文本框中按一下空格键即可。表 7-2 列出了一些常用功能键。

表 7-2　常用功能键

功能键	Windows 键盘键名	功能键	Windows 键盘键名
Alt	Alt 键	Ins 或 Insert	Ins 或 Insert 键
BackSpace	退格键	LeftArrow	向左方向键
Break	Break 键	PageDown	PageDown 键
Cmd 或 Control 或 Ctrl	Ctrl 键	PageUp	PageUp 键
Delete	Del 或 Delete 键	Pause	Pause 键
DownArrow	向下方向键	Return	回车键
End	End 键	RightArrow	向右方向键
Enter	回车键	Shift	Shift 键
Escape	Esc 键	Tab	Tab 键
F1～F15	F1～F15 键	UpArrow	向上方向键
Home	Home 键		

● "选项"复选框组：选中"默认按钮"复选框，设置该按钮作为默认按钮，按钮周围有一个黑色方框，表示该按钮具有焦点，用户按下回车键即相当于单击了该按钮；选中"非激活状态下隐藏"复选框，即当该按钮不可用时隐藏，可用时显示，可通过交互属性面板"响应"选项卡中的"激活条件"文本框来控制按钮是否可用。

● "鼠标"选择框：设置鼠标移动到按钮上的鼠标指针外形。单击右侧 按钮弹出

"鼠标指针"对话框，如图 7-17 所示，可选择一种标准指针作为鼠标指针类型。

单击对话框左下角的"添加"按钮则可加入外部鼠标指针文件。

"响应"选项卡。请参见 7.1.3 小节的相关内容，这里不再赘述。

7.2.3 按钮交互实例——模块化课件结构

模块化课件结构是制作多媒体课件时经常采用的一种课件结构，其最大特点是教师可以随意选择课件中的教学环节进行演示，其基本框架结构流程图如图 7-18 所示。

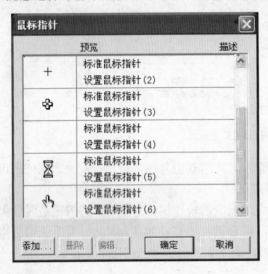

图 7-17 "鼠标指针"对话框

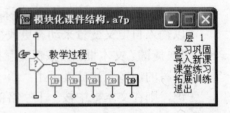

图 7-18 模块化课件结构流程图

制作步骤

（1）新建一个文件，选择"文件"|"保存"菜单命令将新建的文档进行保存。

（2）从图标栏中拖放一个交互图标到流程线上，命名为"教学过程"。

（3）拖放一个群组图标到"教学过程"交互图标右侧，弹出"交互类型"对话框，选中"按钮"单选按钮，建立一个按钮交互分支，并将分支下的群组图标重命名为"复习巩固"。

（4）单击"复习巩固"交互分支的交互标志，调出交互属性面板，单击"响应"选项卡，选中"范围:永久"复选框，选择"分支"下拉列表框中的"返回"选项，如图 7-19 所示，这时交互分支流程走向改变，如图 7-20 所示。

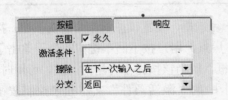

图 7-19 交互属性面板中的"响应"选项卡

图 7-20 交互分支流程走向

（5）继续拖放 4 个群组图标到"教学过程"交互图标的右侧，并分别命名为"导入新课"、"课堂练习"、"拓展训练"和"退出"。由于同一个交互结构中，同类型的交互具有继承图标属性的特点，因此后面 4 个交互分支的交互属性不需要重复设置。

（6）单击"退出"交互分支的交互标志调出交互属性面板，选择"按钮"选项卡，选中"选项"复选框组中的"默认按钮"复选框，如图 7-21 所示。

图 7-21　"选项"复选框组

（7）双击"教学过程"交互图标，弹出交互图标设计窗口。按住 Shift 键分别单击窗口中的每个按钮对象，选中全部按钮后移动至窗口底端。然后选择"修改"|"排列"菜单命令调出"排列"面板，分别单击"上端水平对齐"按钮 和"水平等距分布"按钮 ，窗口中的按钮则可整齐地排列，如图 7-22 所示。

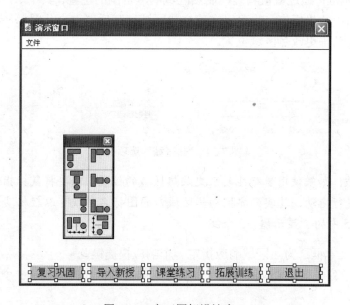

图 7-22　交互图标设计窗口

专家点拨：建议在交互分支下统一使用群组图标，方便以后的管理和修改。

至此，一个简单的模块化课件结构制作完成，以后只需要往每个交互分支下的群组图标中添加相应的教学内容即可完成整个课件的创作。

7.3　热区域交互响应

热区域交互是用户通过单击、双击或鼠标指针移动到任意一个矩形区域而产生交互响应的交互类型。同建立按钮交互响应一样，只需在"交互类型"对话框中选中"热区域"单选按钮即可建立热区域交互。一个简单的热区域交互结构如图 7-23 所示。

7.3.1 热区域交互属性

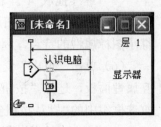

在图 7-23 所示的热区域交互结构流程中，单击热区域交互标志，调出交互属性面板，选择"热区域"选项卡，如图 7-24 所示。

图 7-23 热区域交互

下面对热区域交互属性面板的各个选项进行介绍。

"大小"文本框：通过数值精确控制热区域的响应范围大小。其中 X 表示热区域的宽度，Y 表示热区域的高度。也可以在建立热区域交互后双击交互图标，在弹出的设计窗口中使用鼠标拖动热区域范围周围的控制点来改变大小，如图 7-25 所示。

"位置"文本框：通过数值精确控制热区域响应范围的位置。其中 X，Y 表示热区域左上角在演示窗口中的坐标值。也可以在建立热区域交互后双击交互图标，在弹出的设计窗口中使用鼠标拖动来更改热区域位置。

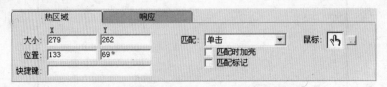

图 7-24 "热区域"选项卡

专家点拨：如果使用鼠标拖动来更改热区域的位置，需要将鼠标指针精确定位到热区域虚线框上进行拖动，其实只要拖动热区域内的图标名称就可以轻松实现拖动操作，例如，拖动图 7-25 中的"显示器"3 个字。

"快捷键"文本框：为热区域响应指定一个响应快捷键。

"匹配"下拉列表框：响应该热区域交互分支的鼠标操作方式，有 3 个选项，如图 7-26 所示。

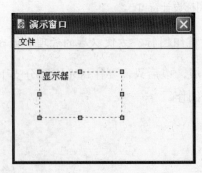

图 7-25 "设计窗口"中的"热区域"响应范围　　　图 7-26 "匹配"下拉列表框

- "单击"选项：单击热区域响应范围从而匹配当前的热区域响应。
- "双击"选项：双击热区域响应范围从而匹配当前的热区域响应。
- "指针处于指定区域内"选项：移动鼠标指针到热区域响应范围上即匹配当前的热

区域响应。

"匹配时加亮"复选框：选中该复选框后能使该热区域交互产生响应时高亮显示响应区域。

"匹配标记"复选框：选中该复选框则在响应区域显示一个标记，该热区域交互响应后将高亮显示该标记，如图 7-27 所示。

图 7-27 "匹配标记"复选框的选中效果

"鼠标"选择框：设置鼠标移动到热区域响应范围上的鼠标指针外形，设置方法与按钮交互相同。

7.3.2 热区域交互实例——认识计算机

本小节制作一个简单的热区域交互应用的例子。该实例的流程图如图 7-28 所示，执行效果如图 7-29 所示，用户单击计算机各部分图片可以查看其名称，这样可以认识多媒体计算机硬件的组成。

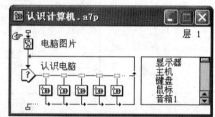

图 7-28 "认识计算机"程序流程图

图 7-29 "认识计算机"课件执行效果

制作步骤

（1）新建一个文件，选择"文件"|"保存"菜单命令将新建的文档进行保存。

（2）拖放一个"显示"图标到流程线上，重命名为"电脑图片"。双击"电脑图片"显示图标，选择"文件"|"导入和导出"|"导入媒体"菜单命令或者单击工具栏上的"导入"按钮，弹出"导入哪个文件"对话框，如图 7-30 所示，选择准备好的计算机图片computer.jpg，单击"导入"按钮即可将图片导入到设计窗口。

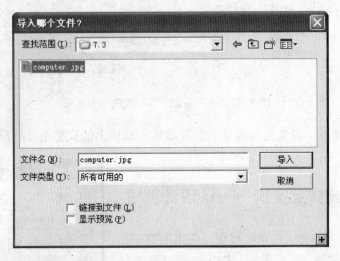

图 7-30 "导入哪个文件"对话框

（3）拖放一个交互图标到"电脑图片""显示"图标下面的流程线上，重命名为"认识电脑"。

（4）拖放一个群组图标到"认识电脑"交互图标右侧，弹出"交互类型"对话框，单击"热区域"单选按钮建立一个热区域交互分支，并将交互分支下的群组图标命名为"显示器"。

（5）单击热区交互标志，调出交互属性面板，选择"热区域"选项卡，单击"鼠标"属性右侧的 ⋯ 按钮，弹出"鼠标指针"对话框，选定手型鼠标指针，单击"确定"按钮完成鼠标指针设置。

（6）继续拖放 7 个群组图标到"认识电脑"交互结构中"显示器"群组图标右侧，分别重命名为"主机"、"键盘"、"鼠标"、"音箱 1"、"音箱 2"、"麦克风"、"继续"。这些图标将自动继承前一个交互分支的交互类型和交互属性。

（7）单击最后一个"继续"交互分支的交互标志调出交互属性面板，从"类型"下拉列表框中选择"按钮"选项，将其交互类型改为按钮交互。

（8）选择"响应"选项卡，在"分支"下拉列表框中选择"退出交互"选项。

（9）按住 Shift 键并双击"认识电脑"交互图标，弹出"认识电脑"交互图标设计窗口。在设计窗口中对"热区域"响应范围的大小和位置进行适当的调整，并在窗口左上角输入"用鼠标单击计算机的各部分查看其名称。"文本内容，如图 7-31 所示。

🐛 **专家点拨**：如果未显示计算机图片，可先双击"电脑图片"显示图标，然后再按住 Shift 键并双击"认识电脑"交互图标，这样，前一个设计图标中的内容会保留显示在设计窗口。

图 7-31 "认识计算机"交互图标设计窗口

（10）双击"显示器"群组图标进入群组图标内部，拖放一个"显示"图标到第 2 层流程线上，重命名为"显示器文字"，如图 7-32 所示。

（11）按住 Shift 键并双击该"显示"图标进入设计界面，使用"绘图工具箱"上的矩形工具和多边形工具绘制提示气泡，在适当位置输入"显示器"三个文字，设置

图 7-32 "显示器"群组图标内部流程

文字为透明模式。选中所有对象，按 Ctrl+G 键组成群组，将组合对象移动到适当位置，如图 7-33 所示。

图 7-33 "显示器文字"显示图标设计内容

（12）其他 6 个交互分支下群组图标内"显示"图标的制作与"显示器文字""显示"图标的制作方法相同，各个显示内容如图 7-34 所示。

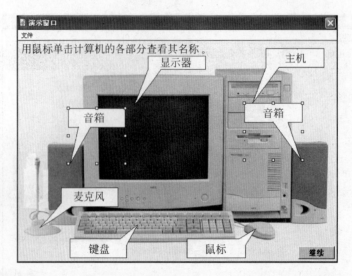

图 7-34 "认识计算机"交互结构各交互分支下"显示"图标内的设计内容

（13）拖放一个擦除图标到"继续"群组图标内部流程线上，重命名为"擦除"。双击"擦除"擦除图标，弹出设计窗口，窗口底部同时调出擦除图标属性面板，依次单击窗口中的每一个要擦除的显示对象，属性面板右侧图标列表框中显示被擦除图标的名称，如图 7-35 所示。

（14）单击工具栏上的"运行"按钮或按 Ctrl+R 键运行程序，单击演示窗口中计算机各部分对程序进行测试。

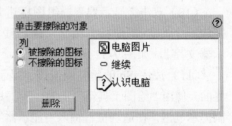

图 7-35 "擦除"擦除图标属性面板

专家点拨：单击图中计算机某个部分会显示该部分的名称，当单击另一部分后，前面显示的内容会马上擦除。还可以设置交互属性使出现的所有提示不会立即擦除，而是等退出交互时才擦除。读者可以作为上机练习自己试一试。

7.4 热对象交互响应

热区域交互的响应范围是一个固定的矩形区域，而热对象交互的响应范围是一个单独的显示对象。热对象可以是任意形状的显示对象，响应对象位置也可以在展示窗口中移动。

7.4.1 建立一个热对象交互

建立热对象交互之前，需要将交互的每一个响应对象放在单独的显示类设计图标内。建立热对象交互分支后，首先打开作为响应对象的"显示"图标，然后单击热对象交互标志，再单击设计窗口内的一个显示对象，即把该显示对象作为响应的热对象。交互属性面板中"热对象"选项卡的"热对象"提示栏会显示设置成热对象的"显示"图标名称，如图 7-36 所示。

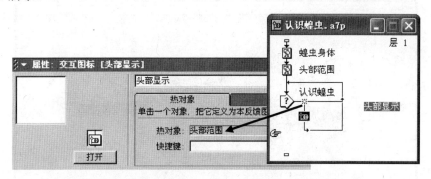

图 7-36 "热对象"提示栏

7.4.2 热对象交互属性

单击如图 7-36 所示的程序流程中"热对象"交互分支中的交互标志，调出热对象交互属性面板，选择"热对象"选项卡，如图 7-37 所示。

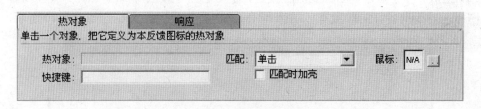

图 7-37 热对象交互属性面板的"热对象"选项卡

下面对热对象交互属性面板的各个选项进行介绍。

"热对象"提示标签：显示作为热对象交互分支响应对象的设计图标名称。

"快捷键"文本框：为热对象响应指定一个响应快捷键。

"匹配"下拉列表框：响应该热对象交互分支的鼠标操作方式。下拉列表框中有"单击"、"双击"和"指针在对象上"3个选项。

"匹配时加亮"复选框：选中该复选框后，能使该热对象交互产生响应时高亮显示热对象。

"鼠标"选择框：设置鼠标指针移动到热对象响应范围上的鼠标指针外形，设置方法与按钮交互相同。

7.4.3 热对象交互实例——认识蝗虫

下面以"认识蝗虫"课件为例来讲解热对象交互的应用。程序流程图如图 7-38 所示，执行效果如图 7-39 所示。

图 7-38 "认识蝗虫"程序流程图

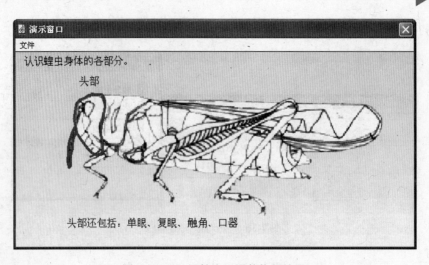

图 7-39 "认识蝗虫"课件执行效果

制作步骤

（1）新建一个文件，选择"文件"|"保存"命令将新建的文档进行保存。

（2）拖放一个"显示"图标到流程线上，重命名为"蝗虫身体"。双击"蝗虫身体""显示"图标，导入准备好的蝗虫身体图像 hc.jpg，调整其位置和大小，如图 7-40 所示。

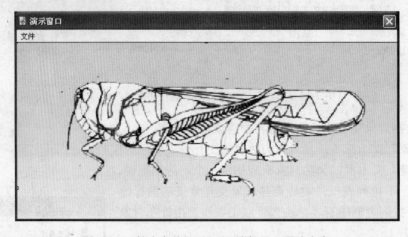

图 7-40 "蝗虫身体""显示"图标导入图片内容

（3）拖放 3 个"显示"图标到"蝗虫身体""显示"图标后面的流程线上，分别重命名为"头部范围"、"胸部范围"、"腹部范围"。这 3 个"显示"图标将作为后面交互的热对象。以"头部范围""显示"图标的制作为例进行讲解，其他两个制作方法相同。

（4）"头部范围""显示"图标中不需要显示具体可见内容，只要制作出一个与头部轮廓重合且透明的图形作为交互的热对象即可。按住 Shift 键并双击"头部范围""显示"图标弹出设计窗口，使用绘图工具箱上的多边形绘制工具，沿蝗虫的头部勾出其轮廓。设置勾出部分图形的背景填充色为白色，线型宽度为虚线，透明模式，填充方式为白色，如图 7-41 所示。

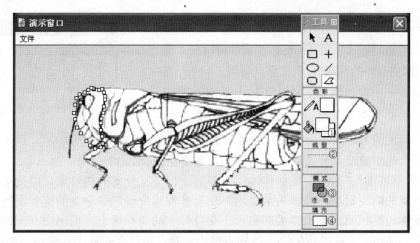

图 7-41　"头部范围""显示"图标内容

（5）"胸部范围""显示"图标和"腹部范围""显示"图标内的设计内容分别如图 7-42 和图 7-43 所示。

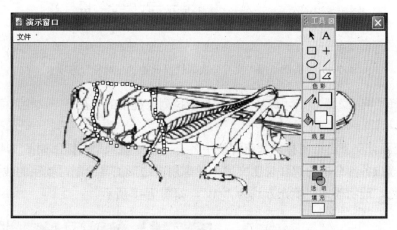

图 7-42　"胸部范围""显示"图标内容

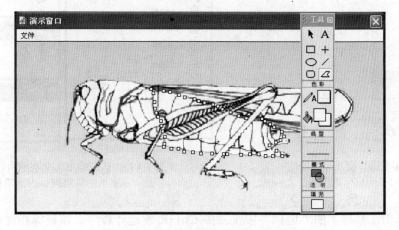

图 7-43　"腹部范围""显示"图标内容

（6）拖放一个交互图标到流程线上，命名为"认识蝗虫"。双击"认识蝗虫"交互图标，在设计窗口左上角输入"认识蝗虫身体的各部分。"文字，如图 7-44 所示。

图 7-44 "认识蝗虫"交互图标设计窗口

（7）拖放一个群组图标到"认识蝗虫"交互图标右侧，弹出"交互类型"对话框，单击"热对象"单选按钮建立一个热对象交互分支，并命名分支下的群组图标为"头部显示"。按照同样的方法再建立两个热对象交互分支，并分别重新命名群组图标。

（8）"头部范围""显示"图标作为"头部显示"交互分支的热对象。以此类推，指定 3 个交互分支的响应对象。以"头部显示"交互分支为例设置各分支的交互属性，其他两个分支的属性设置相同。单击"头部显示"交互分支的交互标志，调出交互属性面板，选择"热对象"选项卡，从"匹配"下拉列表框中选择"指针在对象上"选项，如图 7-45 所示，即鼠标指针移动到热对象时立即发生交互响应，并设置"鼠标"属性为手形。

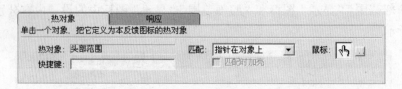

图 7-45 "头部范围"交互分支属性面板的"热对象"选项卡

（9）选择"响应"选项卡，选择"擦除"下拉列表框中的"在下一次输入之前"选项，如图 7-46 所示。

（10）交互分支下群组图标内部流程线中各有一个"显示"图标，如图 7-47 所示，其显示内容为蝗虫各部分的轮廓和说明文字，轮廓用多边形工具绘制，较粗的线型宽度，线条颜色为红色，透明模式，填充方式为"无"，如图 7-48 所示。

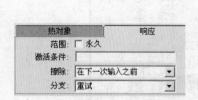

图 7-46 "头部范围"交互分支属性
面板的"响应"选项卡

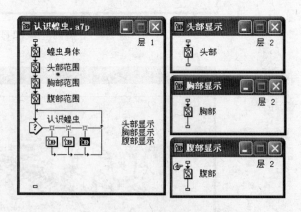

图 7-47 "认识蝗虫"交互结构各分
支下的群组图标内部流程

（11）单击工具栏上的"运行"按钮或按 Ctrl+R 键运行程序，将鼠标指针移动到蝗虫身体各部分即可查看详细说明。

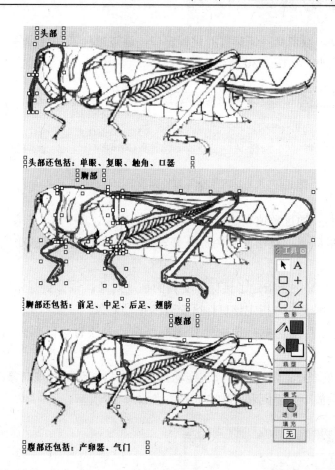

图 7-48　"认识蝗虫"交互结构各分支下"显示"图标显示内容

7.5　目标区交互响应

目标区交互响应通过用户拖动对象到指定的区域而触发响应。在制作多媒体课件时，目标区交互一般可用来制作诸如拼图、配对题、组装实验仪器等。本节通过学习目标区交互响应来制作一个组装化学试验仪器的拼图实例。

7.5.1　目标区交互属性

目标区交互的建立还需要事先创建一个显示类设计图标作为目标区交互的拖动对象。一般使用"显示"图标来创建拖动对象，多个拖动对象必须分别放在单独的"显示"图标中。

建立目标区交互结构后，单击目标区交互分支上的交互标志，调出目标区交互属性面板，选择"目标区"选项卡，如图 7-49 所示。

下面对目标区交互属性面板的各个选项进行介绍。

"大小"文本框：通过数值精确控制目标区域的大小。其中 X 表示目标区的宽度，Y

表示目标区的高度。双击交互图标打开设计窗口，通过鼠标拖动目标区域周围的控制点也可改变目标区的大小，如图 7-50 所示。

图 7-49 "目标区"交互属性面板的"目标区"选项卡

"位置"文本框：通过数值精确控制目标区域的位置。其中 X，Y 表示目标区域左上角在演示窗口中的坐标值。双击交互图标打开设计窗口，通过鼠标拖动也可改变目标区的位置。

"目标对象"标签：当指定了目标区交互的拖动对象，则此处显示拖动对象所在设计图标的名称，为空则表示未指定该目标区交互的拖动对象。

"允许任何对象"复选框：选中此复选框，拖动到该目标区域内的任何对象都能被接受。

"放下"下拉列表框：当目标对象被拖动到指定的目标区域时该对象的放置位置，有 3 个选项：在目标点放下、返回和在中心定位，如图 7-51 所示。

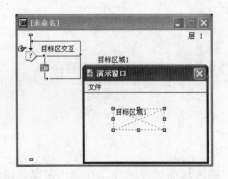
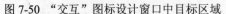

图 7-50 "交互"图标设计窗口中目标区域　　　　图 7-51 "放下"下拉列表框

- 在目标点放下：目标对象被拖动到目标区域后，松开鼠标键，目标对象停留在目标区域内。
- 返回：目标对象被拖动到目标区域后，松开鼠标键，目标对象返回到其原来的位置。
- 在中心定位：目标对象被拖动到目标区域后，松开鼠标键，目标对象会自动定位到目标区域的中心。

7.5.2　目标区交互实例——组装化学实验仪器

制作化学课件时，经常会碰到组装化学实验仪器的情况，本节将以化学实验"煤在实验室内的干馏"为例，制作一个组装化学实验仪器的课件片段。程序流程图如图 7-52 所示，执行效果如图 7-53 所示。

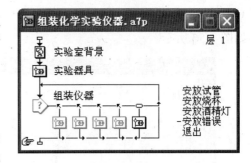

图 7-52 "组装化学实验仪器"流程图

制作步骤

（1）新建一个文件，选择"文件"|"保存"菜单命令将新建的文档进行保存。在属性面板中设置程序窗口大小为"根据变量"，这样可以根据需要来调整程序窗口的大小。

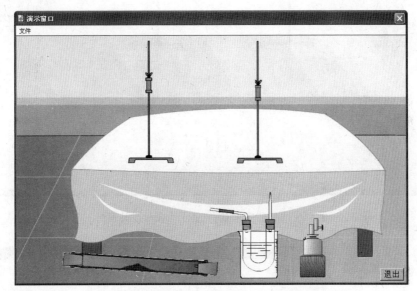

图 7-53 "组装化学实验仪器"课件执行效果

（2）通过 Photoshop 等图像处理软件制作一张实验室背景图，另外再制作 5 个实验仪器，分别是一个试管，一个酒精灯，一个烧杯和两个铁架台，这些仪器组合的效果如图 7-54 所示。

（3）拖放一个"显示"图标到流程图上，重命名为"实验室背景"。双击打开，导入一张已经制作完成的实验室背景图片。将两个铁架台也一同导入，并将其放在合适位置，如图 7-55 所示。

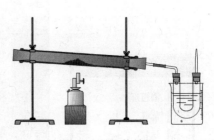

图 7-54 组装效果

专家点拨：在制作过程中很难将两个铁架台正确定位，这时候可以事先导入如图 7-54 所示的图片，然后将导入的两个铁架台参照如图 7-54 所示的位置进行安放。完成以后再将辅助定位的图片删除即可。在定位其他 3 个实验仪器时也可以使用这种方法。

（4）下面创建 3 个目标对象，每个对象由包含一个实验仪器的"显示"图标组成，设置各个"显示"图标中图片的显示模式为"阿尔法"。因为在使用 Photoshop 制作实验仪器图片时，建立了一个阿尔法通道，这样导入到 Authorware 之后，使用"阿尔法"显示模式能有效地实现透明效果。将 3 个"显示"图标放到一个群组图标中，重命名为"实验器具"，如图 7-56 所示。

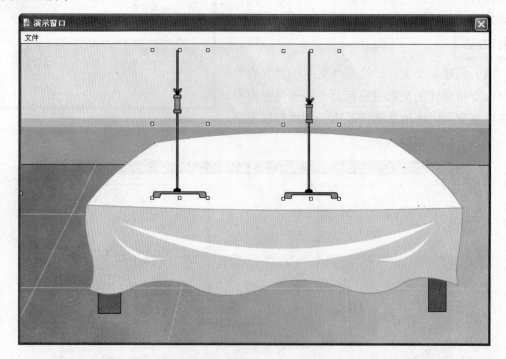

图 7-55 "实验室背景""显示"图标设计窗口

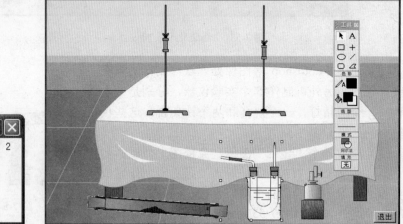

图 7-56 "实验器具"群组图标流程及设置效果

以下步骤（5）～（14）创建"组装仪器"交互结构，实现组装效果。

（5）拖放一个交互图标到流程线上，重命名为"组装仪器"。

（6）拖放一个群组图标到"组装仪器"交互图标右侧，在弹出的"交互类型"对话框中单击"目标区"单选按钮，建立一个"目标区"交互分支，并将群组图标命名为"安放试管"。

（7）运行程序，这时程序会在交互结构处暂停，等待用户指定"安放试管"交互分支的目标对象，单击设计窗口中试管图片作为目标对象，如图 7-57 所示。

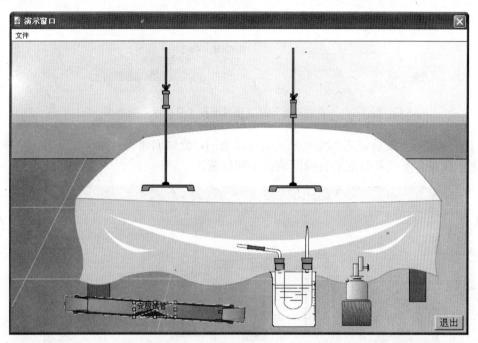

图 7-57　选定试管图片为目标对象

（8）拖动试管图片到背景中铁架台上相应位置，并调整目标区域的大小正好包含整个试管图片，如图 7-58 所示。

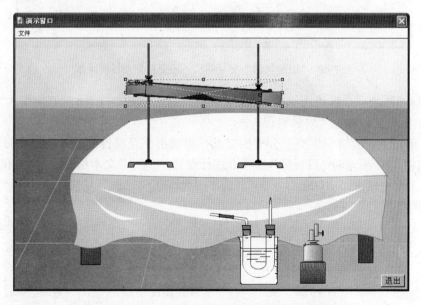

图 7-58　调整"安放试管"目标区域的大小和位置

（9）单击"安放试管"交互分支上的交互标志，在交互属性面板中单击"目标区"选项卡，选择"放下"下拉列表框中的"在中心定位"选项，如图 7-59 所示。这样，当试管图片被拖动到目标位置时，会自动安放在目标区域的中心位置。

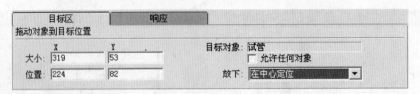

图 7-59　"安放试管"交互属性面板"目标区"选项卡

（10）与创建"安放试管"交互分支的方法相同，分别创建另外两个交互分支。按照图 7-60 所示调整各个交互分支的目标区域大小和位置。

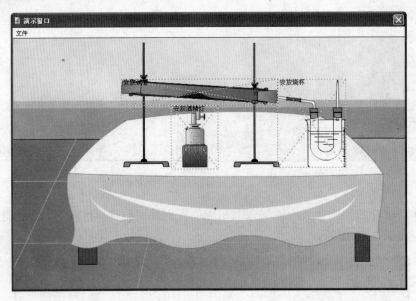

图 7-60　"组装仪器"交互结构下各交互分支目标区域

（11）继续拖放一个群组图标到"安放酒精灯"交互分支的右侧，交互类型为"目标区"交互，群组图标重命名为"安放错误"。

（12）单击"安放错误"交互分支的交互标志调出交互属性面板，选择"目标区"选项卡，按照图 7-61 所示对"目标区"选项卡进行设置，"大小"文本框中输入"4000，4000"，"位置"文本框中输入"−1000，−1000"，选中"允许任何对象"复选框，选择"放下"下拉列表框中的"返回"选项。

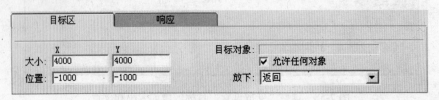

图 7-61　"安放错误"交互属性面板的"目标区"选项卡

专家点拨：“安放错误”交互分支的目标区域可以使用鼠标拖动进行大小和位置的调整，但当演示窗口的大小小于屏幕大小时，最终用户可能会将图片拖动到演示窗口之外，图片不再返回，出现无法再次拖动的问题。因此在“目标区”选项卡中的“大小”和“位置”文本框中输入一个足够大的数值，可有效地避免产生以上的错误。当然也可以通过限制“显示”图标中显示内容在一定区域内移动来解决这个问题。

（13）在“组装仪器”交互图标分支结构最右侧增加一个群组图标，交互类型设置为“按钮”交互，重命名群组图标为“退出”。双击“组装仪器”交互图标打开设计窗口，将按钮拖动到设计窗口右下角。双击“退出”群组图标，在“退出”群组图标内部放一个计算图标，输入 Quit(0)，如图 7-62 所示。

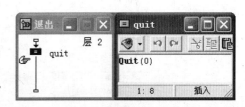

图 7-62　“退出”群组图标

（14）运行程序进行测试。拖动演示窗口中某个实验仪器到背景图上铁架台的相应位置，会发现当它们被安放正确，才能顺利完成实验装置的组装。如果实验仪器安放到错误位置，则自动移动到原处。

专家点拨：试着将已经放置在正确位置上的各实验仪器图片移动到别处，会发现这些图片可以被移动。虽然可以自动返回到正确位置，但这样的效果并不好。可以在实验仪器图被移动到正确位置后设置成不可被移动，这样最终用户就不能再次将它从正确位置上拖离。设置对象是否能移动要使用到系统变量是 Movable@"图标名称"，其值可取 TRUE（可移动）或 FALSE（不可移动）。如在本例中，“组装仪器”交互分支下群组图标内放一个计算图标，输入“Movable@"酒精灯":=FALSE”，这样将酒精灯图拖动到正确位置，就不能再次拖动它了。

7.6　下拉菜单交互响应

下拉菜单是标准 Windows 应用程序的用户接口，其优势是使用广泛、占用屏幕小。课件制作中既可以将下拉菜单交互作为主要交互的方式，也可以作为按钮交互等其他交互方式的辅助。这一小节将对下拉菜单交互作简单介绍，并配合一个实例来讲解下拉菜单交互的应用。

7.6.1　下拉菜单交互属性

拖放一个群组图标到交互图标右侧，弹出“交互类型”对话框，选中“下拉菜单”单选按钮建立一个下拉菜单交互分支。运行程序，演示窗口出现两个菜单，其中“文件”菜单是系统默认的，“未命名”菜单就是使用“下拉菜单”交互建立的，如图 7-63 所示。

在程序流程线上，交互图标的名称作为菜单组名称，交互分支下的图标名称作为菜单项的名称。单击菜单交互标志 ，调出下拉菜单交互属性面板，选择“菜单”选项卡，如

图 7-64 所示。

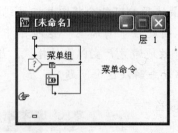

图 7-63 下拉菜单交互

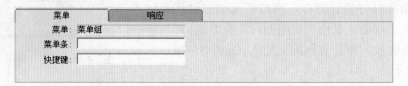

图 7-64 "下拉菜单"交互属性面板"菜单"选项卡

下面对下拉菜单交互属性面板的各个选项进行介绍。

"菜单"标签：显示该"下拉菜单"交互分支所在的菜单组名称，同时也是交互分支所在的交互图标名称。

"菜单条"文本框：同该交互分支下的图标名称作用相似，主要是为菜单命令命名。可输入一些特殊字符，如输入"-"则在菜单上显示一条分隔线，输入"&"后面紧跟英文字母，则将该字母作为该项菜单命令的快捷键。也可输入自定义变量来控制菜单命令的名称。

"快捷键"文本框：输入一个执行该菜单命令的快捷键。如组合键为 Ctrl+G 则输入 CtrlG 或仅一个 G，如组合键为 Alt+R 则输入 AltR。

7.6.2 下拉菜单交互实例——菜单导航课件

在 7.2 节讲解按钮交互的时候已经制作过由按钮交互导航的模块化课件结构，本实例将通过下拉菜单交互来制作模块化课件结构。程序流程如图 7-65 所示，执行效果如图 7-66 所示。

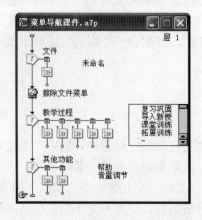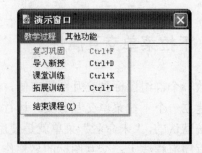

图 7-65 "菜单导航课件"流程图   图 7-66 "菜单导航"课件执行效果

制作步骤

（1）新建一个文件，选择"文件"|"保存"菜单命令将新建的文档进行保存。

（2）拖放一个交互图标到流程线上，重命名为"文件"。

（3）拖放一个群组图标到"文件"交互图标右侧，弹出"交互类型"对话框，选中"下拉菜单"单选按钮建立一个下拉菜单交互。

（4）单击"未命名"交互分支上的交互标志，调出交互属性面板，选择"响应"选项卡，选中"范围:永久"复选框，从"分支"下拉列表框中选择"返回"选项。

（5）拖放一个擦除图标到"文件"交互结构后面的流程线上，重命名为"擦除文件菜单"。运行程序，单击演示窗口中菜单栏上的"文件"菜单项将其擦除。

　专家点拨：建立一个"文件"下拉菜单交互，覆盖掉系统默认的"文件"菜单，然后就可以使用擦除图标将其擦除。

以下步骤（6）～（13）建立"教学过程"交互结构。

（6）拖放一个交互图标到流程线上，重命名为"教学过程"。

（7）拖放一个群组图标到"教学过程"交互图标右侧建立一个下拉菜单交互分支，将分支下的设计图标重命名为"复习巩固"。

（8）单击"复习巩固"交互分支的交互标志，调出交互属性面板。选择"菜单"选项卡，在"快捷键"文本框中输入 CtrlF，为其设置一个响应快捷键。

（9）单击"响应"选项卡，按照图 7-67 所示设置选项卡上的各个选项，选中"范围:永久"复选框，"激活条件"文本框中输入"menu_1=0"，从"分支"下拉列表框中选择"返回"选项。单击流程线上空白处，弹出"新建变量"对话框，如图 7-68 所示，直接单击"确定"按钮即可。

图 7-67　"复习巩固"交互属性面板的"响应"选项卡

　专家点拨："激活条件"文本框中输入的自定义变量用于控制菜单的状态。当等号右边表达式的值与自定义变量的值相等时，该菜单交互可用。因此可以改变自定义变量的值来控制该菜单交互是否被激活。在"导入新授"、"课堂训练"和"拓展训练"这 3 个交互分支中，"激活条件"文本框中分别输入"menu_2=0"，"menu_3=0"和"menu_4=0"。

（10）单击"复习巩固"群组图标，按 Ctrl+=为该群组图标附加一个计算图标，弹出计算图标编辑窗口，如图 7-69 所示，输入如下代码。

图 7-68　"新建变量"对话框

```
menu_1:=1
menu_2:=0
menu_3:=0
menu_4:=0
```

图 7-69 "复习巩固"群组图标附加的计算图标

专家点拨： 图标工具栏上有独立的计算图标，在计算图标中输入 Authorware 脚本语言，可增强 Authorware 的功能。计算图标也可以附加在其他设计图标上，作用与独立的计算图标一样。程序执行到某个设计图标时，其附加的计算图标也能被执行。附加了计算图标的设计图标左上角显示一个小字号的"="号，双击"="号可打开计算图标编辑窗口。

（11）与创建"复习巩固"交互分支方法相同，在"教学过程"交互结构中分别创建"导入新授"、"课堂训练"和"拓展训练"3 个交互分支。各个交互分支下群组图标上附加的计算图标内代码如下。

"导入新授"群组图标：

```
menu_1:=0
menu_2:=1
menu_3:=0
menu_4:=0
```

"课堂训练"群组图标：

```
menu_1:=0
menu_2:=0
menu_3:=1
menu_4:=0
```

"拓展训练"群组图标：

```
menu_1:=0
menu_2:=0
menu_3:=0
menu_4:=1
```

（12）拖放两个群组图标到"教学过程"交互图标右侧建立"下拉菜单"交互分支。将群组图标分别重命名为"–"和"结束课程(&X)"。"–"交互分支在"教学过程"菜单组中创建一个菜单项分隔条。按 Ctrl+=为"结束课程(&X)"群组图标附加一个计算图标，在弹出的"结束课程(&X)"计算图标编辑窗口中输入"Quit(0)"。

（13）创建"其他功能"交互结构，制作第 2 个菜单组。该交互结构下有两个交互分支，分别是"帮助"和"音量调节"。

专家点拨：读者可根据需要对"其他功能"交互结构中的交互分支进行增删，使程序更加完善和专业。

（14）运行程序进行测试。当选择了"教学过程"|"复习巩固"菜单命名将会进入"复习巩固"教学部分，这时可以看到"复习巩固"菜单命令已经变为不可用状态，当选择了另外几个教学部分，"复习巩固"菜单命名又变为可用。这种效果是由附加在该项交互分支下设计图标上的计算图标实现的，起到了一种提示作用。

7.7　条件交互响应

条件交互是一种根据用户为该交互设置的条件进行自动匹配的交互类型。条件交互随时检测设置的条件是否成立。条件成立（TRUE），则执行该条件交互分支下设计图标内的流程；条件不成立（FALSE），则不执行该条件交互分支。例如用系统变量 MouseDown 检测用户是否进行了鼠标的单击或拖动操作，或是判断用户取得的成绩是否已经大于 60 分，进而对用户取得的成绩作出阶段性评价（如及格或不及格等），这些都可以通过条件交互来实现。

7.7.1　条件交互属性

拖放一个群组图标到交互图标右侧，在弹出的"交互类型"对话框中单击"条件"单选按钮，建立一个条件交互分支，如图 7-70 所示。

单击交互结构中条件交互标志┝，调出条件交互属性面板，选择"条件"选项卡，如图 7-71 所示。

下面对条件交互属性面板的各个选项进行介绍。

"条件"文本框：这里可以输入变量或表达式，如果变量或表达式的值为 TRUE，则 Authorware 匹配该条件交互响应。该文本框中输入的表达式即是条件交互分支下设计图标的图标名。文本框中不一定要输入逻辑型变量或条件表达式，可以

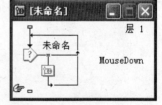

图 7-70　条件交互结构

输入数字、字符串等其他任何内容，Authorware 会根据以下规则将输入内容自动识别为 TRUE 或 FALSE。

- 数值 0 等价于 FALSE，其他非 0 数值等价于 TRUE。
- 字符串"TRUE"、"T"、"YES"和"ON"等价于 TRUE，其他任何字符串等价于 FALSE。

"自动"下拉列表框：一般情况下 Authorware 在执行交互结构中各分支时，只有当执行到条件交互分支时才对其条件进行检测。而"自动"下拉列表框可决定该条件是否可被

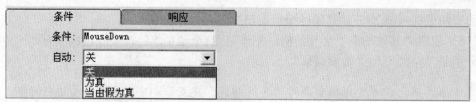

图 7-71 "条件"交互属性面板的"条件"选项卡

检测。"自动"下拉列表框中包括以下 3 个选项。

- "关"选项：按照常规的检测方式，当 Authorware 在交互结构中遇到一个条件交互分支并且指定的条件为 TRUE 时才匹配该条件交互。一般可将其放在交互结构的第 1 个分支，这样在每次进入该交互结构时该条件交互分支都会得到检测。如果将该条件交互分支放在交互结构的后面，那么只有将它前面各交互分支的属性面板中"响应"选项卡里面的"分支"列表框设置成"继续"选项，该条件交互响应才有可能被匹配。
- "为真"选项：该选项将使 Authorware 执行交互结构时，不断检测条件是否为 TRUE。当条件为 TRUE 时，则该条件交互分支将被重复匹配。如果想让 Authorware 匹配另外的交互或退出该交互结构，只有使该条件变为 FLASE。
- "当由假为真"选项：在 Authorware 执行交互图标过程中，当条件由 FALSE 转变为 TRUE 时，将匹配该条件交互分支。

7.7.2 条件交互实例——白板功能

教师在讲解文章过程中，对于重点词句与重点段落做一些醒目的标记，引起学生的注意，这是课堂教学中经常发生的。在多媒体课件出示文章时，可以使用一支电子笔，在讲解过程中随时对重要内容进行标注。本节将使用 Authorware 的条件交互来制作一支随意涂画的电子笔，实现简单的白板功能。程序流程图如图 7-72 所示，执行效果如图 7-73 所示。

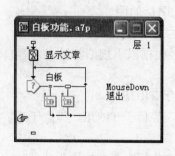

图 7-72 "白板功能"流程图

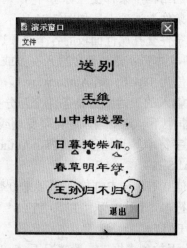

图 7-73 "白板功能"课件执行效果

本实例的设计思路是，建立一个条件交互，判断用户是否按下了鼠标左键。如果条件成立，则利用绘图函数进行绘图，绘制的图形在退出交互时擦除。

制作步骤

（1）新建一个文件，选择"文件"|"保存"菜单命令将新建的文档进行保存。

（2）拖放一个"显示"图标到流程线上，重命名为"显示古诗"。双击打开"显示古诗"设计窗口，使用工具箱上的文本工具输入诗句内容，并设置文字的字体和大小，选择"文本"|"风格"|"上标"菜单命令，将文字设成上标可增大文字间的距离，最后设置结果如图 7-74 所示。

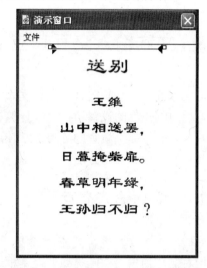

为防止该文本被鼠标拖动，需要将其设为不可移动。选中"显示古诗""显示"图标，按 Ctrl+= 键为它附加一个计算图标，在弹出的计算图标编辑窗口输入代码 Movable:=FALSE。

以下操作步骤（3）～（9）建立"白板"交互结构。

（3）拖放一个交互图标到流程线上，将其重命名为"白板"。

图 7-74　"显示古诗""显示"图标设计窗口

（4）拖放一个群组图标到"白板"交互图标右侧，弹出"交互类型"对话框，选中"条件"单选按钮，建立一个条件交互分支。单击条件交互分支上的交互标志，调出交互属性面板，选择"条件"选项卡，在"条件"文本框中输入"MouseDown"，选择"自动"下拉列表框中的"为真"选项，如图 7-75 所示。

图 7-75　条件交互属性面板的"条件"选项卡

（5）选择"响应"选项卡，选择"擦除"下拉列表框中的"在退出时"选项。

（6）为 MouseDown 群组图标附加一个计算图标，该计算图标的作用是画任意线段，其内部代码为：

```
SetFrame(TRUE, RGB(255,0,0))  --设置线条颜色
Line(2,CursorX,CursorY,CursorX,CursorY)  --根据鼠标位置画线
```

（7）拖放一个群组图标到 MouseDown 交互分支右侧，群组图标重命名为"退出"。将新建立的交互分支类型更改为按钮交互。

（8）单击按钮交互分支上的交互标志，调出按钮交互属性面板，选择"响应"选项卡，选中"范围:永久"复选框。

（9）为"退出"群组图标附加一个计算图标，在弹出的计算图标编辑窗口输入 Quit(0)。

（10）运行程序进行测试，使用鼠标在需要加上标注的地方进行涂画，会发现鼠标拖放的地方出现了红色的涂抹线条。

📱专家点拨：上面只是实现了一个简单的随意画线条的功能，可以使用各种图形函数增强这个实例的功能，完善这个白板程序。

7.8 文本输入交互响应

文本输入交互响应是一类以文本为媒介的交互类型，这种交互类型只在用户输入的文本与程序制作者的设置相符时，计算机才会执行相应分支路径中的程序。在制作多媒体课件时，为学生提供填空题练习经常使用到文本输入交互。下面通过实例来具体讲解文本输入交互的属性和应用方法。

7.8.1 文本输入交互属性

拖放一个交互图标到流程线上，重命名为"填空练习题"。拖放一个群组图标到交互图标右侧，弹出"交互类型"对话框，选中"文本输入"单选按钮建立一个文本输入交互分支。将群组图标的名称更改为"123456"，交互结构如图 7-76 所示。

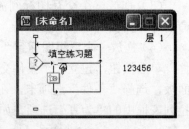

图 7-76　文本交互

这时运行程序，演示窗口中会出现一个黑色小三角，并且旁边有一个光标在闪动，其实这里显示的就是文本输入框。分支群组图标名称"123456"是希望用户输入的文本，以达到匹配交互的目的。也就是说，如果用户输入"123456"，那么就匹配交互，执行这个交互分支。一般情况下，文本输入交互分支下的功能图标名称就是希望用户输入的匹配文本。如果想定义更复杂的匹配文本规则，就需要在文本交互属性面板中进行。

1. 文本交互属性面板

双击文本输入交互分支上的交互标志 →¦←，调出文本输入交互属性面板，选择"文本输入"选项卡，如图 7-77 所示。

图 7-77　文本输入交互属性面板的"文本输入"选项卡

下面对文本输入交互属性面板的各个选项进行介绍。

"模式"文本框：该文本框内输入的文本将是希望用户输入的单词或句子，以达到匹配交互的目的。输入文本有以下一些规则。

- 可以输入指定的文本（两边需加上英文状态下的引号）或变量。
- 这里所指的单词是以空格来分隔的，包括中文或者英文。
- 同时指定多个匹配文本，中间用"|"分隔。最多可分隔 400 个文本内容。例如输入"red|yellow|blue"，那么用户输入"red"、"yellow"或"blue"中任何一个单词，该文本交互都会得到匹配。
- 有时候希望用户在第几次正确输入文本来匹配该交互，则可在指定的文本前加上一个尝试次数的标志，用#加上数字来标示。例如，希望用户在第 3 次输入"book"达到匹配文本交互的目的，那么在"模式"文本框中可输入""#3book""。如果有多项匹配文本，而且在尝试几次后可以输入其他文本也能达到匹配交互的目的，那么同样可以用#来标记尝试次数，并且用"|"分隔多项尝试文本。例如输入""chinese book|#3book""，那么输入"chinese book"则肯定匹配交互，当用户在第 3 次尝试输入时，如果输入了"book"，则交互也能得到匹配，但第 1 次和第 2 次输入"book"则不能得到匹配。
- 可在输入文本框的最后输入"--"加文本来添加注释，"--"后面部分的文本将被忽略。
- 该文本框支持使用通配符。输入字符"*"表示一个完整的单词或一个单词的某一缺少部分。输入字符"？"则表示单个字符。如果要将"*"或"?"也作为匹配文本的一部分，只要在它们前面加上"\"即可。单独输入一个"*"可匹配任意多的文本，单独输入一个"?"可匹配任意单个字符。

"最低匹配"文本框：该文本框输入一个数字，这个数字表示用户最少正确输入多少个单词就可以匹配交互。这个数字是相对于"模式"文本框中总的单词数而言的。例如"模式"文本框中文本内容为""我　是　中国人""，而"最低匹配"文本框中输入"2"，则只要输入"我　是"或者"是　中国人"或者"我　中国人"就能匹配该项交互。如果"模式"文本框中包含多个用"|"分隔开的文本部分，那么这个"最低匹配"文本框中的单词数是对于每一个分隔部分来讲的，例如"最低匹配"文本框中内容为""红　黄　蓝"|"白　黑　绿""，"最低匹配"文本框中数字为 2，则输入"红　黄"可以匹配交互，而输入"红　白"则不能得到匹配。

"增强匹配"复选框：选中该复选框的作用是，当"模式"文本框中单词数量多于 1 个，则用户分几次输入也能得到匹配。例如"模式"文本框的内容为"Authorware Fans"，那么用户第 1 次输入"Authorware"，该项交互未得到匹配，然后第 2 次输入"Fans"则交互仍可得到匹配。

"忽略"复选框组：设置用户输入文本时可忽略的一些选项。

- "大小写"复选框：选中该复选框，则忽略用户输入英文字母的大小写，对中文无效。
- "空格"复选框：选中该复选框，忽略用户输入的所有空格。
- "附加单词"复选框：选中该复选框，忽略用户输入的多余单词。
- "附加符号"复选框：选中该复选框，忽略用户输入的多余标点符号。例如"模式"中指定的内容为"hello,world"，而用户输入了"hello,world!"，则多出来的感叹号将被忽略，交互仍能匹配。

- "单词顺序"复选框：选中该复选框，忽略用户输入单词的顺序，只要包含"模式"中指定的每一个单词，交互就能匹配而不管单词在句子中的位置。

2. 文字输入区域

创建文本交互后，演示窗口中会出现一个文字输入区域，由一个小三角标志提示。有时候需要对输入的文字进行格式化，那么需要对这个文本输入区域的属性进行设置。单击图 7-76 中的交互图标，调出交互图标属性面板，单击面板左下角的"文本区域"按钮，弹出"属性：交互作用文本字段"对话框，如图 7-78 所示。

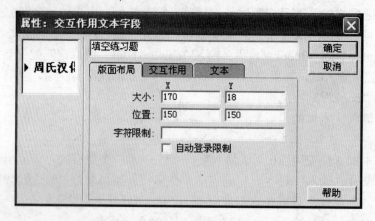

图 7-78 "属性：交互作用文本字段"对话框

"版面布局"选项卡：如图 7-78 所示，用于设置文本输入框的大小、位置等属性。具体属性设置介绍如下。

- "大小"文本框：通过数值精确控制文本输入区域的大小。其中 X 表示宽度，Y 表示高度。双击交互图标打开设计窗口，通过鼠标拖动文本输入区域周围的控制点也可更改文本输入区域的大小，如图 7-79 所示。

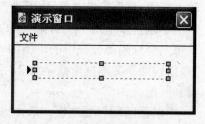

图 7-79 交互图标设计窗口中的文本输入区域

- "位置"文本框：通过数值精确控制文本输入区域的位置。其中 X，Y 表示文本输入区域左上角在演示窗口中的坐标值。双击交互图标打开交互图标设计窗口，通过鼠标拖动也可更改文本输入区域的位置。

- "字符限制"文本框：设置用户在文本输入区域能输入的最大字符数。Authorware 将忽略用户输入的多余字符。同时文本输入区域也限制用户能够输入的最大字符数。如果"字符限制"文本框为空，则用户可不断输入直到文本输入区域被输入内容填满。

- "自动登录限制"复选框：当用户输入的字符数达到"字符限制"文本框中设置的最大字符数，Authorware 将自动结束用户的输入并进行交互匹配，而无须按下回车键。

"交互作用"选项卡：如图 7-80 所示，具体属性设置介绍如下。

- "作用键"文本框：设置用户完成文本输入的功能键，各功能键名称如表 7-1 所示。设置多个功能键，中间用"|"分隔。

- "选项"复选框组包括 3 个复选框。选中"输入标记"复选框，文本输入区域前面出现小三角标志，用于提示用户输入。选中"忽略无内容的输入"复选框，如果用户未输入任何字符，则忽略用户按下"作用键"文本框中设定的功能键。选中"退出时擦除输入的内容"复选框，Authorware 将在退出交互时自动擦除用户输入内容，否则必须使用擦除图标将用户输入内容擦除。

"文本"选项卡：如图 7-81 所示，设置文本输入区域内输入文字的格式，这部分内容比较简单，这里不再赘述。

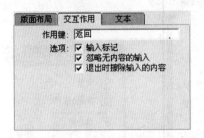

图 7-80　"交互作用"选项卡

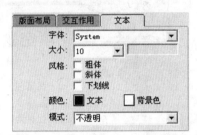

图 7-81　"文本"选项卡

7.8.2　文本输入交互实例——填空练习题

本实例是一个填空练习题课件。程序运行时，演示窗口中显示 3 个填空题，在横线上通过键盘输入答案。输入每题的答案后，按回车键进入下一题，题目全部完成后显示做题的结果。

通过本实例的制作，将学习在填空练习题课件中的文本输入交互的使用方法。本实例的程序流程图如图 7-82 所示，程序运行效果如图 7-83 所示。

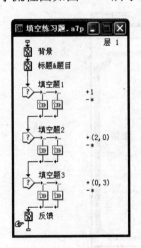

图 7-82　"填空练习题"流程图

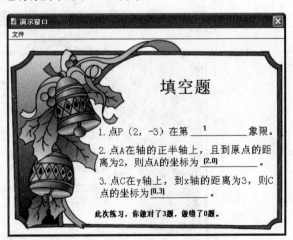

图 7-83　"填空练习题"课件运行效果

制作步骤

（1）新建一个 Authorware 文件，设置演示窗口大小为"根据变量"。在流程线上放置一个"显示"图标，命名为"背景"，将一个背景图片导入到演示窗口，调整好位置。

（2）在流程线上再放置一个"显示"图标，在其中输入题目、标题等，并分别设置文字的样式，如图 7-84 所示。

（3）在流程线上放置一个交互图标，将其命名为"填空题 1"。在其右侧放置两个群组图标，交互类型选择"文本交互"，得到如图 7-85 所示的交互结构。

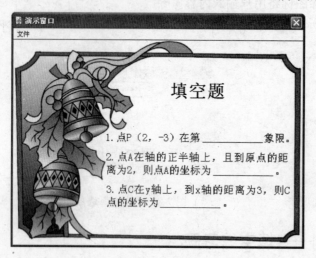

图 7-84　制作题目

图 7-85　创建交互结构

（4）运行程序，按住 Shift 键双击流程线上的"填空题 1"交互图标，此时会出现一个带有三角形标示的文本输入框。单击此文本输入框，文本框被有 8 个控制柄的虚线框包围。此时拖动文本框可以改变它的位置，拖动控制柄可以改变文本框的大小。调整它的大小和位置，如图 7-86 所示。

图 7-86　调整文本输入框的大小和位置

（5）下面设置第一个文本输入交互的文本框样式。双击演示窗口中的文本框，打开"属性：交互作用文本字段"对话框，如图 7-87 所示。

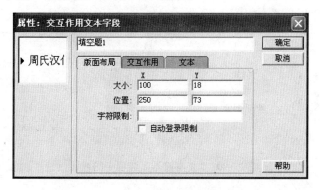

图 7-87　"属性：交互作用文本字段"对话框

打开"交互作用"选项卡，取消选中"输入标记"复选框，使文本输入框前的三角形箭头消失。取消选中"退出时擦除输入的内容"复选框，以使输入的内容能够保留在演示窗口中。同时，取消选中"忽略无内容的输入"复选框。该选项卡的设置如图 7-88 所示。

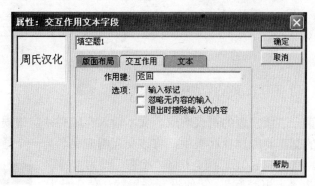

图 7-88　"交互作用"选项卡的设置

打开"文本"选项卡，该选项卡可对输入的文字样式进行设置。使用"模式"下拉列表框可设置文本框在演示窗口中的显示模式，这里选择"透明"选项，使文本框的背景透明。"文本"选项卡中的设置如图 7-89 所示。单击"确定"按钮关闭对话框。

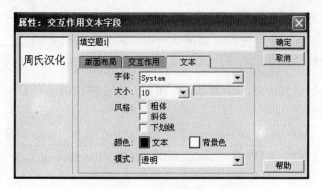

图 7-89　"文本"选项卡的设置

（6）下面设置第一个文本输入交互分支的属性。双击第一个交互分支的交互标志⁻ᵢ⁻打开相应的属性面板，在文本输入框中输入"1"作为交互的标题，在"文本输入"选项卡的"模式"文本框中输入"1"，如图7-90所示。

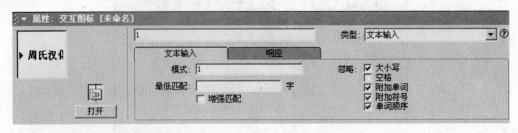

图7-90 "文本输入"选项卡的设置

接着，打开"响应"选项卡，将"擦除"设置为"不擦除"，"分支"设置为"退出交互"，"状态"设置为"正确响应"，如图7-91所示。

图7-91 "响应"选项卡中的设置

（7）下面创建第一道填空题的错误响应。文本输入响应必须对错误的文本输入做出反应，在第二个分支的交互响应属性面板中，将该交互响应命名为一个通配符"*"，表示匹配对象是所有文字。在"响应"选项卡中将"状态"设为"错误响应"，"分支"设为"退出交互"，其他设置采用默认值。此时的流程线结构图如图7-92所示。这样，当输入的是非正确答案时，将被标定为错误响应退出交互。

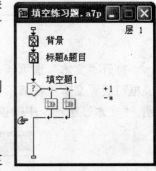

图7-92 流程线结构图

（8）按照上面介绍的步骤，为另外两个填空题在流程线上创建类似的交互程序结构。

🍥专家点拨：对于文本交互，在一个交互结构中无论创建多少个文本输入响应，演示窗口中均只能显示一个，因此要想创建多个文本输入框的话，只有创建多个交互结构。

（9）在流程线的最后放置一个"显示"图标，在该图标的演示窗口下方适当位置输入如图7-93所示的文字。

此次练习，你做对了{TotalCorrect}题，做错了{TotalWrong}题。

图7-93 输入反馈信息

专家点拨: TotalCorrect 和 TotalWrong 是两个系统变量, TotalCorrect 用来存放用户对文件中所有判断交互的正确响应的次数, TotalWrong 用来存放全部错误响应的次数。

至此, 程序设计完成。测试程序, 保存文件, 完成本课件实例的制作。

7.9 按键交互响应

按键交互可以认为是按钮交互的键盘形式, 即将按下按钮产生交互效果变为按下键盘上特定键而产生交互效果。

7.9.1 按键交互属性

下面先创建如图 7-94 所示的按键交互结构。拖放一个交互图标到流程线上, 重命名为"选择题", 拖放一个群组图标到"选择题"交互图标右侧, 弹出"交互类型"对话框, 单击"按键"单选按钮, 并单击"确定"按钮, 将按键交互分支下群组图标重命名为 a|A。程序运行时, 当用户在键盘上按下 a 键或者 A 键时, 计算机就进入交互分支结构的响应图标, 读取群组图标中的程序。

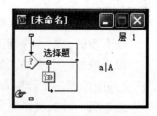

图 7-94 按键交互

单击图 7-94 交互结构中按键交互分支上的交互标志-ᕦ-, 调出交互属性面板, 选择"按键"选项卡, 如图 7-95 所示。

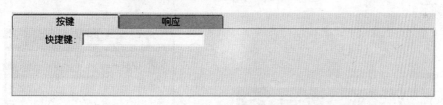

图 7-95 按键交互属性面板的"按键"选项卡

"快捷键"文本框: 输入一个或多个用于匹配按键交互的快捷键。如果要使用功能键可参考表 7-2 的内容。

专家点拨: 在"快捷键"文本框中输入键名时, 需要用英文输入法状态下的双引号括起来, 例如可输入"a", "a|A", "F10", "CtrlA", "Return"等。

7.9.2 按键交互实例——选择题课件

下面通过制作一个选择题课件来讲解按键交互的实际应用。选择题程序流程图如图 7-96 所示, 执行效果如图 7-97 所示。

设计思路

本例中, 由交互图标显示选择题题目内容, 通过按键盘上的 A、B、C、D 键来选择答案，如果回答正确，则演示窗口底部出现"你选择了答案 C，答对了，祝贺你！"；做错了则出现"你选择了答案 A，请你再想一想"等提示，该提示通过自定义变量 result 控制显示。做对一题得 10 分，做错则扣 5 分，最后使用"显示"图标将总得分显示出来。

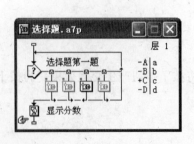

图 7-96 "选择题"流程图

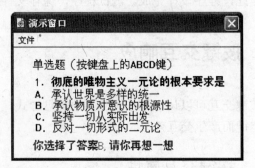

图 7-97 "选择题"课件执行效果

制作步骤

（1）新建一个文件，选择"文件"|"保存"菜单命令将新建的文档进行保存。

以下步骤（2）～（8）建立"选择题第 1 题"交互结构。

（2）拖放一个交互图标到流程线上，重命名为"选择题第 1 题"。双击"选择题第 1 题"交互图标弹出设计窗口，通过绘图工具栏上的文字工具输入如图 7-98 所示的文本内容，其中最下面一排的文本对象为自定义变量{result}。关闭设计窗口，弹出"新建变量"对话框，在"初始值"文本框中输入英文输入法状态下的双引号为自定义变量赋初始值，如图 7-99 所示。

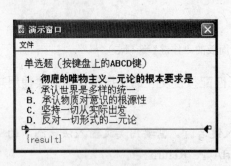

图 7-98 在"演示窗口"输入文本

图 7-99 "新建变量"对话框

（3）单击"选择题第 1 题"交互图标，在窗口底部调出交互图标属性面板，选择"显示"选项卡，选中"选项"复选框组中的"更新显示变量"复选框，如图 7-100 所示。

（4）拖放一个群组图标到"选择题第 1 题"交互图标右侧，弹出"交互类型"对话框，选中"按键"单选按钮建立一个按键交互分支。重命名该群组图标为 A|a，默认情况下，按键分支图标的名称就是需要用户按下的键，这里设置用户按下字母键 a（或者大写 A）来匹配这个分支。

图 7-100　交互图标属性面板的"显示"选项卡

（5）单击 A|a 交互分支上的交互标志--,调出交互属性面板,选择"响应"选项卡,这里将设置一个分值,选择该答案将被扣掉 5 分。因此选择"状态"右侧的下拉列表框为"错误响应"选项,"计分"文本框中输入"-5"。这时,该分支下群组图标名称上出现一个减号,如图 7-101 所示。

图 7-101　A|a 交互分支流程及属性

专家点拨:对于一个按键交互分支,如果需要同时对不同的按键进行响应,如 A 和 a,那么只要将分支下图标名改为 A|a 即可。按键响应是区分大小写的。输入"?"可匹配用户的所有按键。

（6）使用同样方法制作其他 3 个交互分支,其中 C|c 交互分支的交互属性中,在"分支"下拉列表框中选择"退出交互"选项,在"状态"下拉列表框中选择"正确响应"选项,在"计分"文本框中输入"10",如图 7-102 所示。

图 7-102　C|c 交互分支属性面板的"响应"选项卡

（7）拖放一个等待图标到 C|c 群组图标内,设置等待时间为 2 秒。

（8）按 Ctrl+=为每个交互分支下的群组图标附加一个计算图标,其作用是为自定义变量 result 赋不同的值,C|c 群组图标上计算图标内的代码如下。

```
result:="你选择了答案 C,答对了,祝贺你!"
```

另外 3 个答案是错误的,群组图标上附加的计算图标内的代码分别如下。

A|a 群组图标:

```
result:="你选择了答案 A,请你再想一想"
```

B|b 群组图标:

```
result:="你选择了答案 B,请你再想一想"
```

D|d 群组图标：

```
result:="你选择了答案 D,请你再想一想"
```

（9）拖放一个"显示"图标到流程线的结尾，重命名为"显示分数"。双击进入设计窗口，使用绘图工具箱中的文字工具输入如图 7-103 所示的文本，其中系统变量{TotalScore}存放总得分。

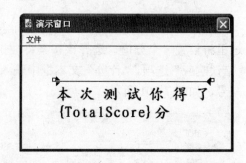

专家指点：TotalScore 是系统变量，用来存储用户响应的所有分数之和。

7.10　重试限制交互响应

图 7-103　"显示分数""显示"图标设计内容

重试限制交互响应用于限制用户尝试某一个交互分支的次数，通常与其他交互类型一起使用，作为其他交互类型的辅助响应类型。一般在制作多媒体课件时，可以使用其他交互类型配合重试限制交互制作限次尝试类练习题、限次密码输入等。

7.10.1　重试限制交互属性

创建如图 7-104 所示的重试限制响应交互结构，单击重试限制交互分支上的交互标志 ，调出交互属性面板，选择"重试限制"选项卡，如图 7-105 所示。

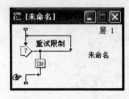

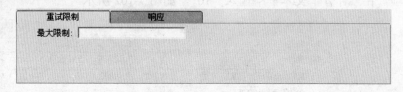

图 7-104　重试限制交互　　　　图 7-105　重试限制交互属性面板的"重试限制"选项卡

"最大限制"文本框：用户能重试的最多次数，可在该文本框中输入一个数值或包含数值的变量。

7.10.2　重试限制交互实例——限次身份认证

下面通过一个限次身份认证实例来看看重试限制交互的具体应用。程序流程如图 7-106 所示，执行效果如图 7-107 所示。

设计思路

"限次身份认证"程序首先提示用户输入密码，然后对输入的密码进行判断，如果输入正确，则退出登录界面进入"欢迎画面"。如果输入错误可重试 3 次，仍然错误，则提示不能进入课件系统，退出程序。

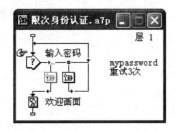

图 7-106 "限次身份认证"流程图

图 7-107 "限次身份认证"课件执行效果

制作步骤

（1）新建一个文件，选择"文件"|"保存"菜单命令将新建的文档进行保存。

（2）选择"修改"|"文件"|"属性"菜单命令，调出"属性：文件"面板，选择"回放"选项卡，设置"颜色"属性中的"背景色"为浅蓝色，从"大小"下拉列表框中选择"根据变量"选项，如图 7-108 所示。

图 7-108 "文件属性"面板的"回放"选项卡

以下步骤（3）～（11）建立"输入密码"交互结构。

（3）拖放一个交互图标到流程线上，重命名为"输入密码"。双击"输入密码"交互图标打开设计窗口，使用绘图工具箱上的文本工具输入如图 7-109 所示的文本内容。其中系统变量 Tries 用于记录用户尝试的次数，{3-Tries}用于提示用户剩下的重试次数。

（4）单击"输入密码"交互图标调出交互图标属性面板，选择"显示"选项卡，选中"更新显示变量"复选框，如图 7-110 所示。

图 7-109 "输入密码"交互图标设计窗口

图 7-110 "输入密码"交互图标属性面板的"显示"选项卡

（5）拖放一个群组图标到"输入密码"交互图标右侧，弹出"交互类型"对话框，选中"文本输入"单选按钮，单击"确定"按钮建立一个文本交互分支。将文本交互分支下的群组图标重命名为 mypassword。该图标名将作为本次登录的密码。

（6）单击 mypassword 交互分支上的文本输入交互标志 ，调出文本交互属性面板，选择"响应"选项卡，选择"分支"下拉列表框中的"退出交互"选项，如图 7-111 所示。

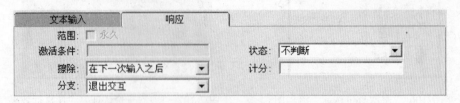

图 7-111　mypassword 交互分支属性面板的"响应"选项卡

（7）拖放一个群组图标到"输入密码"交互结构的最右侧，Authorware 自动将交互类型设置为文本输入交互，将交互分支下群组图标名称重命名为"重试 3 次"。单击交互标志调出交互属性面板，通过"类型"下拉列表框将交互类型更改为重试限制交互类型。选择"重试限制"选项卡，在"最大限制"文本框中输入 3，如图 7-112 所示。单击"响应"选项卡，选择"分支"下拉列表框中的"重试"选项。

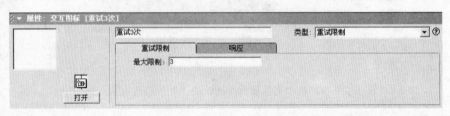

图 7-112　"重试 3 次"交互分支属性面板

（8）双击"重试 3 次"群组图标，按照图 7-113 所示建立"重试 3 次"群组图标内部流程。

（9）"错误提示""显示"图标仅显示退出前的错误提示，双击打开设计图标，使用绘图工具箱上的圆角矩形工具绘制一个背景，再用文本工具输入提示文字，如图 7-114 所示。

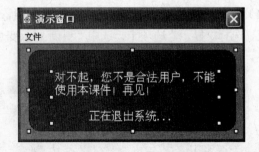

图 7-113　"重试 3 次"群组图标内部流程　　图 7-114　"错误提示""显示"图标设计窗口

（10）拖放一个等待图标到"错误提示""显示"图标之后，重命名为 5，单击 5 等待图标调出等待图标属性面板，选中"事件"复选框组中的"单击鼠标"复选框和"按任意键"复选框，在"时限"文本框中输入 IconTitle 系统变量，取消选中"显示按钮"复选框，如图 7-115 所示。

专家指点：将等待图标的名称命名为一个数值，并且其属性面板中"时限"文本框输入内容为系统变量 IconTitle，IconTitle 系统变量存储的值为当前等待图标的图标名称。这样图标名即为等待时间，如果要更改等待时间，直接更改等待图标名称即可，不需要进入等待属性面板进行更改。

（11）quit 计算图标中代码为 Quit(0)，运行到此将退出程序。

（12）当用户输入了正确的密码，程序将退出交互结构而进入欢迎画面。"欢迎画面""显示"图标按照图 7-116 所示进行设计即可。

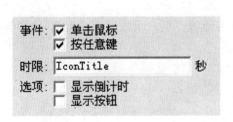

图 7-115　5 等待图标属性面板

图 7-116　"欢迎画面""显示"图标设计窗口

（13）运行程序，尝试输入 3 次错误密码，在第 3 次错误密码输入之后程序会提示不能通过认证，等待 5 秒后退出。再次运行程序，输入正确密码，即可进入欢迎画面。

7.11　时间限制交互响应

时间限制交互是让 Authorware 经过一定的时间自动执行指定的交互分支的一种交互类型，通常与其他交互类型一起使用，作为其他交互类型的辅助响应类型。一般在制作多媒体课件时，利用时间限制交互响应与其他交互类型配合制作诸如限时抢答、计时游戏等。

7.11.1　时间限制交互属性

创建如图 7-117 所示的时间限制响应交互结构，单击时间限制交互分支上的交互标志，调出交互属性面板，选择"时间限制"选项卡，如图 7-118 所示。

"时限"文本框：此文本框用来输入以秒为单位的限制时间。

"中断"下拉列表框：在执行时间限制交互过程中，用户跳转到其他交互分支时将中断时间限制交互。通过该下拉列表框设置如何中断及返回时间限制交互时的计时方法。共有 4 个选择，如下所述。

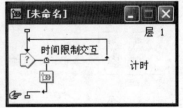

图 7-117　时间限制交互

● 继续计时：当 Authorware 执行一个永久性交互时继续计时。
● 暂停，在返回时恢复计时：在 Authorware 执行一个永久性交互分支期间暂停计时，返回时恢复计时。

- 暂停，在返回时重新开始计时：在 Authorware 执行一个永久性交互分支期间暂停计时，返回时重新开始计时，即使跳转前时间限制交互设置的时限已经超过。
- 暂停，如运行时重新开始计时：同"暂停，在返回时重新开始计时"选项作用相同，只是要求在跳转到另一个永久性交互前必须未超过时间限制交互设置的时限。

"选择"复选框组：包括两个复选框，介绍如下。

- "显示剩余时间"复选框：选中此复选框，显示一个倒计时钟，提示用户剩余时间。每一个时间限制交互使用一个单独的倒计时钟。如在"时限"文本框中未输入表示时间的数值或变量，则该复选框不可用。
- "每次输入重新计时"复选框：选中该复选框，用户每次匹配交互时，时间限制交互就会重新计时。

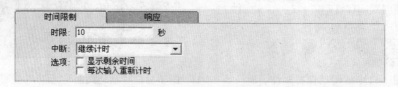

图 7-118　时间限制交互属性面板"时间限制"选项卡

7.11.2　时间限制交互实例——太空射击游戏

本节将利用时间限制交互与其他类型交互配合制作一个太空射击游戏。程序流程图如图 7-119 所示，程序执行效果如图 7-120 所示。

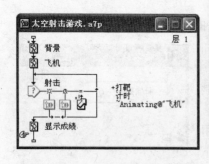

图 7-119　"太空射击游戏"流程图

图 7-120　"太空射击游戏"课件执行效果

制作步骤

（1）新建一个文件，选择"文件"|"保存"菜单命令将新建的文档进行保存。

（2）拖放一个"显示"图标到流程线，重命名为"背景"。双击打开设计窗口，导入一张已经准备好的星空图，关闭设计窗口。按 Ctrl+=键为"背景""显示"图标附加一个计算图标，在计算图标窗口中输入"Movable:=0"，这样可防止背景图在测试运行时因鼠标误操作而被拖动。

（3）拖放一个"显示"图标到"背景""显示"图标后面的流程线上，重命名为"飞机"。双击打开设计窗口，导入一张已经准备好的飞机图片，设置其显示模式为透明。

以下步骤（4）～（12）建立"射击"交互结构。"射击"交互结构将完成"飞机的随机移动"，"单击飞机进行射击"，"计时"这 3 个功能。

（4）拖放一个交互图标到流程线上，重命名为"射击"。

（5）拖放一个群组图标到"射击"交互图标右侧，弹出"交互类型"对话框，选中"热对象"单选按钮，单击"确定"按钮建立一个热对象交互分支。将热对象交互分支下群组图标重命名为"打靶"。

（6）双击交互结构前面流程线上的"飞机""显示"图标打开设计窗口，然后单击"打靶"交互分支上的热对象交互标志-*-，调出热对象交互属性面板，再单击设计窗口中的飞机图片，将"飞机""显示"图标内的显示内容作为热对象。选择热对象交互属性面板"热对象"选项卡，在"匹配"下拉列表框中选择"单击"选项，选中"匹配时加亮"复选框，并将鼠标指针形状改为十字型，如图 7-121 所示。选择"响应"选项卡，在"状态"下拉列表框中选择"正确响应"选项，然后在"计分"文本框中输入 1，即击中一次得 1 分，如图 7-122 所示。

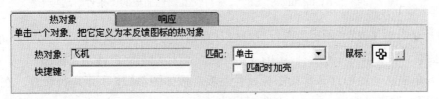

图 7-121　"打靶"热对象交互属性面板的"热对象"选项卡

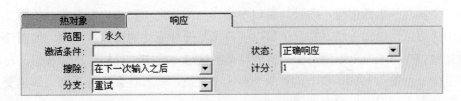

图 7-122　"打靶"热对象交互属性面板的"响应"选项卡

（7）拖放一个群组图标到"射击"交互结构中"打靶"交互分支右侧，自动创建热对象交互分支，将热对象交互分支下群组图标重命名为"计时"。单击热对象交互标志打开交互属性面板，通过"类型"下拉列表框将交互类型更改为时间限制交互类型。

（8）在时间限制交互属性面板中选择"时间限制"选项卡，在"时限"文本框中输入10，其他选项默认不变，如图 7-123 所示。选择"响应"选项卡，将"状态"下拉列表框中的选项改为"不判断"。

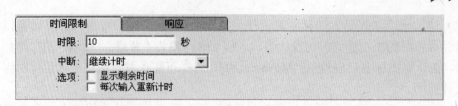

图 7-123 "计时"时间限制交互属性面板的"时间限制"选项卡

（9）拖放一个移动图标到"射击"交互图标右侧，建立一个交互分支，单击交互标志打开交互属性面板，将其修改为条件交互类型。选择"条件"选项卡，在"条件"文本框中输入"~Animating@"飞机""，在"自动"下拉列表框中选择"为真"选项，如图 7-124所示。选择"响应"选项卡，在"分支"下拉列表框中选择"继续"选项。

专家指点：Animating 是系统变量，用于同步动画与其他事件。该变量的值是一个逻辑值，当一个移动图标正在移动某一个名称为 IconTitle 的图标时，则 Animatig@"IconTitle"为 true。

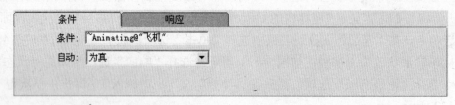

图 7-124 "~Animating@"飞机""条件交互属性面板的"条件"选项卡

（10）双击"飞机""显示"图标打开设计窗口，单击流程线上的"~Animating@"飞机""移动图标，然后单击设计窗口中的飞机图片，该移动图标将移动飞机图片。

（11）单击移动图标打开移动图标属性面板，按如图 7-125 所示进行设置。在"定时"下拉列表框中选择"速率（sec/in）"选项，在下面文本框中输入 0.5。在"执行方式"下拉列表框中选择"同时"选项。在"类型"下拉列表框中选择"指向固定区域内的某点"选项，选中"基点"单选按钮，在设计窗口中将飞机图片拖动到窗口左上角，如图 7-126 所示。选中"终点"单选按钮，在设计窗口中将飞机图片拖动到窗口右下角，如图 7-127 所示。设计窗口中出现一个矩形，即飞机能移动的区域。选中"目标"单选按钮，在右侧两个文本框中分别输入 randx 和 randy 两个自定义变量，输入时会弹出两个"新建变量"对话框，直接单击"确定"按钮关闭即可。

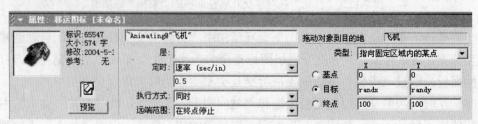

图 7-125 "~Animating@"飞机""移动图标属性面板

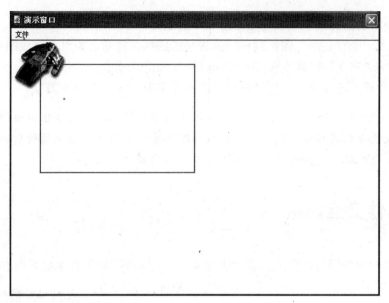

图 7-126　飞机图片移动的起始点

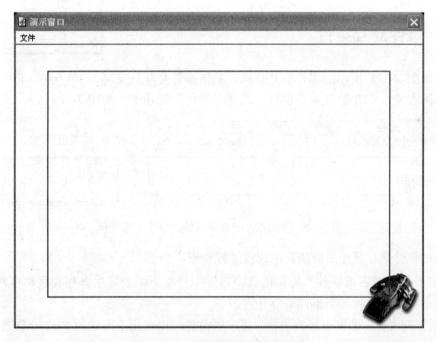

图 7-127　飞机图片移动的结束点

（12）按 Ctrl+=为移动图标附加一个计算图标，代码为：

```
randx:=Random(0,100,1)
randy:=Random(0,100,1)
```

系统函数 Random(min, max, units)产生一个介于 min 与 max 之间的随机数。这里将产生的两个介于 0～100 之间的随机整数赋值给自定义变量 randx 与 randy，而这两个自定义变量的值正是移动图标移动飞机在指定区域中的坐标。

（13）拖放一个"显示"图标到程序流程线的底部，重命名为"显示成绩"。双击打开设计窗口，输入"本次共击落敌机{TotalScore}架"，颜色为黄色，字体为隶书，大小为 32 磅。

（14）运行程序进行测试，用鼠标跟踪飞机并单击，最后将显示得分。

专家指点：读者如果有兴趣，可以尝试在这个程序的基础上增强游戏的功能和趣味性。如通过改变飞机的移动速度来设置游戏的难易度；用声音图标来模仿射击的声音，击中飞机后发出飞机爆炸的声音或显示飞机爆炸的画面等。

7.12　事件交互响应

事件交互响应是指对流程中的事件进行响应，而这些控制事件主要是由 Xtra 对象（比如 ActiveX 控件）所产生和发送出来的。Xtra 程序是对 Authorware 功能的扩展，很多功能强大的 Xtra 程序都是由专业的第三方厂商开发的。

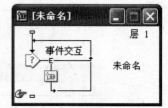

图 7-128　事件交互

7.12.1　事件交互属性

创建如图 7-128 所示的事件交互结构，单击事件交互分支上的交互标志，调出交互属性面板，选择"事件"选项卡，如图 7-129 所示。

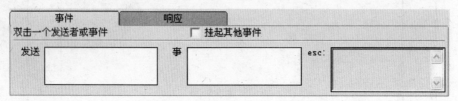

图 7-129　事件交互属性面板的"事件"选项卡

下面对事件交互属性面板的各个选项进行介绍。

"双击一个发送者或事件"提示信息：告诉用户在下面的发生器列表框和事件列表框中通过双击发生器或者一个事件来打开它。

"发送"列表框：即发生器列表框。显示当前程序中可用于发送的 Xtra 对象图标名称。在该列表框中双击一个 Xtra 对象图标，图标名称前显示一个×标记。

"事"列表框：即事件列表框。选择"发送"列表框中某个 Xtra 对象图标之后，"事"列表框中将列出所选择 Xtra 对象所能使用的事件名称。在该列表框中双击一个可用事件，事件名称前显示一个×标记，表示该事件为当前选中的发生器事件。

"esc"提示框：当打开一个事件后，该提示框中可以显示该事件的描述信息，一般为函数形式。

"挂起其他事件"复选框：选中该复选框，则在指定事件响应期间暂停其他事件的响应。

7.12.2　事件交互实例——ActiveX 控件导航课件

本实例选择的 ActiveX 控件是 Microsoft Forms Combobox（下拉列表框）控件。程序流程图如图 7-130 所示。程序运行时，在演示窗口中显示一个下拉列表框，单击选择列表框中的选项，可以显示相应的课目内容，执行效果如图 7-131 所示。

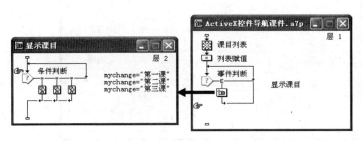

图 7-130　"ActiveX 控件导航课件"流程图

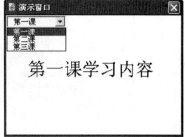

图 7-131　"ActiveX 控件导航课件"执行效果

制作步骤

（1）新建一个文件，选择"文件"|"保存"菜单命令将新建的文档进行保存。

（2）选择"插入"|"控件"|ActiveX 菜单命令，弹出 Select ActiveX Control 对话框，通过拖动垂直滚动条找到 Microsoft Forms 2.0 ComboBox 控件，如图 7-132 所示。

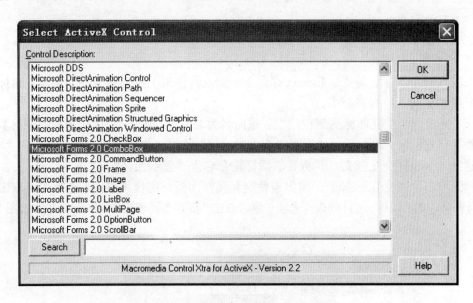

图 7-132　Select ActiveX Control 对话框

（3）单击 OK 按钮弹出 ActiveX Control Properties 对话框，其中 Events 选项卡显示当前控件可用的事件，如图 7-133 所示。

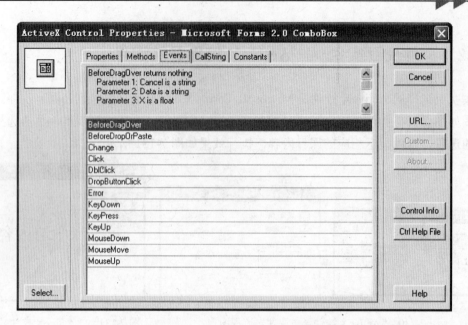

图 7-133　ActiveX Control Properties 对话框

（4）单击 OK 按钮关闭 ActiveX Control Properties 对话框，流程线上出现一个名为 "ActiveX…" 的 Sprite 设计图标，重命名为 "课目列表"。

（5）拖放一个计算图标到 "课目列表" 图标下面的流程线上，重命名为 "列表赋值"。 "列表赋值" 计算图标用于为下拉列表框赋初始选项，其内部代码如下。

```
listtext:="第一课 第二课 第三课"
repeat with i:=1 to 3
CallSprite(@"课目列表", #additem, GetWord(i, listtext))
end repeat
```

上段代码中，自定义变量 listtext 存储 3 个词，将作为下拉列表框中的选项，通过一个循环语句添加到下拉列表框中。

（6）拖放一个交互图标到流程线上，重命名为 "事件判断"。拖放一个群组图标到 "事件判断" 交互图标右侧，弹出 "交互类型" 对话框，选择 "事件" 单选按钮，单击 "确定" 按钮建立一个事件交互分支，并将导航图标重命名为 "显示课目"。

（7）单击事件交互标志 -ε-，调出事件交互属性面板，选择 "事件" 选项卡，双击 "发送" 列表框中的 "图标 课目列表" 选项，然后双击 "事件" 列表框中 Click 选项，如图 7-134 所示。

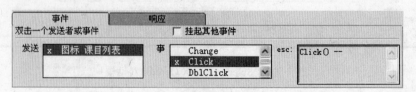

图 7-134　事件交互属性面板的 "事件" 选项卡

专家指点：经过以上的制作，用户单击列表框中的选项时，触发 Click 事件，就会进入到"显示课目"群组图标执行。接下来的任务就是要设计"显示课目"群组图标内的程序，通过条件判断用户单击选择了列表框中的某个选项，然后显示相应的课目内容。

（8）双击"显示课目"群组图标，在流程线上拖放一个交互图标，命名为"条件判断"。在该交互图标右侧拖放一个"显示"图标，在弹出的"交互类型"对话框中选择"条件"单选按钮，单击"确定"按钮建立一个事件交互分支。

（9）单击"条件判断"交互图标，按 Ctrl+=键为交互图标添加一个计算图标，其中的代码输入为：

```
mychange:=GetSpriteProperty(@"课目列表",#value)
```

这行代码的功能是，获得用户选择的列表框中的选项值，并赋值给变量 mychange。

（10）单击条件交互标志，调出第一个条件分支对应的属性面板，在"条件"文本框中输入"mychange="第一课""，在"自动"列表框中选择"为真"，如图 7-135 所示。这样设置后，当用户在列表框中选择了名称为"第一课"的选项，就执行这个条件分支。选择"响应"选项卡，在"擦除"下拉列表框中选择"不擦除"，在"分支"下拉列表框中选择"退出交互"选项，如图 7-136 所示。

图 7-135 第一个条件分支属性面板的"条件"选项卡设置

图 7-136 第一个条件分支属性面板的"响应"选项卡设置

（11）按照前面同样的方法，制作"条件判断"交互结构中的另外两个交互分支。交互条件分别是"mychange="第二课""和"mychange="第三课""，其他属性设置都和第一个交互分支一样。

（12）最后，在 3 个条件交互分支路径的"显示"图标中输入相应的课目内容。

本章习题

一、选择题

1. 在 Authorware 程序设计中使用交互图标实现与用户的交互活动，每个交互响应分支可以是（　　）。

  A. 一个组图标和一个"显示"图标　　B. 多个导航图标

  C. 多个图标　　　　　　　　　　　　D. 一个群组图标或一个框架图标

2. 使用 Authorware 开发应用程序，程序运行时用户单击菜单条上的某个菜单选项，则执行相应的交互响应，要实现上述功能需要使用（　　）。

  A. "显示"图标　　　　　　　　　　B. 移动图标

  C. 交互图标　　　　　　　　　　　　D. 分支图标

3. 使用 Authorware 开发应用程序，要实现检查用户口令，只允许用户输入 3 次密码，需要使用交互图标的（　　）交互方式？

  A. 限时交互　　　　　　　　　　　　B. 限次交互

  C. 菜单交互　　　　　　　　　　　　D. 目标区交互

4. 使用 Authorware 的交互图标建立由一个交互图标和下挂在它右下方的几个图标组成的交互结构，下挂在交互图标右下方的图标称为（　　）。

  A. 判定图标　　　　　　　　　　　　B. 计算图标

  C. 响应图标　　　　　　　　　　　　D. 等待图标

二、填空题

1. Authorware 中的交互功能是通过_____来实现的。交互图标和它右侧的_____构成了整个交互结构。

2. 交互图标右侧的下挂图标可以为_____、移动图标、擦除图标、_____、导航图标、_____和群组图标等。

3. "属性：交互作用图标"面板中有_____、_____、版面布局和 CMI 4 种选项卡。

4. 在显示类设计图标中输入包含变量的文本，只要将变量放在_____即可。

5. 文本输入响应、_____、重试限制响应和_____都不能设置成"永久"响应。

上机练习

练习 1　自定义课件导航按钮

参考本章 7.2.3 小节的实例制作一个自定义按钮的课件导航结构，效果如图 7-137 所示。

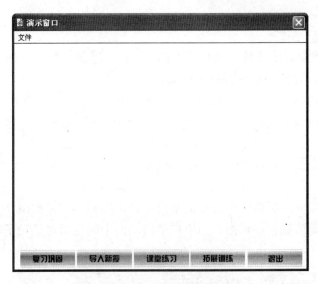

图 7-137　自定义课件导航按钮

要点提示

（1）本书配套光盘提供了这个课件实例的源文件（配套光盘\上机练习\ch7\自定义课件导航按钮.a7p），可作为参考进行上机练习。

（2）本实例的制作方法和本章 7.2.3 小节实例的制作方法类似，只是需要将课件导航结构中的按钮替换成自定义的按钮。

（3）自定义按钮的添加方法请参考本章 7.2 节的相关内容。

练习 2　用按钮控制课件背景音乐

利用按钮交互制作一个控制课件中背景音乐播放的课件实例，效果如图 7-138 所示。课件运行后，开始播放背景音乐，单击右小角的停止按钮，可以关闭音乐，这时按钮变成播放；单击播放按钮，则会重新播放音乐，按钮也变成停止。

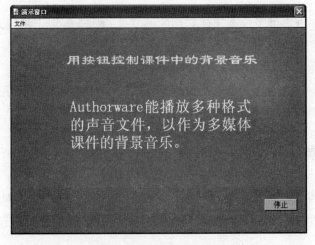

图 7-138　用按钮控制课件背景音乐

> **要点提示**

（1）本书配套光盘提供了这个课件实例的源文件（配套光盘\上机练习\ch7\用按钮控制课件背景音乐.a7p），可作为参考进行上机练习。

（2）本实例制作时，利用一个 music 变量实现背景音乐的开和关显示不同的按钮的效果。

（3）在设置按钮分支的属性时，要选中"非激活状态下隐藏"复选框。

练习 3　热区域交互应用——英语情景对话

利用热区域交互类型制作一个英语情景对话课件实例，效果如图 7-139 所示。课件运行时先显示一个英语情景对话场面，当用户单击画面上的英语对话句子时，课件将发出朗读的声音。

图 7-139　英语情景对话

> **要点提示**

（1）本书配套光盘提供了这个课件实例的源文件（配套光盘\上机练习\ch7\英语对话\），可作为参考进行上机练习。

（2）新建 Authorware 文档，导入一个英语情景对话图片。

（3）创建一个热区域交互结构，将对话场景中的 4 个英文对话文字设置成 4 个热区。

（4）每个交互分支中导入一个相应的英语对话朗读声音。

练习 4　热对象交互应用——看图学英语单词

利用热对象交互类型制作一个看图学英语单词的课件实例，效果如图 7-140 所示。课件运行时先显示 4 个图片，当用户单击某个图片时，课件显示这个图片对应的英语单词并朗读。

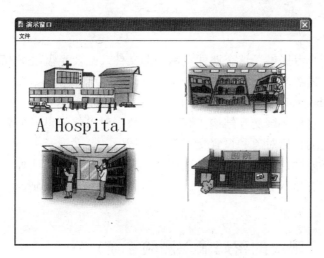

图 7-140　看图学英语单词

要点提示

（1）本书配套光盘提供了这个课件实例的源文件（配套光盘\上机练习\ch7\看图学单词\），可作为参考进行上机练习。

（2）新建 Authorware 文档，导入 4 张图片。

（3）创建一个热对象交互结构，将 4 张图片设置成 4 个热对象。

（4）每个交互分支设置一个"显示"图标和一个声音图标，用来显示图片对应的英语单词并朗读。

练习 5　目标区域交互应用——分类

利用目标区域交互类型制作一个数字分类的课件实例，效果如图 7-141 所示。课件运行时给出题目和数字，拖动数字给这些数字分类。将正确的数字留在分类框中，不正确的回到原来的位置。显示窗口中动态显示尝试次数、正确次数和正确率。

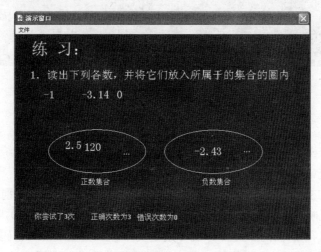

图 7-141　分类

要点提示

（1）本书配套光盘提供了这个课件实例的源文件（配套光盘\上机练习\ch7\分类.a7p），可作为参考进行上机练习。

（2）新建 Authorware 文档，创建交互所需要拖动的数字。

（3）创建一个目标区域交互结构，有多少个数字对象就创建多少个相应的交互分支。

（4）指定交互的目标对象和设置交互目标区域。

（5）设置交互属性，比如"放下"选项和响应的"状态"选项等。

（6）在实现动态显示一些反馈信息的功能时，要用到 TotalCorrect 和 TotalWrong 两个系统变量。

练习 6　限时、限次的密码输入测验系统

利用重试限制交互响应、时间限制交互响应、文本输入交互响应制作一个限时、限次的密码输入测验系统，课件运行时先出现系统登录画面，要求用户输入密码，程序为输入密码设置了次数和时间限制，如图 7-142 所示。如果用户输入密码超过限制，则会稍作提示并退出程序，如果用户输入密码正确，则进入到测验页面进行测验，如图 7-143 所示。

图 7-142　登录页面

要点提示

（1）本书配套光盘提供了这个课件实例的源文件（配套光盘\上机练习\ch7\限次、限时输入密码测验系统\），可作为参考进行上机练习。

（2）本课件的交互结构共设计 5 个交互分支。前 3 个交互分支分别是重试限制交互响应、时间限制交互响应和文本输入交互响应（密码正确进入测验系统），它们的"分支"属性都设置成"退出"。后面两个交互分支分别是文本输入交互响应（密码输入错误响应）和按钮交互（单击退出程序），它们的"分支"属性都设置成"重试"。

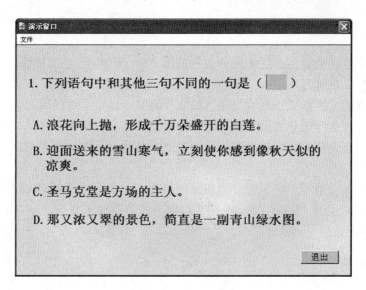

图 7-143 测验页面

（3）在第 3 个交互分支中设计了测验程序。这里通过文本输入交互响应来实现测验功能，每个测验题使用一个文本输入交互结构。

练习 7 连线题课件

利用热区域交互响应、条件交互响应制作一个连线题课件，效果如图 7-144 所示。课件运行时，演示窗口中的上排出现 4 个电路元件，下排是它们的名称。单击上排的某个元件，移动鼠标会出现一条跟随鼠标的直线。在元件正确的名称上单击时连线成功，在错误的名称上单击时，连线不会成功。

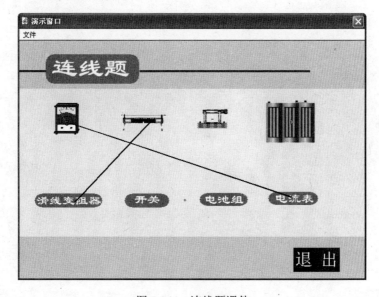

图 7-144 连线题课件

要点提示

（1）本书配套光盘提供了这个课件实例的源文件（配套光盘\上机练习\ch7\连线题\），可作为参考进行上机练习。

（2）本课件的主流程交互结构为热区域交互类型。每个电路元件和它们的名称分别对应一个交互分支，热区域分别设置在电路元件和它们的名称文字上。

（3）对应电路元件的交互分支中创建的是一个条件交互结构，根据设定的条件进行判断并进行画线。

（4）这个课件使用了一些系统变量和系统函数，比如系统变量 ClickX 和 ClickY 用来记录单击时鼠标的位置，Line( )是一个用来绘制直线的系统函数等。

第 8 章

控制多媒体课件的程序流程

Authorware的程序流程是按照流程线的路径由上往下依次顺序执行各个图标。随着程序功能的增强，这种单一的顺序流程就不能够满足要求了。一个完整的教学课件往往是多场景、多页面的结构，在使用时要求能够在页面间自由跳转，这实际上涉及流程控制的问题。要在Authorware中改变程序的流向，除了可以使用交互图标外，还可使用决策图标、框架图标和导航图标。

8.1　决策判断分支控制

决策判断分支结构主要用于选择分支流程以及进行自动循环控制。决策图标以及附属于该设计图标的分支图标共同构成了决策判断分支结构。决策图标和交互图标都是用来建立 Authorware 的分支程序的，但它们之间有明显的不同。交互图标注重的是根据使用者的响应决定执行哪个分支，而决策图标不需要使用者给出响应，只是根据程序本身参数设置的不同做出判断，从而决定执行哪个分支。

8.1.1　决策判断分支结构的组成

从图标栏拖放一个决策图标到流程线的相应位置，再拖几个其他图标到决策图标的右侧，对它们分别命名，就可以建立一个决策判断分支结构，如图 8-1 所示。一个决策判断分支结构主要由决策图标、分支标记、分支路径和分支图标等组成。

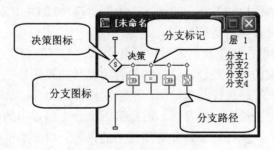

图 8-1　决策判断分支结构

在一个决策判断分支结构中，决策图标是程序核心。当程序运行到决策图标时，将根据已经对决策图标设置好的条件，沿一定的分支路径执行。

8.1.2 决策判断分支结构的设置

一个决策判断分支结构的设置主要包括决策图标的属性面板和决策分支的属性面板这两个方面的设置。

1. 决策图标的属性设置

双击流程线上的决策图标，就可以打开决策图标的属性面板，如图 8-2 所示。

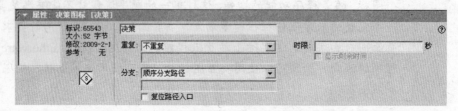

图 8-2　决策图标的属性面板

"重复"下拉列表框：用于设置决策判断分支结构中各分支执行的次数，有以下 5 个选项。

- "不重复"：只在决策判断分支结构中执行一次，然后就退出决策判断分支结构返回到主流程线上继续向下执行。
- "固定的循环次数"：即执行固定的次数。根据下边文本框中输入的数值、变量和表达式的值，Authorware 将在决策判断分支结构中循环执行固定的次数。每次沿哪条路径执行，由决策分支的属性指定。如果设置的数小于 1，Authorware 退出判断分支结构，不执行任何分支图标。
- "所有路径"：在决策判断分支结构中的每一个分支图标至少被执行一次后，退出判断分支结构。
- "直到单击鼠标或按任意键"：Authorware 将在决策判断分支结构中的各个分支不停地循环执行，当用户单击或按下任意键时，结束执行。
- "直到判断值为真"：每一次运行决策分支，Authorware 都要判断下边文本框中的条件，根据条件控制各分支的运行，条件为真（TRUE）退出决策判断分支结构，条件为假（FLASE）运行分支。

"分支"下拉列表框：该下拉列表框中的各个选项与"重复"下拉列表框配合使用，用于设置各个决策分支的执行路径。这里的设置可以从决策图标的外观上显示出来。

- "顺序分支路径"：选择此选项后，决策图标显示为 $\circledS$ 。设置成顺序分支路径后，第 1 次执行到决策图标的时候，运行第 1 个分支路径中的内容，第 2 次执行到决策图标的时候，执行第 2 条分支路径中的内容。以此类推。如果在"重复"下拉列表框中设置了多次循环，当执行完最后一条分支路径后，则重新回到第 1 条分支路径。
- "随机分支路径"：选择此选项后，决策图标显示为 $\circledcirc$ 。设置成随机分支路径后，在执行到决策图标时，会随机选择一条分支执行。由于是随机选择的路径，所以在多次循环的过程中，某几条分支路径可能被执行多次，某几条路分支路径可能一次也执行不到。

- "在未执行过的路径中随机选择"：选择此选项后，决策图标显示为 ⟨⟩。决策判断分支的每一次循环都将执行一条未执行过的分支路径。
- "计算分支结构"：选择此选项后，决策图标显示为 ◇。通过下边的文本框中输入的变量、表达式的值来选择要执行的分支路径。当值等于 1 时选择第 1 条分支路径；当值等于 2 时，选择第 2 条分支路径，并以此类推。

"时限"文本框：用于设置决策图标运行的时间，单位为秒，如在文本框中输入 30，在运行这个决策判断分支结构的时候，最长时间为 30 秒，时间超过 30 秒，自动退出决策分支结构，流程转入下一环节。

"显示剩余时间"复选框：如果选中此复选框，那么程序运行到这个决策判断分支结构时，会在屏幕上出现一个显示剩余时间的时钟。

"复位路径入口"复选框：仅在"分支"属性设置为"顺序分支路径"或"在未执行的路径中随机选择"时可用。Authorware 用变量记忆已经执行路径的有关信息，当选中此复选框时，就会清除这些记忆信息。

2．决策分支的属性设置

双击决策判断分支结构中的分支标记，即可打开对应的属性面板，如图 8-3 所示。

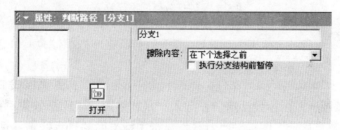

图 8-3　决策分支的属性面板

"删除内容"下拉列表框：设置擦除对应分支图标内容的时间，有以下 3 个选项。

- "在下个选择之前"：执行完当前分支图标，立刻擦除该分支的显示内容。
- "在退出之前"：Authorware 从当前决策判断分支结构中退出后才进行擦除。
- "不擦除"：不擦除所有信息（除非使用擦除图标）。

"执行分支结构前暂停"复选框：选中此复选框，程序在离开当前分支路径前，演示窗口中会显示一个"继续"按钮，单击该按钮，程序才继续执行。

8.1.3　决策图标的应用——在课件中制作闪烁效果

在多媒体课件制作中，闪烁效果的演示可以起到吸引学生注意力，提醒重、难点的作用。下面以文本闪烁为例，讲述闪烁效果的制作方法，同样也可将其应用于图片、图形等。程序流程如图 8-4 所示，执行效果如图 8-5 所示。程序运行时，演示窗口中的需要提示的文字内容会以闪烁的形式出现。

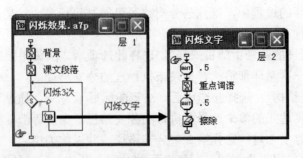

图 8-4 "闪烁效果"流程图

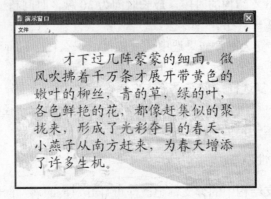

图 8-5 "闪烁效果"执行效果

制作步骤

（1）新建立一个 Authorware 文件。拖放一个"显示"图标到流程线上，重命名为"背景"。双击打开"显示"图标设计窗口，导入一张背景图片"闪烁效果_背景.jpg"。

（2）拖放一个"显示"图标到"背景"显示图标下面的流程线上，重命名为"课文段落"。单击绘图工具栏上的文字工具，输入小学语文第十册课文《燕子》一文中的一个文本片段。将文本设置成楷书，大小为 24 磅，颜色为黑色。并调整文本的大小和位置。

（3）拖放一个决策图标到"课文段落"显示图标下面的流程线上，重命名为"闪烁 3 次"。

（4）单击"闪烁 3 次"决策图标，调出决策图标属性面板。选择"重复"下拉列表框中的"固定的循环次数"选项，并在下面文本框中输入 3，即重复闪烁 3 次，如图 8-6 所示。

（5）拖放一个群组图标到"闪烁 3 次"决策图标的右侧，建立一个决策判断分支结构，并将群组图标重命名为"闪烁文字"，如图 8-7 所示。

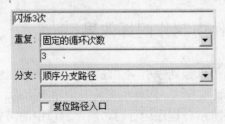

图 8-6 决策图标属性面板

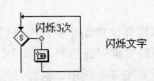

图 8-7 决策判断分支结构

（6）双击"闪烁文字"群组图标，打开它的二级流程设计窗口。

（7）拖放两个等待图标到该级流程线上，将它们都命名为".5"。分别单击两个等待图标，调出等待图标属性面板，按照图 8-8 所示进行设置，其中"时限"文本框中输入 IconTitle，即将该等待图标的图标名作为等待的时间。

　　专家点拨：在包含闪烁内容的显示图标的前后都必须加入等待图标，如果缺少前一个等待图标，闪烁将不会进行，如果缺少后一个等待图标，在对象的闪烁过程中将不做停留，一闪即过，并不能看出闪烁的内容。

（8）拖放一个"显示"图标到两个等待图标中间，将其命名为"重点词语"。按住 Shift 键并双击"重点词语"显示图标，打开显示图标设计窗口，输入词语"光彩夺目"，并将其文本格式设置为楷体，大小为 24 磅，颜色为红色，调整其位置与课文段落中的该词语重合，如图 8-9 所示。

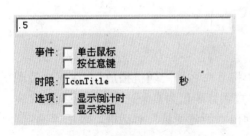

图 8-8　等待图标属性面板

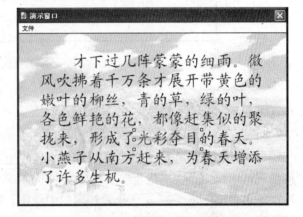

图 8-9　"重点词语"显示图标

（9）拖动一个擦除图标到"闪烁文字"群组图标内部流程线的最后，重命名为"擦除"，设置其擦除对象为"重点词语"显示图标中的文本内容。

（10）运行程序即可演示文字闪烁的效果。

8.1.4　决策图标的应用——幻灯片随机播放

这是一个使用决策图标控制幻灯片放映的实例。程序流程如图 8-10 所示。程序运行时，在演示窗口中单击"继续"按钮，程序随机放映图片，如图 8-11 所示。

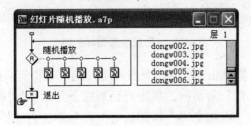

图 8-10　"幻灯片随机播放"流程图

图 8-11 "幻灯片随机播放"课件运行效果

制作步骤

（1）新建立一个 Authorware 文件。

（2）从图标栏拖放一个决策图标到流程线上，将其命名为"随机播放"。在该决策图标的属性面板中，在"重复"下拉列表框中选择"直到判断值为真"选项，在下面的文本框中输入"bofang=1"。在流程设计窗口中单击，弹出"新建变量"对话框，单击"确定"按钮完成自定义变量的定义。

（3）在"分支"下拉列表框中选择"随机分支路径"选项。在"时限"文本框中输入60，表示执行决策图标的总时间是 60 秒，不管怎样运行，程序都会在 60 秒后继续执行流程线上的后续图标。单击选中"显示剩余时间"复选框。整个决策图标的属性设置如图 8-12 所示。

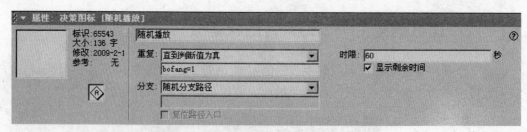

图 8-12 设置决策图标的属性

（4）在决策图标的右侧单击，出现一个指向下方的手形指针。单击工具栏上的"导入"按钮，打开"导入哪个文件"对话框，单击对话框右下角的加号按钮，打开对话框的扩展面板。单击扩展面板上的"添加全部"按钮，将图片全部加入到扩展窗口的"导入文件列表"列表框中，如图 8-13 所示。

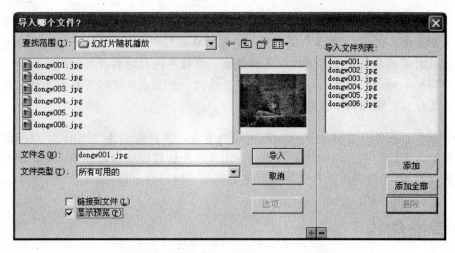

图 8-13 "导入哪个文件？"对话框

（5）单击"导入"按钮将图片全部导入到决策图标的右侧，如图 8-14 所示。

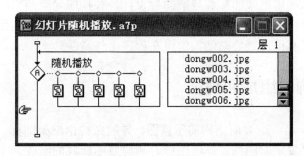

图 8-14 在决策图标右侧加入多个分支路径

（6）单击名称为 dongw001.jpg 的分支路径上方的分支标志，打开相应的决策分支属性面板。在"擦除"下拉列表框中选择"在下个选择之前"选项。选中"执行分支结构前暂停"复选框，可以在演示窗口中显示一个"继续"按钮，只有单击该按钮，程序才继续向下运行。分支路径的属性面板设置如图 8-15 所示。

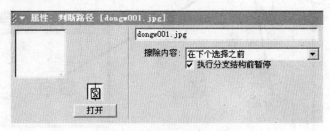

图 8-15 设置分支路径的属性

（7）按照同样的方法对其他决策分支路径的属性进行设置。

（8）运行程序，直接拖动小时钟可以改变它的位置。单击"继续"按钮可以随机播放决策分支中的图片。

专家点拨：如果不想使图片随机显示，可以单击决策图标，在决策图标的属性面板中进行重新设置。比如，"重复"设置为"所有的路径"，"分支"设置为"顺序分支路径"，取消对播放时间的属性设置。通过以上的修改，在程序运行时将没有时间限制，也不会出现表示时间的小时钟，图片的播放是按次序播放的，并且在所有的图标都播放完毕后会退出判断分支结构，继续向下运行。

（9）从图标栏拖一个计算图标到流程线的下方，将其命名为"退出"。双击该图标，打开它的输入窗口，在窗口中输入 Quit( )。定义这个计算图标以后，当决策判断分支结构执行完时（在 60 秒时限内执行完）就直接关闭演示窗口退出程序。

8.2 导航结构

对于页面内容比较多的多媒体课件来说，导航结构的设计是程序成败的关键。在 Authorware 中，可以利用框架图标和导航图标设计一种程序导航结构，利用这种导航结构可以方便地在各个页面之间任意前进、后退，单击超文本对象跳转到相应的页面，查看历史记录等，甚至可以利用这种导航结构实现在程序中任意跳转。

8.2.1 导航结构的组成和功能

如图 8-16 所示，是一个导航结构的示意图。导航结构由框架图标、附属于框架图标的"页图标"（可以是"显示"图标、群组图标）和导航图标共同组成。

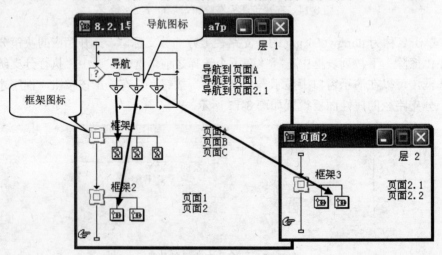

图 8-16 导航结构示意图

从图 8-16 可以看到，框架图标下挂若干页图标，使用导航图标，可以跳转到程序中的任意页图标中。导航图标可以放在流程线上的任意位置，也可以放在框架图标以及交互图标结构中使用。导航图标指向的目的地只能是一个位于当前程序文件中的页图标。

8.2.2　框架图标

　　Authorware 中的框架图标提供了创建页面系统的
简单方法，一系列用于交互的导航图标被包含在框架图
标中，这些导航用的按钮可以直接使用也可以有选择的
使用，以满足不同的需要。

　　从图标栏中拖一个框架图标 放置到流程线上，
在其右侧放置需要的图标（这里一般采用"显示"图标
或者群组图标），即可得到一个框架结构，如图 8-17
所示。

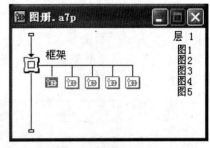

图 8-17　创建框架结构

　　双击流程线上的框架图标，可看到其内部结构，
如图 8-18 所示。

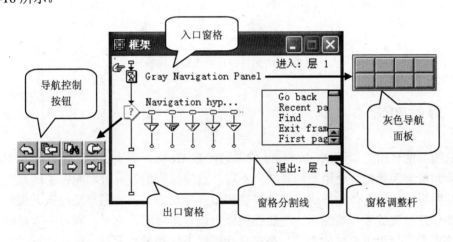

图 8-18　框架图标的内部结构

　　框架结构由"入口窗格"和"出口窗格"两个部分构成。"入口窗格"部分是框架结构
的入口，提供了显示功能和按钮的交互功能。在程序运行时框架结构会显示一个导航面板，
如图 8-19 所示。导航面板上的按钮用于实现页面跳转的控制。

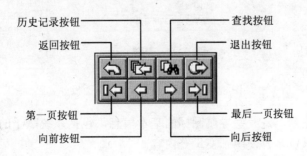

图 8-19　导航控制面板

"出口窗格"部分位于"入口窗格"部分的下方，默认情况下是一根空的流程线，用户可以根据需要在此添加内容，如测试题的评估内容等。程序在退出框架结构时，将清除掉所有显示的内容，并终止页面中所有的交互。

框架图标的属性设置比较简单。选择流程线上的框架图标右击，在快捷菜单中选择"属性"命令，打开"属性：框架图标"面板，如图 8-20 所示。最上方的文本框可设置框架结构的名称，单击"页面特效"文本框右侧的按钮能够为框架结构设置页面切换的过渡效果。"页面计数"显示此框架图标下共依附了多少个页图标。单击左侧的"打开"按钮会弹出框架窗口。

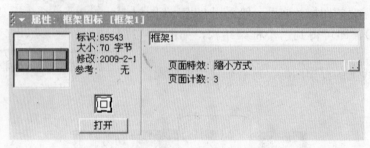

图 8-20 "属性：框架图标"面板

9.2.3　导航图标

导航图标的作用类似于 Authorware 的跳转函数 GoTo，可实现程序流程的改变。导航图标必须和框架图标配合使用，两者缺一不可，程序流程的改变被限制在了框架图标中。

导航图标的使用有两种方式，自动导航和用户导航方式。使用自动导航方式时，在流程线上的任意位置放置导航图标，在属性面板中设置跳转的目标页，则程序运行时会自动跳转到该页上。使用用户导航方式，是在交互图标下挂接导航图标，通过按钮或者热对象等交互方式让用户控制页面的跳转，就像在框架图标内部使用的那样。

双击流程线上的导航图标打开"属性：导航图标"面板，如图 8-21 所示。

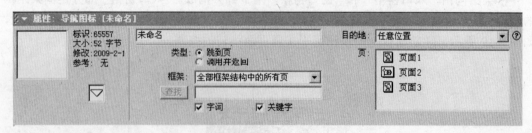

图 8-21 "属性：导航图标"面板

在属性面板的左侧，是一些导航图标的基本信息，包括系统赋予的 ID、图标的大小、最后修改的时间，以及是否使用了变量等内容。

在属性面板中部的最上方，是图标的名称栏，如果选中了目标页，在这里可以马上改变图标的名称。

在属性面板的右上方是"目的地"下拉列表框,其中包括 5 种不同的位置类型:最近、附近、任意位置、计算和查找。下面介绍一下这 5 种位置类型的使用方法。

1. 最近

双击导航图标,打开"属性:导航图标"面板,在"目的地"下拉列表框中选择"最近"选项,如图 8-22 所示,代表用户可以跳转到已经浏览过的页面中。

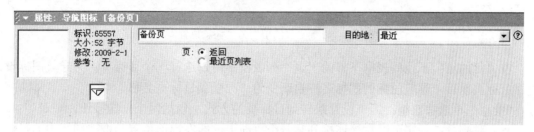

图 8-22 设置"目的地"为"最近"

跳转方式由属性面板中的两个单选按钮决定。

- 返回:沿历史记录从后向前翻阅已经使用过的页,一次只能向前翻阅一页。
- 最近页列表:显示历史记录列表,可以从中选择一页进行跳转,最近翻阅的页显示在列表的最上方。

2. 附近

双击导航图标,打开"属性:导航图标"面板,在"目的地"下拉列表框中选择"附近"选项,如图 8-23 所示,代表用户可以在框架内部的页面之间跳转,以及跳出框架结构。

图 8-23 设置"目的地"为"附近"

跳转方式由属性面板中的 5 个单选按钮决定。

- 前一页:指向当前页的前一页(同一框架中位于当前页左边的那一页)。
- 下一页:指向当前页的后一页(同一框架中位于当前页右边的那一页)。
- 第一页:指向框架中的第一页(最左边的页)。
- 最末页:指向框架中的最后一页(最右边的页)。
- 退出框架/返回:退出当前框架。通常情况下是执行框架窗口"出口窗格"的内容,然后返回到主流程线上继续向下执行。如果通过调用方式跳转到当前框架中的,单击"退出框架"按钮就会返回到调用起点处。

3. 任意位置

双击导航图标,打开"属性:导航图标"面板,在"目的地"下拉列表框中选择"任意位置"选项，如图 8-24 所示，代表用户可以向程序中任何页跳转。

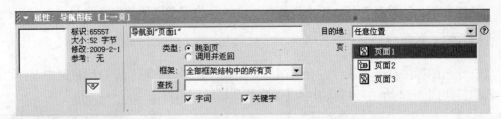

图 8-24　设置"目的地"为"任意位置"

在"目的地"下拉列表框下方的"页"列表框中可以选择一个目标页。为导航图标设定了目标页以后，导航图标的图标名称自动变为"导航到目标页名称"。

"类型"单选按钮组：用于设置跳转到目标页的方式，包括两个单选按钮。

- 跳到页：程序可以直接连接到某一个页面上，即在当前位置和框架图标中的目标页面建立一个单向的导航链接。当程序执行到该导航图标时，可以跳转到框架图标中的目标页继续执行程序。
- 调用并返回：可以使当前页面和框架图标中的目标页之间建立一个双向的链接。当程序执行完目标页后，会返回原来的位置。

"框架"下拉列表框：选择目标页范围。在该下拉列表框中选择某一个框架后，其中那个包含的所有页都显示在"页"列表框中，从中可以选择一个作为目标页；在该下拉列表框中选择"全部框架结构中的所有页"选项，则在"页"列表框中将显示整个程序中的所有框架中的页，然后可以直接从中选择一个作为目标页。

"查找"按钮：向其右边的文本框中输入一个字符串，然后单击该按钮，所有查找到的页会显示在"页"列表框中，从列出的多条中可以选择一个作为目标页。

"字词"复选框和"关键字"复选框：用于设置查找的字符串类型。

4. 计算

双击导航图标，打开"属性：导航图标"面板，在"目的地"下拉列表框中选择"计算"选项，如图 8-25 所示，根据在"图标表达"文本框中输入的表达式的值，决定跳转到框架中的某个页面。

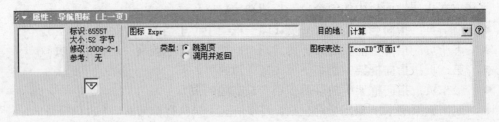

图 8-25　设置"目的地"为"计算"

"类型"单选按钮组：包括两个单选按钮。

- 跳到页：跳转到目标页后，即从目标页继续向下执行。
- 调用并返回：跳转到目标页执行后，返回跳转前的页面。

"图标表达"文本框：可以输入一个返回设计图标 ID 的变量或者表达式，Authorware 会根据变量或表达式计算目标页的 ID 并控制程序跳转到该页执行。可以使用表达式 "IconID"图标名称""直接获取目标页的 ID。

5. 查找

双击导航图标，打开"属性：导航图标"面板，在"目的地"下拉列表框中选择"查找"选项，如图 8-26 所示，运行程序，在演示窗口中单击"查找"按钮，可以弹出一个"查找"对话框，如图 8-27 所示。

图 8-26　设置"目的地"为"查找"

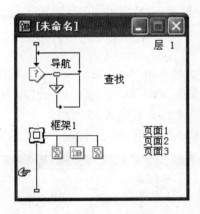
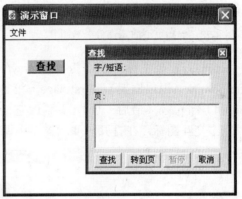

图 8-27　程序流程图和运行效果

查找功能的具体方式可以在图 8-26 所示的属性面板中进行设置，具体设置方法这里不再赘述。

专家点拨：以上介绍了各种类型的导航属性设置，不同的设置类型，导航图标的外观也会有所不同。

8.2.4　框架图标和导航图标的应用——翻页型演示课件

这是一个使用框架图标制作的翻页型演示课件。它实现了幻灯片的效果，通过按钮进行页面间的转换，并在其中加入了转换效果，如图 8-28 所示。

制作步骤

（1）新建一个 Authorware 文档，设置演示窗口大小为"根据变量"，这样在制作过程中可以根据内容调整合适的演示窗口尺寸。

（2）将一个"框架"图标放置到流程线上，在右侧放置 6 个显示图标，在显示图标中分别插入 6 个外部图片，流程结构如图 8-29 所示。

图 8-28　"翻页型演示课件"效果

图 8-29　流程结构

（3）双击打开框架图标，删除其中的 Grey Navigation Panel 显示图标，导航图标只保留 Exit framework（退出框架）、First page（第一页）、Previous page（上一页）、Next page（下一页）和 Last page（最后一页），并更改它们的名称，如图 8-30 所示。

（4）双击交互图标，在打开的演示窗口中调整 5 个导航按钮的位置，如图 8-31 所示。

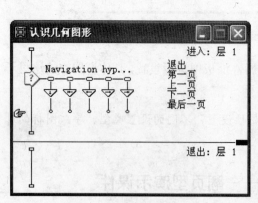

图 8-30　保留 5 个导航按钮

图 8-31　调整 5 个导航按钮的位置

（5）选择框架图标，在弹出的"属性"面板中单击"页面特效"选项右侧的展开按钮，打开"页特效方式"对话框。在"分类"列表框中选择"[内部]"，在"特效"列表框中选择"水平百叶窗方式",如图 8-32 所示。最后单击"确定"按钮,完成页面切换特效的设置。

(6)在框架图标下边添加一个显示图标,命名为"再见",双击这个显示图标打开演示窗口,在其中输入一些说明文字。接着在流程线下边添加一个等待图标和一个计算图标,等待图标设置成等待 5 秒,计算图标中添加 Quit()。流程结构如图 8-33 所示。

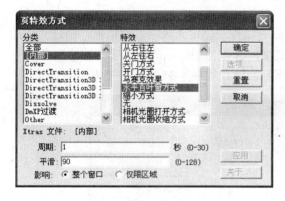

图 8-32　设置页面切换特效

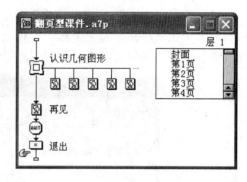

图 8-33　流程结构

现在运行程序,单击导航按钮可以实现页面的跳转。但是目前的导航方案并不完善,需要加以改善。在出现课件封面时,"第一页"按钮和"上一页"按钮应该设置成不可用,呈灰色显示。同样在课件的最后一页,"最后一页"按钮和"下一页"按钮也应该设置成不可用,呈灰色显示。以下是完善课件的操作步骤。

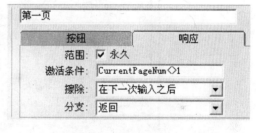

图 8-34　设置按钮的激活条件

(7)双击打开框架图标,单击"第一页"导航按钮,在弹出的属性面板的"响应"选项卡中,设置"第一页"按钮的激活条件为 CurrentPageNum<>1,如图 8-34 所示。按照同样的方法设置"上一页"按钮的激活条件也为 CurrentPageNum<>1。

(8)按照类似的操作方法,对"最后一页"按钮和"下一页"按钮的激活条件设置为 CurrentPageNum<>PageCount。这样,能够保证当前页面为开始页时,"第一页"和"上一页"按钮不可用。当前页为最后一页时,"下一页"和"最后一页"按钮同样不可用。

专家点拨: CurrentPageNum 和 PageCount 都是系统变量,其中 CurrentPageNum 用于存储当前框架结构中已显示过的最后一页的编号,PageCount 用于存储当前框架结构中所含的页面数。

8.3　课件中的热字

所谓的热字,指的是这样的一些文字,当对文字有鼠标动作时(如单击,双击,鼠标指针经过等),程序会跳转到这些文字链接的目标页,就像在网页中经常用到的超链接那样。

在 Authorware 中这样的文字也称为超文本，下面就来介绍 Authorware 中热字制作的方法。

8.3.1 热字的定义和应用

利用热字建立导航链接的一般方法是，首先定义一个文本样式并建立该样式与具体页之间的链接，然后将该样式应用到指定的文本对象上。

（1）选择"文本"|"定义样式"菜单命令，打开"定义风格"对话框，单击"添加"按钮添加一个新样式。为了使热字与其他文字区分，热字显示的样式应与其他文字有所区别，例如设置与其他文字不同的颜色，加下划线等，如图 8-35 所示。

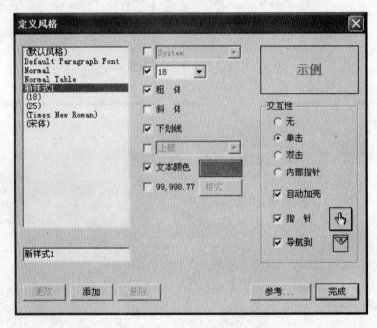

图 8-35 "定义风格"对话框

（2）"交互性"栏用于对鼠标动作、指针的样式和链接的对象进行设置。选中"导航到"复选框后，单击 按钮，可打开"属性：导航风格"面板，设置该热字导航的目标及导航属性，如图 8-36 所示。

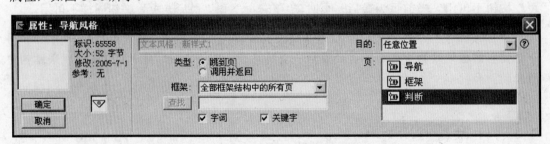

图 8-36 "属性：导航风格"面板

（3）完成热字样式定义后关闭所有设置面板，在演示窗口中选中需要应用热字功能的文字，选择"文本"|"应用样式"菜单命令，打开"应用样式"面板。在面板中选中已定

义的带有需要导航链接的样式，即可完成热字的应用，如图 8-37 所示。

　　专家点拨：在设置热字样式时，Authorware 自动加上名称的文本样式是不会在"应用样式"面板中显示的，必须重新定义它们的名称后，Authorware 才会承认它们是自定义样式。另外，在设定了文本样式后，每一个应用该文本样式的热字都会定向于同一个目的页。如果不希望这样，可用变量或表达式来表示目的页，再在程序中进行指定。

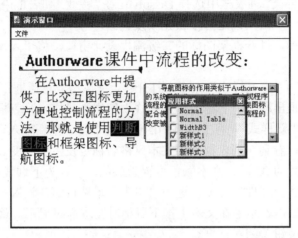

图 8-37　应用定义的样式

8.3.2　超文本导航课件——古诗欣赏

　　这是一个框架结构下超文本导航的课件，古诗的题目被做成超文本，单击开始界面中的超文本可以导航打开相应的古诗内容页面，再次单击古诗内容页面上的古诗题目可以返回主界面。课件主界面效果如图 8-38 所示。

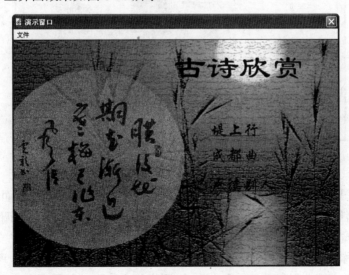

图 8-38　"古诗欣赏"课件主界面效果

制作步骤

（1）新建一个 Authorware 文档。从图标栏中拖放一个框架图标到流程线上，将其命名为"古诗"。

（2）打开框架图标的属性面板，单击"页面特效"选项右侧的展开按钮，打开"页特效方式"对话框。在"分类"列表框中选择 Dissolve，在"特效"列表框中选择 Dissolve, Bits，其他设置保持默认值，单击"确定"按钮完成设置。

（3）双击框架图标，打开框架图标的二级流程设计窗口，将"入口窗格"中的所有图标全部删除。

（4）选择"文本"|"定义样式"命令，打开"定义风格"对话框。单击"添加"按钮，在对话框左侧的列表框出现一个名称为"新样式"的文本风格，列表框下方的文本框中也出现了该风格的名称"新样式"。将文本框中的原名称删除，重新输入名称"超文本链接"，按 Enter 键确定，可以看到在列表框中的文本风格名称也发生了改变。将文本的字体设置为华文行楷，字号设置为 24 磅，文本颜色设置为蓝色，设置为下划线风格。

在对话框右侧的"交互性"部分，选中"单击"单选按钮，设置响应方式为单击。选中"自动加亮"复选框，表示当在文本上按下鼠标时文本高亮显示。最终的设置如图 8-39所示。单击"完成"按钮关闭对话框。

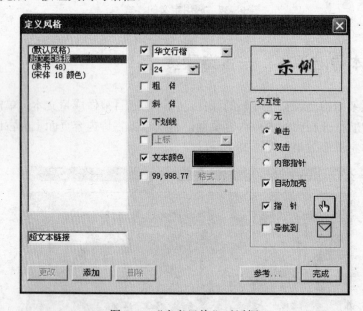

图 8-39 "定义风格"对话框

（5）在框架图标右侧放置 4 个显示图标，并分别重新命名为"主界面"、"堤上行"、"成都曲"和"卢溪别人"。分别在每个显示图标中导入相应的背景图片，调整图片的位置，使它们充满演示窗口。

（6）双击名称为"主界面"的显示图标，在打开的演示窗口中输入 4 段文字"古诗欣赏"、"堤上行"、"成都曲"和"卢溪别人"。用同样的方法在其他显示图标的演示窗口中输入两段文字，一段是诗歌名称，另一段是诗歌内容。

（7）在"主界面"显示图标的演示窗口中，在按住 Shift 键的同时，单击 3 段古诗名称的文字，将它们一起选中。执行"文本"|"应用样式"菜单命令，弹出一个"应用样式"对话框，选中"超文本链接"前面的复选框，如图 8-40 所示。可以看到在演示窗口中文本风格已经发生了改变。

（8）单击工具栏上的"运行"快捷按钮运行程序，演示窗口中显示出"主界面"画面。单击文本"堤上行"，弹出一个"属性：导航"对话框。保持默认的设置，在右侧"页"选项后面的列表框中选择名称为"堤上行"的显示图标，单击"确定"按钮完成跳转设置，如图 8-41 所示。

图 8-40　"应用样式"对话框

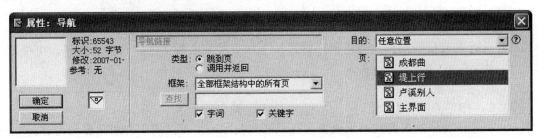

图 8-41　"属性:导航"对话框

（9）使用同样的方法设置主界面和其他页的超文本链接。其他页面的超文本链接效果如图 8-42 所示。设置完成后，在流程线上的几个显示图标的左上方都出现了向下的空心小三角箭头。

图 8-42　其他页面的超文本链接情况

专家点拨：本例中其他 3 个古诗内容页中也使用了超文本，这样便于阅读完文本后返回主界面。这里也可以使用框架图标中的"返回"
按钮来实现返回主界面的功能，也就是在框架图标
的 8 个按钮中保留"退出框架"按钮。

到此为止，整个课件制作完成，流程结构如
图 8-43 所示。

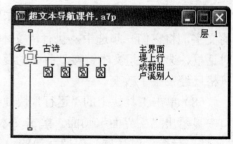

图 8-43 流程结构图

本章习题

一、选择题

1. 运行带有框架结构的应用程序时，按下翻页控制面板上的"查找"按钮，可根据
（　　）跳转到包含它的显示页。

    A．指定的图标名 　　　　　　　　B．输入的某关键词

    C．指定的图标 ID 号 　　　　　　　D．输入的页号

2. 框架图标中的内容被组织成页，位于框架图标（　　）的所有图标被称为页。

    A．上方 　　　　B．左侧 　　　　C．右侧 　　　　D．下方

3. 在用框架结构设计的电子读物型课件中，从某章的某节随意跳转到任意章的任意
节，应采用（　　）结构。

    A．页面管理 　　　B．跳转 　　　C．嵌套框架 　　　D．交互框架

4. 要在 Authorware 课件中改变程序的流向，除了可以使用交互图标外，还可使用
（　　）、框架图标和导航图标。

    A．显示图标 　　　B．决策图标 　　　C．群组图标 　　　D．声音图标

二、填空题

1. 决策图标中不包含显示功能，不能在演示窗口中创建_____和_____对象。

2. 框架图标中的"页"通常指的是_____，包括显示图标、声音图标、数字电影
图标、群组图标等。

3. 导航图标主要用来实现图标间的_____，即从一个图标跳转到另一个图标。

4. Authorware 支持这样的一些文本对象，当对这些文本对象有鼠标动作时（如单击，
双击，鼠标指针经过等），程序会跳转到这些文本对象链接的目标页，就像在网页中经常用
到的超级链接那样。这些文本对象称为_____。

上机练习

练习 1　决策图标应用课件实例——角的认识

利用决策图标制作一个课件实例——角的认识，效果如图 8-44 所示。课件运行时先显
示一个红领巾图片，然后红领巾的一个角闪动几次。

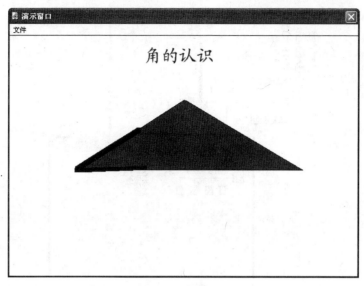

图 8-44　角的认识

要点提示

（1）本书配套光盘提供了这个课件实例的源文件（配套光盘\上机练习\ch8\角的认识.a7p），可作为参考进行上机练习。

（2）本课件实例的制作方法可参考本章 8.1.3 小节的相关内容。

练习 2　框架图标应用课件实例——原子和原子核

利用交互图标和框架图标制作一个课件实例——原子和原子核，如图 8-45 所示是课件运行的一个画面，课件的流程结构如图 8-46 所示。

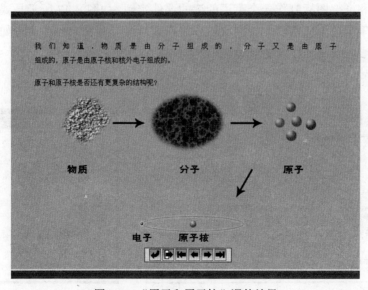

图 8-45　"原子和原子核"课件效果

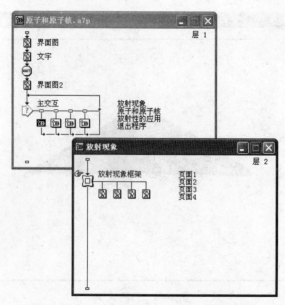

图 8-46 "原子和原子核"课件的流程结构

要点提示

（1）本书配套光盘提供了这个课件实例的源文件（配套光盘\上机练习\ch8\原子和原子核.a7p），可作为参考进行上机练习。

（2）用按钮交互结构实现课件的交互功能。

（3）每个交互分支都用框架图标进行设计，实现课件的翻页功能。

练习3　热字应用课件实例——英语朗读

利用热字和框架图标制作一个英语朗读的课件实例。如图 8-47 所示是课件运行的画面效果，当用户单击英语文本时，会播放相应的朗读声音。课件的程序流程如图 8-48 所示。

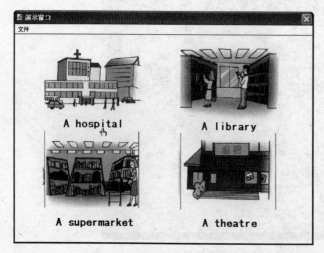

图 8-47 "英语朗读"课件效果

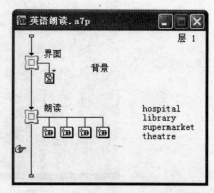

图 8-48 "英语朗读"课件流程图

（1）本书配套光盘提供了这个课件实例的源文件（配套光盘\上机练习\ch8\英语朗读\英语朗读.a7p），可作为参考进行上机练习。

（2）先在流程线上拖放两个框架图标，并且将其中默认的框架内容全部删除。在两个框架图标右侧分别挂放如图 8-48 所示的图标。

（3）定义超文本风格，然后应用到每个英语文本上。

（4）运行程序，单击英语文本，在相应的"属性：导航"面板中定义跳转到某个页面（群组图标）。注意，这里必须将"类型"设置为"调用并返回"单选按钮。·

第 9 章

Authorware 编程基础

作为可视化多媒体程序设计平台，Authorware主要利用设计图标在流程线上完成多媒体课件的设计。尽管图标流程设计方式非常简便、明了，但是对于一些复杂的课件内容，仅仅依靠图标设计还远远不够。其实，Authorware还具备强大的代码编程能力，恰当地应用代码编程，可以拓展Authorware多媒体课件的设计思路。

9.1 变量、函数和表达式

前面的 Authorware 课件制作中已经使用了变量、函数和表达式，对它们已经有了一些概括的认识，本节系统介绍 Authorware 的变量、函数和表达式。

9.1.1 变量

简单地说，变量就是其值可以变化的量。变量是用来存储各种数据的地方，它可以用来存储计算结果、用户输入的字符串以及对象的状态等。Authorware 中的变量都属于全局变量，即在程序中的任何地方都可以使用任意一个变量。

1. 变量的数据类型

Authorware 提供的不是强制变量类型的编程语言，Authorware 会根据用户使用变量的方式，自动判断变量的类型。根据变量存储的数据类型，可以将变量分为 4 类。

1）数值型

数值型变量用于存储具体的数值。数值可以是整数（比如 65），也可以是实数（比如 0.78）或负数（–65）。当用户使用两个变量做数学运算时，Authorware 自动将两个变量当作数值型变量，因为只有数值型变量才能进行数学运算。

2）字符型

字符型变量用来存储字符串。字符串是由双引号（必须是英文双引号，不能是中文双引号）括起来的一个或者多个字符的组合。这些字符可以是字母、数字、符号或者它们混合使用。

3）逻辑型

逻辑型变量用于存储 TRUE 或 FALSE。当一个变量出现在一个 Authorware 认为需要使用逻辑变量的位置（如"激活条件"文本框）时，Authorware 会自动将此变量设置成逻辑型变量。如果是数值型变量，则数值 0 相当于 FALSE，其他非 0 数值相当于 TRUE；如果是字符型变量，Authorware 将 T、YES、ON（大小写都可以）视为 TRUE，其他任意字符都被视为 FALSE。

4）列表型

列表变量是 Authorware 中最为灵活的变量，它用于存储一组相关的数据，同时并不要求这些数据都属于同一类型。利用 Authorware 提供的列表处理函数，可以很方便地对列表中的数据进行管理。Authorware 中共有两种类型的列表。

线性列表：在线性列表中，每个元素都是单个的值，例如，[3,5,7,"a","b","c"]就是一个线性列表。

属性列表：在属性列表中，每个元素由一个属性及其对应的值构成，属性和值之间用冒号隔开。例如，[#name: "张三",#sex: "男",#age: "20"]就是一个反应个人信息（姓名、性别和年龄）的属性列表。

专家点拨：在 Authorware 中，"#"带上一个字符串构成一个特殊的标识符，这样的标识符一般作为对象的属性使用。

2. 系统变量和自定义变量

所谓的系统变量就是 Authorware 自带的变量。在程序的运行过程中，随着程序的执行，Authorware 自动检测和调整系统变量的值，用来记录、判定、跟踪各个图标、对象、响应的关系和状态。

在 Authorware 7 中，共有 11 种系统变量。

- "CMI"变量：可以自动跟踪计算机教学的相关信息。
- "Decision"（决策）变量：包含一些关于决策图标的信息。
- "File"（文件管理）变量：包含文件管理中的一些信息。
- "Framework"（框架管理）变量：包含框架结构的一些信息。
- "General"（通用）变量：包含一些关于程序的信息。
- "Graphics"（绘图）变量：包含一些关于图形显示方面的信息。
- "Icons"（图标管理）变量：包含当前图标的各种信息。
- "Interaction"（交互管理）变量：包含一些关于交互结构的状态和结果的信息。
- "Network"（网络管理）变量：包含一些关于网络方面的信息。
- "Time"（时间管理）变量：包含一些关于时间管理方面的信息。
- "video"（视频管理）变量：包含一些关于使用外部设备进行视频播放的信息。在这类变量里，Authorware 7 变量的变化比较大。

所谓的自定义变量就是根据程序的制作需要自己设定的变量。有时候，只使用 Authorware 7 提供的系统变量并不能满足编程的需要，这时就需要设置自定义变量。关于自定义变量的方法请参看 2.3.1 节的相关内容。

在对自定义变量进行字符串赋值时，经常会出现字符串超长而无法直接一次性给变量赋值的情况，此时可以把长字符串拆分为几小段，然后通过连接符号"^"把它们连接起来进行赋值，例如下列程序代码最后 LongString 的值即为字符串"Hello,I am Rock! How are you?"。

```
LongString:="Hello,I am Rock!"
LongString:=LongString^"How are you?"
```

3. 变量的应用场合

了解变量的类型后，接下来介绍变量的应用场合。变量在 Authorware 中的应用场合主要可以分为以下 3 种情况。

1）在属性面板的文本框中应用变量

在设置属性面板时，经常会遇到文本框，定义的变量即可在文本框内使用，例如图 9-1 所示的"属性：显示图标"面板，其中的"层"文本框内输入了一个变量 n，这样就可以在程序中通过改变变量 n 的值来控制该显示图标的显示层次。

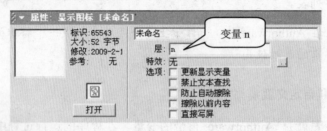

图 9-1　在属性面板的文本框中应用变量

2）在计算图标中应用变量

最普遍的应用场合莫过于在计算图标的代码编辑器内使用变量了，这也是变量得以灵活运用的核心表现场所，如图 9-2 所示。变量在其中发挥了其应有的功能：存储数据、限制条件等，充当了 Authorware 程序设计的重要成员角色。

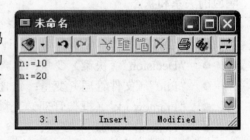

图 9-2　在计算图标中应用变量

💡专家点拨：在 Authorware 中，可以给大部分图标添加一个附属于该图标的计算图标。在附属于图标的计算图标中应用变量的方法和直接在计算图标中应用变量的方法相同。

3）在显示图标或交互图标中应用变量

在显示图标或者交互图标内也可以进行变量的显示与计算，如图 9-3 所示。变量在显示图标或者交互图标内引用都必须使用花括号{}括起来，否则系统会默认为普通文本字符串而不作为变量使用对待。若显示变量时，需根据变量值的变化时时更新显示结果，则需要勾选显示图标或交互图标对应属性面板中的"更新显示变量"复选框。

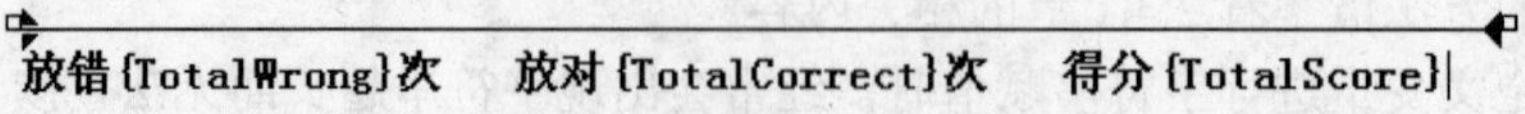

放错 {TotalWrong} 次　　放对 {TotalCorrect} 次　　得分 {TotalScore}

图 9-3　在显示图标或交互图标中应用变量

4．变量面板的使用

运行 Authorware，系统会自动建立一个新文件。单击工具栏上的"变量"按钮，或选择"窗口"|"面板"|"变量"命令，打开"变量"面板，如图 9-4 所示。

"变量"面板中的各选项介绍如下。

"分类"下拉列表框：在该下拉列表框中可以选择变量的种类。如果选定了种类，在它下面的滚动列表框中就出现该类别的所有变量。

"初始值"文本框：该文本框中显示的是选中变量的初值，用户可以改变自定义变量的初值，但系统变量的初值不能改变，在一般情况下变量的初值是 0。

"变量"文本框：该文本框中显示的是选中变量的当前值，用户可以改变自定义变量的当前值，但系统变量的当前值不能改变。

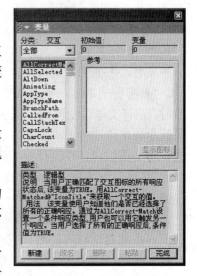

图 9-4　"变量"面板

"参考"文本框：如果某个变量被引用，在选中这个变量时，该文本框中就会出现引用这个变量的图标名称。如果选中该图标名称，在文本框下面的"显示图标"按钮就变为可选，单击该按钮，在流程线上对应的图标就会高亮显示。

"描述"文本框：该文本框中可以看到一些关于该变量的描述，如果是自定义变量，它的描述内容可以修改。

"新建"按钮：用于创建一个自定义变量。单击该按钮，会弹出一个"新建变量"对话框，在其中可以为新创建的变量命名、赋初值和输入一段关于此变量的描述信息。

"改名"按钮：用于将自定义变量改名。单击该按钮，会弹出一个"重命名变量"对话框，在其中可以为自定义变量输入一个新名称。

"删除"按钮：用于删除当前处于选中状态的自定义变量。只有程序中未被使用的自定义变量才允许删除。

"粘贴"按钮：用于将当前处于选中状态的变量粘贴到计算图标编辑窗口、文本对象或文本框中插入点光标当前所处的位置。

"完成"按钮：用于保存所做的修改并关闭"变量"面板。

9.1.2　函数

函数是用于执行某些特定操作的程序语句的集合。在 Authorware 中，同变量一样，函数也可以分为系统函数和自定义函数。系统函数是 Authorware 本身自带的函数，系统函数之外的函数称为自定义函数，这些函数一般不需要用户自己动手编写程序，而是使用其他开发商或者个人开发的符合 Authorware 格式的函数，因此也可以称为外部扩展函数。

1．函数面板的使用

选择"窗口"|"面板"|"函数"命令，或单击工具栏上的"函数"按钮f(x)，可以打

开"函数"面板，如图 9-5 所示。

"分类"下拉列表框：从该下拉列表框中可以选择函数的种类，包括各种系统函数和自定义函数。当用户选择了某个种类时，下面的滚动列表框中就列出该类的所有函数。

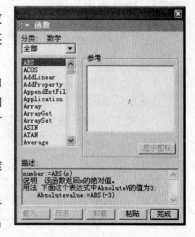

"参考"文本框：如果某个函数被引用，在选中这个函数时，在该文本框中就会出现引用这个函数的图标名称。如果选中该名称，在文本框下面的"显示图标"按钮就变为可选，单击该按钮，在流程线上对应的图标就会高亮显示。

"描述"文本框：在该文本框中显示函数的句法和用途描述。

"载入"按钮：单击该按钮，可以打开"载入函数"对话框，在此对话框内，可以载入动态链接库（DLL）、用户自定义代码（UCD）或一个 XCMD。

图 9-5 "函数"面板

"改名"按钮：单击该按钮，可以打开"重命名函数"对话框，在该对话框中可以改变自定变量的名称。

"卸载"按钮：单击该按钮，可以删除所选的自定义函数。不过要确保该自定义函数在程序中没有被使用。

"粘贴"按钮：在选中函数的情况下，单击该按钮，可以将所选的函数语句粘贴到相应的位置。

"完成"按钮：用于保存所做的修改并关闭"函数"面板。

📠专家点拨：有关利用"函数"面板使用系统函数的具体方法请参考 2.3.2 节的相关内容。

2. 导入外部扩展函数

在 Authorware 中使用系统函数很简单，直接在计算图标等函数使用场合内按照格式输入或者粘贴函数即可。而外部扩展函数的使用则没有这么简单，需要先导入外部扩展函数，否则没法正常工作。下面介绍 UCD 和 DLL 的外部扩展函数的导入方法。UCD 文件一般有两种不同的类型，其扩展名分别为.ucd 和.u32，扩展名是.ucd 的文件使用在 Windows 3.X 这样的 16 位操作系统环境下，扩展名是.u32 的文件使用在 Windows 95/98/NT/XP 这样的 32 位操作系统环境下。

导入步骤如下所述。

（1）在函数面板中找到"分类"下拉列表框，选择最下面的选项，即当前打开的程序文件名，如图 9-6 所示。

（2）单击函数面板左下角的"载入"按钮，

图 9-6 选择需要加载外部函数的当前文件名

弹出"加载函数"对话框，如图 9-7 所示，选择需要加载的外部扩展函数文件（扩展名为.ucd、.u32 或者.dll），单击"打开"按钮。

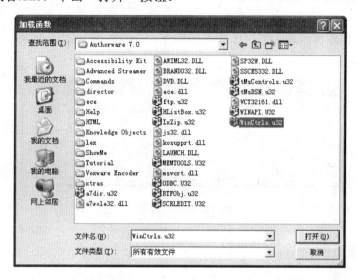

图 9-7　"加载函数"对话框

（3）如果选择的外部扩展函数是.ucd 或.u32 文件，则弹出自定义函数的对话框，左侧列表框显示当前可用的扩展函数，右侧显示左侧列表框中选择的函数的介绍，单击"载入"按钮即可将选择的函数加载，如图 9-8 所示。

（4）如果选择的外部扩展函数是.dll 文件，而该 DLL 文件又不是 Authorware 可自动识别内部所包含扩展函数的 DLL 文件，则弹出如图 9-9 所示的对话框，要求用户输入函数名和参数及返回值类型。

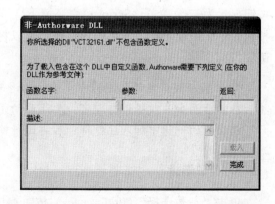

图 9-8　使用.UCD 或.U32 类外部扩展函数　　图 9-9　使用 DLL 类型的 Windows 动态链接库

（5）当外部函数加载到当前打开的程序之后，加载的函数名称会出现在"函数"面板，就可以像使用系统函数一样使用这些外部函数。

9.1.3 计算图标的输入窗口

计算图标的输入窗口是编写程序代码的地方，如图 9-10 所示。下面介绍一下这个输入窗口的使用方法。

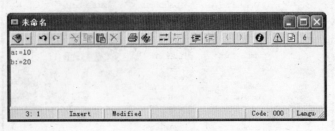

图 9-10　计算图标的输入窗口

1．编辑语言选择

如果在计算窗口中加入了内容，单击它的第一个图标右侧的下拉按钮，可以在打开的选项里面选择 Authorware ActionScript 语言或 JavaScript 语言。它们的符号分别为 Authorware ActionScript 语言符号 和 JavaScript 语言符号。

2．注释

"注释"（Comment）按钮 或 ：在 Authorware ActionScript 语言环境下，该按钮显示为 ，在 JavaScript 语言环境下，该按钮显示为 。在输入窗口中将光标放置在有文字的行中，单击该按钮，该行变为注释，它使该行内容只用于内容的讲解，而在执行程序时将忽略该行的内容。

"取消注释"（Uncomment）按钮 或 ：在 Authorware ActionScript 语言环境下，该按钮显示为 ，在 JavaScript 语言环境下，该按钮显示为 。只有光标在注释行的时候该按钮才处于可使用状态。单击该按钮，可以将原有的注释行去掉注释，变为正式的可执行语句。

专家点拨：在计算图标中使用注释语句时，可以在半角状态下输入"//"或"--"，然后在其后面加入注释语句即可。要注意的是注释内容最好不要超过一行，如果超过一行只可以在新的一行中加入注释符号后再进行输入。

3．参数选择

单击"参数选择"（Preferences）按钮，可以打开 Preference: Calculations（参数选择：计算）对话框。在该对话框中有 3 个选项卡：General（常规）、Authorware 和 JavaScript。这里主要讲解 General 选项卡的相关内容，因为其他两个选项卡的内容纯属个人习惯设定，对程序没有什么影响。General 选项卡如图 9-11 所示。

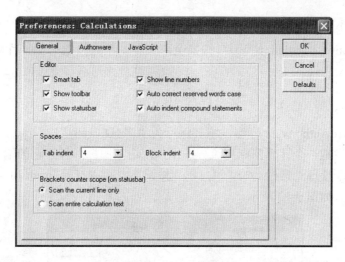

图 9-11　Preference: Calculations（参数选择：计算）对话框

Editor（编辑）选区：包括 6 个复选框，介绍如下。

● Smart tab（巧妙制表）复选框：选中此复选框，将开启巧妙制表功能，在输入时按下 Tab 键，输入将自动跳转到下一个位置。

● Show toolbar（显示工具栏）复选框：在默认情况下，该复选框是被选中的。选中此项，将显示输入窗口的工具栏；不选中此复选框，工具栏将会消失，会给操作带来很多不便。不过可以在演示窗口中右击，在打开的快捷菜单中选择最后一项 Preferences（参数选择），将会重新打开 Preference: Calculations（参数选择：计算）对话框，可以重新选择该复选框。

● Show statusbar（显示状态栏）复选框：在默认情况下，它是被选中的。

● Show line number（显示行号）复选框：选中该复选框，将在输入窗口的左侧显示行号，这对程序比较长的情况提供了很大的便利。

● Auto correct reserved words case（自动修正输入错误）复选框：有时候，输入的代码是不规范的，选中此复选框后，Authorware 可以自动侦测这些错误，在一定程度上可以自动修正它。例如，想在窗口中输入 "x:=0"，但输入的可能是 "x=0"，在保存了图标内容再打开的时候，就会发现图标里的内容已经自动修改了；在窗口中输入 "quit( )"，系统将在输入完毕后自动修正为 "Quit( )"。

● Auto indent compound statements（自动缩进配合声明）复选框：选中此复选框，Authorware 可以自动设置复合语句的缩进。

Spaces（间隔）选区：包括两个下拉列表框，介绍如下。

● Tab indent（制表缩进）下拉列表框：在该下拉列表框中可以设置缩进的空格数，在默认情况下为 4 个空格的长度。

● Block indent（块缩进）下拉列表框：在该下拉列表框中可以设置块缩进按钮 ⬚ 和取消缩进按钮 ⬚ 的缩进量，在默认情况下为 4 个空格的长度。

Brackets counter scope[on statusbar]（在状态栏支持计算范围）选区：包括两个单选按钮，介绍如下。

● Scan the current only（仅扫描当前行）单选按钮：在查找圆括号 "( )" 时只扫描当

前行的内容。

- Scan entire calculation text（扫描全部文本）单选按钮：扫描计算窗口中的全部内容。

4. 消息框

（1）新建一个 Authorware 程序，将其保存为"消息框示例"。

（2）从图标栏拖一个计算图标到流程线上，双击该图标，打开它的输入窗口。

（3）单击输入窗口工具栏上的"消息框"按钮⚠，可以打开 Insert Message Box（插入消息框）对话框，如图 9-12 所示。

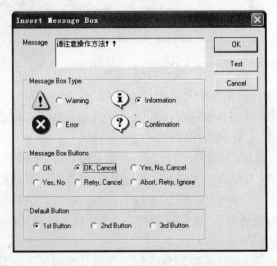

图 9-12　Insert Message Box 对话框

🐛专家点拨：Insert Message Box 对话框的设置情况介绍如下。

Message（消息）文本框：在该文本框中可以输入消息的内容。图 9-12 中就输入了文字"请注意操作方法！！"。

Message Box Type（消息框类型）：在这里一共提供了 4 种类型的消息框，分别是 Warning（警告）、Information（信息）、Error（错误）和 Confirmation（确认）。

Message Box Buttons（消息框按钮）：在这里可以选择消息框按钮的种类和个数，共有 6 种按钮和 6 种按钮组合。

Default Button（默认按钮）：在这里可以设置默认按钮，也就是在执行操作时按下回车键就可以直接选择触发对应事件的按钮。这个按钮在程序运行中与其他按钮的显示形式不同，在它的周围有一个虚线框。

（4）单击对话框右侧的 Test（测试）按钮进行测试，可以看到如图 9-13 所示的对话框。

（5）单击两个按钮中的任一个，关闭对话框预览，回到 Insert Message Box 对话框。单击右侧的 OK（确定）按钮，关闭 Insert Message Box 对话框。可以看到在计算图标的输入窗口中多了如

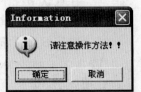

图 9-13　制作的对话框

图 9-14 所示的语句。

图 9-14　输入窗口中的语句

（6）单击窗口右上方的关闭按钮，弹出提示保存的对话框，单击 Yes（是）按钮保存设置。

（7）运行程序，就可以看到如图 9-13 所示的对话框了。

5．插入片段

使用插入片段的方法在计算图标的输入窗口中输入程序框架的效率是比较高的。它比自行输入要简单得多，并且出错的可能也比较少。

（1）单击"插入片段"按钮，将打开 Insert Authorware Snippet（插入 Authorware 片段）对话框，如图 9-15 所示。

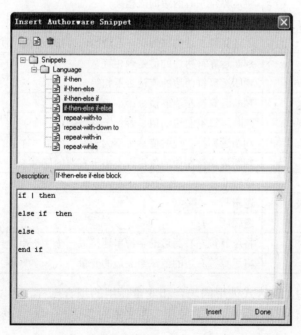

图 9-15　Insert Authorware Snippet 对话框

（2）在对话框的最上端有 3 个按钮，分别是新建文件夹（在没打开文件时有效）、新建片段和删除按钮。在下面的列表框中是所有默认设置的程序结构片段，可以在这里加入新的片段或将已有片段删除。

（3）选中一个片段后，Description（描述）后面的文本框中将出现这个片段的简单描述，而在下面的文本域中将出现片段的具体描述。

（4）单击 Done（完成）按钮可以关闭对话框，单击 Insert（插入）按钮可以将片段插入到输入窗口中，然后再在输入窗口中具体编辑。

9.1.4 表达式

用运算符将运算对象（也称操作数）连接起来的、符合语法规则的式子称为表达式。运算对象包括常量、变量、函数等。例如，下面是一个合法的表达式：

a*b/c-2.6+100

运算符是指定如何组合、比较或修改表达式值的字符。Authorware 中的运算符包括 5 种类型：算术运算符、关系运算符、逻辑运算符、连接运算符和赋值运算符，如表 9-1 所示。

表 9-1 Authorware 中的运算符

运算符类型	运算符	含　义	运算结果
算术运算符	+	将运算符左右两边的值相加	数值
	−	将运算符左右两边的值相减	
	*	将运算符左右两边的值相乘	
	/	用运算符左边的值除以右边的值	
	**	以运算符左边的值为底，右边的值为指数求幂	
关系运算符	=	判断运算符两边的值是否相等	TRUE 或 FALSE
	<>	判断运算符两边的值是否不相等	
	<	判断运算符左边的值是否小于右边的值	
	>	判断运算符左边的值是否大于右边的值	
	<=	判断运算符左边的值是否不大于右边的值	
	>=	判断运算符左边的值是否不小于右边的值	
逻辑运算符	~	逻辑非	TRUE 或 FALSE
	&	逻辑与	
	|	逻辑或	
连接运算符	^	将运算符左右两边的字符串连接成一个字符串	字符串
赋值运算符	:=	将运算符右边的值赋给左边的变量	运算符右边的值

在 Authorware 中，表达式使用的场合和变量使用的场合一样，可以用于一些图标的属性面板的文本框中、计算图标和文本对象中。在文本对象中使用时，也要用花括号括起来。

9.2 语句

在计算图标中，可以使用各种控制语句来控制程序的功能。条件语句和循环语句都属于结构化程序语句，是两个非常有用的控制语句。条件语句使程序根据不同的条件执行不同的操作，而循环语句用于重复执行某些操作。

9.2.1　条件语句

在实际应用中，往往有一些需要根据条件来判断结果的问题，条件成立是一种结果，条件不成立又是一种结果。像这样比较复杂的问题就必须用条件语句来解决。

在条件语句结构中，有一个条件，当条件为真时，执行一段代码，否则执行另一段代码。所以条件语句的特点是只能执行两段代码中的一段。

在 Authorware 中，条件语句的一般格式为：

```
if<条件表达式>then
  <语句体 1>
[else
  <语句体 2>]
end if
```

当条件表达式成立时（其值为 TRUE），执行语句体 1；当条件表达式不成立时（其值为 FALSE），执行语句体 2。执行完后，都执行 end if 下边的语句。方括号表示可以不带 else 和<语句体 2>，当不带 else 和<语句体 2>时，若当条件表达式成立时，执行语句体 1；否则什么都不执行，直接执行 end if 下边的语句。例如：

```
If x<120 then
    mymessage:="正确"
else
    mymessage:="错误"
end if
```

条件语句允许嵌套使用，用于对更复杂的情况进行判断选择。例如下面的代码格式：

```
if<条件表达式 1>then
  <语句体 1>
else if<条件表达式 2>then
  <语句体 2>
else
  <语句体 3>
end if
```

这段代码的功能是，如果条件表达 1 式成立时，执行语句体 1；如果条件表达 2 式成立时，执行语句体 2，否则执行语句体 3。执行完这个条件语句结构后，程序自动由 end if 来结束整个条件的判断。例如：

```
If score>=85&score<=100 then
  n:= "成绩优秀"
else if score>=70&score<=85 then
  n:= "成绩良好"
else if score>=60&score<=70 then
  n:= "成绩及格"
```

```
else
  n:= "成绩不及格"
end if
```

9.2.2 循环语句

循环语句结构最主要的特点是有一个重复执行程序的过程，当条件为真时，反复执行程序，一直到条件为假时停止。

1. repeat with 循环语句

该循环类型用于将同样的循环体语句执行指定次数，其使用格式为：

```
repeat with 计数变量:= 起始值 [down] to 结束值
  <循环体语句>
end repeat
```

执行次数由起始值和结束值限定，计数变量用于跟踪当前循环执行了多少次。例如以下语句：

```
MyVariable:=0
repeat with times:=1 to 10
  MyVariable:= MyVariable+1
end repeat
```

其执行结果为 MyVariable 的值增加到 10，每执行一次循环，变量 times 的值就自动加1，直到 times>10 成立时循环自动结束。如果将循环计数方式设置为由后向前，例如：

```
MyVariable:=0
repeat with times:=10 down to 1
  MyVariable:= MyVariable+1
end repeat
```

则计数变量 times 的值就从 10 开始，每执行一次循环，其值就自动减 1，直到 times<1 成立时循环自动结束，其执行结果为 MyVariable 的值增加到 10。在这种类型的循环语句中，可以人为地修改计数变量的值，达到控制循环次数的目的，例如以下语句：

```
MyVariable:=0
repeat with times:=1 to 10
  MyVariable:= MyVariable+1
  times:=times+1
end repeat
```

其执行结果为 MyVariable 的值增加到 5，这是因为实际上在每一次循环中，计数变量 times 的值增加了 2。

2．Repeat With In

该循环类型与 Repeat With 类型相似，也是用于执行指定次数的操作，但是次数由一个列表控制。为列表中的每个元素执行一次循环，列表中的元素个数就是循环进行的次数。其使用格式为：

```
repeat with 变量 in 列表
  <循环体语句>
end repeat
```

例如以下语句：

```
times:= 0
repeat with n in [50,20,30,20,60,90,10,20,30,20,70,40]
  if n=20 then
    times:= times + 1
  end if
end repeat
```

其执行结果是遍历列表中的元素，并将 20 出现的次数（4 次）保存到变量 Times 中。

3．Repeat While

该循环类型用于在某个条件成立的情况下重复执行指定操作，直到该条件不再成立为止，其使用格式为：

```
repeat while 条件
  <循环体语句>
end repeat
```

例如以下语句：

```
MyVariable:=0
repeat while MyVariable <10
    MyVariable:= MyVariable +1
end repeat
```

其执行过程是当变量 MyVariable 的值小于 10 时，就对其加 1，直至 MyVariable=10 为止。使用这种类型的循环语句时，要注意防止出现条件永远成立的情况，比如在上面的语句中将条件设置为 MyVariable >=0，在这类情况下该循环语句就形成一个死循环，程序一直在循环内部执行下去，永远不会结束。另外，不要使用依赖于用户操作的条件，比如 CapsLock、MouseDown 等，因为 Authorware 在执行循环语句时，不会执行计算图标之外的内容或者响应用户的操作，此时无论用户单击多少次，CapsLock 的值永远不会变为 TRUE，所以程序永远不会退出循环语句向下执行。

4．退出循环

在以上 3 种循环语句内的任何地方都可以使用 next repeat 和 exit repeat 语句，next repeat

语句用于提前结束本次循环（略过从它到 end repeat 之间的语句）直接进入下一个循环，exit repeat 语句用于直接退出当前的循环语句。例如：

```
sum:=0
i:=0
repeat while True
    i:=i+1
    sum:=sum+i
    if i>10 then exit repeat
end repeat
```

以上代码实现求 1~10 的累加和。当 i>10 时直接退出整个循环。

5. 使用注释语句

在使用程序语句编写程序时，可以在一行语句的末尾加上注释。必须在注释的正文前加上两个连字符 "--"，例如：

```
times:= 0
repeat with n in [50,20,30,20,60,90,10,20,30,20,70,40] --遍历列表
  if n=20 then
    times:= times + 1
  end if
end repeat
```

9.3   课件中的编程实例

前面介绍了 Authorware 编程的基础知识，本节通过几个课件编程实例进一步介绍 Authorware 编程的方法和技巧。

9.3.1   控制课件中的声音

本实例将涉及系统函数和系统变量及自定义变量等方面的知识，利用函数和变量来控制声音的停止、播放、暂停及继续播放，同时也穿插了用变量来改变按钮标签的知识。程序流程如图 9-16 所示，执行效果如图 9-17 所示。

图 9-16   程序流程图

图 9-17   程序执行效果

程序中使用到的系统变量和系统函数说明如表 9-2 所示。

表 9-2 程序用到的系统变量和系统函数

系 统 变 量	说　　明
MediaPlaying@"IconTitle"	IconTitle 指定的图标中的媒体正在播放时，则返回 TRUE，没有开始播放则返回 FALSE
IconTitle	该变量存放图标的标题。用户可以通过改变图标名称来改变该变量的值
系 统 函 数	说　　明
MediaPause(IconID@"IconTitle", pause)	暂停或继续播放 IconTitle 指定图标中的媒体。其中参数 pause 可取 TRUE（暂停）或 FALSE（继续播放）

制作步骤

（1）新建一个文件，选择"文件"|"保存"菜单命令将新建的文档进行保存。

（2）拖动一个计算图标到流程线上，重命名为"初始化"。双击打开计算图标编辑窗口，输入以下代码。

```
music:=0
state:=0
Button1_label:="播放"
Button2_label:="暂停"
```

上面 4 个自定义变量中，music 用于控制音乐的停止，state 用于控制"暂停"与"继续"两种状态。通过改变 Button1_label 与 Button2_label 的值来达到更改按钮标签的效果。

（3）拖动一个交互图标到"初始化"计算图标下面的流程线上，重命名为"控制声音"。双击"控制声音"交互图标打开设计窗口，导入一张音符图片，然后关闭交互图标设计窗口。选中交互图标并按 Ctrl+=键为该交互图标附加一个计算图标，在弹出的计算图标编辑窗口中输入"music:=0"。

（4）拖动一个群组图标到"控制声音"交互图标右侧，弹出"交互类型"对话框，选择"按钮"单选按钮，单击"确定"按钮建立一个按钮交互分支，并将群组图标重命名为"播放"。

（5）单击"播放"交互分支的交互标志，调出交互属性面板，选择"按钮"选项卡，在"标签"文本框中输入"Button1_label"，如图 9-18 所示。

图 9-18 按钮交互属性面板的"按钮"选项卡

（6）选中"播放"交互分支下的群组图标，按 Ctrl+=键为该群组图标附加一个计算图标，在弹出的计算图标编辑窗口中输入以下代码。

```
if MediaPlaying@"音乐" then
    music:=1
    button1_label:="播放"
else
    MediaPlay(IconID@"音乐")
    button1_label:="停止"
end if
```

声音的播放与停止及按钮的标签都是通过上面这段代码来实现的。其中系统变量 MediaPlaying@"音乐"用于检测流程线中名为"音乐"这一声音图标中的音乐是否在播放，如果当前正在播放，则返回 TRUE，否则返回 FALSE。这段代码首先判断"音乐"声音图标是否在播放，如果在播放，则设置自定义变量 music 的值为 1，将该声音图标停止播放，在后面声音图标的属性面板中需要进行相应的设置（具体设置请看步骤（11））。将按钮的标签更改为"播放"。如果"音乐"声音图标没有播放，则使用系统函数 MediaPlay(IconID@"音乐")来播放"音乐"声音图标中的音乐，并且将按钮标签更改为"停止"。

📣专家点拨：某些系统变量在引用指定图标的 ID 号时，会用到图标的名称，例如 MediaPlaying@(IconID@"IconTitle")，其中参数中的 IconID 可以忽略不写，因此前面一个变量也可以写成 MediaPlaying@"IconTitle"。

（7）拖放一个群组图标到"控制声音"交互结构的最右侧，建立一个按钮交互分支，重命名群组图标为"暂停"。

（8）单击"暂停"交互分支的交互标志，调出交互属性面板，选择"按钮"选项卡，在"标签"文本框中输入 Button2_label。选择"响应"选项卡，在"激活条件"文本框中输入 MediaPlaying@"音乐"，如图 9-19 所示。此处"激活条件"文本框中输入的系统变量 MediaPlaying@"音乐"将控制声音图标未播放时，"暂停"按钮为不可用。

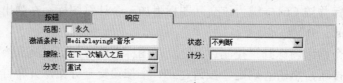

图 9-19 "暂停"按钮交互属性面板的"响应"选项卡

（9）选定"暂停"交互分支下的群组图标，按 Ctrl+=键为该群组图标附加一个计算图标，在弹出的计算图标编辑窗口中输入以下代码。

```
state:=~state
if state then
    MediaPause(IconID@"音乐",TRUE)
    button2_label:="继续"
else
    MediaPause(IconID@"音乐",FALSE)
    button2_label:="暂停"
end if
```

第 1 条语句的作用是使用非操作符 "~" 将 state 取反后赋值给 state 自己,这样实现开关两个状态。然后判断 state 的值是否为真,如果成立,则使用系统函数 MediaPause(IconID @"音乐",TRUE)来暂停播放音乐,并且把按钮的标签更改为 "继续"。否则继续从暂停处播放音乐,并把按钮标签更改为 "暂停"。

(10) 拖放一个等待图标到 "控制声音" 交互结构后面,重命名为 1000000。单击 1000000 图标名调出等待图标属性面板,取消选中面板中的所有复选框,并在 "时限" 文本框中输入系统变量 IconTitle,如图 9-20 所示。这样做的目的就是将图标名中的数字作为等待图标要等待的时间。

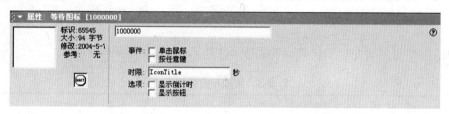

图 9-20　"1000000" 等待图标属性面板

(11) 拖放一个音乐图标到流程线最后,重命名为 "音乐"。单击 "音乐" 音乐图标,调出音乐图标属性面板,单击 "导入" 按钮导入一个已经准备好的音乐文件 music.wav。选择 "计时" 选项卡,按如图 9-21 所示进行设置。选择 "执行方式" 下拉列表框中的 "同时" 选项,选择 "播放" 下拉列表框中的 "直到为真" 选项,在下面文本框中输入 music=1,即当 music 的值为真时,停止音乐的播放。

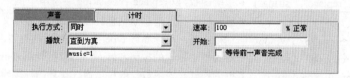

图 9-21　声音图标属性面板的 "计时" 选项卡

(12) 运行程序进行测试。

9.3.2　设置演示窗口的屏幕分辨率

许多教师在制作多媒体课件时都有一个困惑,因不能确定最终播放计算机上使用的分辨率,以至于在制作多媒体课件时无法确定该使用何种大小的演示窗口。如果通过改变演示窗口大小来适应显示器的分辨率,那么演示窗口中各个对象的出现位置就需要大批量的调整。其实可以通过改变最终计算机上的分辨率来解决演示窗口全屏的问题,具体的解决思路是,启动多媒体课件时,首先记录当前显示器所使用的分辨率模式,然后将显示器分辨率改成指定大小,课件播放完毕,在退出时将显示器的分辨率修改回来。

本实例就是介绍如何改变显示器分辨率来解决多媒体课件全屏问题的,完成的程序流程如图 9-22 所示,执行效果如图 9-23 所示。

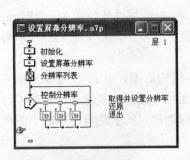

图 9-22　程序流程图　　　　　　　　图 9-23　程序执行效果

程序中使用到的变量和函数说明如表 9-3 所示。

表 9-3　函数和变量说明

函　　数	说　　明
alChangeRes(Width,Height,bitpp,ifreq)	alTools.u32 中的扩展函数，改变屏幕的分辨率。参数 Width 指宽度，Height 指高度，bitpp 指颜色数，ifreq 指刷新率。如 alChangeRes(800,600,32,75)
result = alGetCurrentDispSet( )	alTools.u32 中的扩展函数，取得显示器当前所使用的分辨率，如 1024×768×32×75
result = alGetDispSet( )	alTools.u32 中的扩展函数，获得当前显示器可用的所有分辨率设置
Replace("pattern", "replace", " string")	系统函数，以 replace 替换 string 字符串中指定的 pattern 字符串
result = SystemMessageBox (Window Handle, "text", "caption" [,type or #buttons, #icon, default, #modality])	显示一个标准消息对话框。参数 text 指提示文本，caption 指对话框标题，可选参数 type 指消息对话框类型，#buttons 指消息对话框中出现的按钮，#icon 指图标，#modality 设置消息对话框的模式。该函数一般可以通过计算图标编辑窗口的"插入消息框"按钮来创建
ResizeWindow(width, height)	系统函数，设置演示窗口的大小。width 指窗口的宽，height 指窗口的高
resultString := GetWord(n, "string")	系统函数，取得 string 指定字符串第 n 个单词
变　　量	说　　明
WordClicked	系统变量，获得用户单击文本对象时单击的单词

制作步骤

（1）新建一个文件，选择"文件"|"保存"菜单命令，将新建的文档进行保存。

（2）单击快捷工具栏上的"函数"按钮，调出"函数"面板，选择"分类"下拉列表框中最下面一项，即当前打开的文件名。然后单击"载入"按钮，在弹出的对话框中双击 alTools.u32，弹出"自定义函数在 alTools.u32"对话框，选择其中的 alChangeRes、alGetCurrentDispSet 和 alGetDispSet 3 个函数，单击"载入"按钮将这 3 个函数载入，如图 9-24 所示。这时，调入的 3 个函数出现在"函数"面板中，如图 9-25 所示。

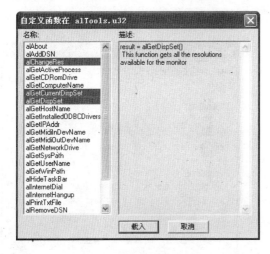

图 9-24　"自定义函数在 alTools.u32"对话框

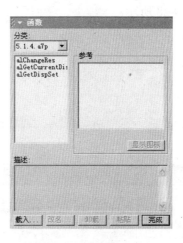

图 9-25　"函数"面板

（3）拖放一个计算图标到流程线，重命名为"初始化"。双击打开计算图标编辑窗口，输入以下代码：

```
CurrentDispSet:=alGetCurrentDispSet()        --取得当前显示器的分辨率
OldScreen:=Replace("x"," ",CurrentDispSet)   --分解分辨率参数
AllDispSet:=alGetDispSet()                   --取得当前显示器能显示的所有分辨率
old_screen:=[]                               --存储原始分辨率各参数
set_screen:=[]                               --存储设置分辨率各参数
```

（4）继续拖放一个计算图标到"初始化"计算图标下面的流程线上，重命名为"设置屏幕分辨率"。双击打开计算图标编辑窗口，输入以下代码。

```
result:=SystemMessageBox(WindowHandle, "你目前的显示器分辨率为:
"^CurrentDispSet^",\r 是否需要将分辨率更改为:800×600×32×75?", "更改分辨率?",
65) -- 1=OK, 2=Cancel
if result=1 then
    alChangeRes(800,600,32,75)
end if
ResizeWindow(360,220)   --设置演示窗口大小
```

程序运行到该段代码，会弹出一个消息对话框让用户选择是否更改当前的分辨率，如图 9-26 所示。用户单击对话框中的"确定"或"取消"按钮将返回不同的值。

上段代码中系统函数 SystemMessageBox 将产生一个标准消息对话框。不需要手工输入，只要单击计算图标编辑窗口中快捷工具栏上的"插入消息框"按钮，弹出"插入消息框"对话框，如图 9-27 所示，对里面的选项进行设置即可。当该函数插入后，也可以在编辑窗口中进行修改，如本例中将 SystemMessageBox 函数第 3 个参数项"信息"更改为"更改分辨率"。

（5）拖放一个显示图标到"设置屏幕分辨率"计算图标下面的流程线上，重命名为"分辨率列表"。双击打开显示图标设计窗口，使用绘图工具箱中的文本工具输入{AllDispset}，然后选择"文本"|"卷帘文本"菜单命令，在显示图标设计窗口中调整文本对象的大小，

如图 9-28 所示。

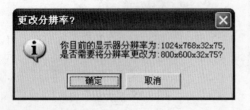

图 9-26 "更改分辨率？"对话框   图 9-27 "插入消息框"对话框

以下步骤（6）～（10）建立"控制分辨率"交互结构。

（6）拖放一个交互图标到"分辨率列表"显示图标下面的流程线上，重命名为"控制分辨率"。双击交互图标，打开设计窗口，按照图 9-29 所示输入文本和导入图片 disp.bmp。

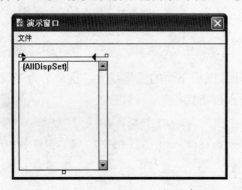

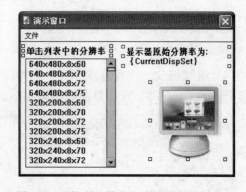

图 9-28 "分辨率列表"显示图标设计窗口   图 9-29 "控制分辨率"交互图标设计窗口

（7）拖放一个群组图标到"控制分辨率"交互图标右侧，弹出"交互类型"对话框，选择"热对象"单选按钮并单击"确定"按钮建立一个热对象交互分支，重命名群组图标为"取得并设置分辨率"。该热对象交互分支的交互热对象为"分辨率列表"显示图标中的文本对象。

（8）按 Ctrl+=键为"取得并设置分辨率"群组图标附加一个计算图标，输入以下代码：

```
SetDisp:=WordClicked          --将鼠标单击分辨率列表所取得的一行内容存入setdisp中
if SetDisp<>0 then            --判断鼠标是否单击到了分辨率列表
 result:=SystemMessageBox(WindowHandle, "确实要将分辨率设成"^SetDisp^"?",
 "确认", 33) -- 1=OK, 2=Cancel    --提示是否更改分辨率
 if result=1 then             --确定更改
  repeat with i:=1 to 4       --以下循环分解单击的分辨率
   set_screen[i]:=GetWord(i,Replace("x"," ",SetDisp))
```

```
   end repeat
   alChangeRes(set_screen[1],set_screen[2],set_screen[3],set_screen[4])
   --根据单击更改显示器分辨率
 end if
else    --鼠标未单击到分辨率列表
 SystemMessageBox(WindowHandle, "未选择要设置的分辨率,请重新选择!", "错误",
 64) -- 1=OK
end if
```

（9）拖放一个群组图标到"控制分辨率"交互图标右侧，建立一个按钮交互分支，重命名群组图标名为"还原"。按 Ctrl+=键为"还原"群组图标附加一个计算图标，输入以下代码：

```
repeat with i:=1 to 4  --循环分解分辨率
    old_screen[i]:=GetWord(i,OldScreen)
end repeat
--alChangeRes(replace(" ",",",oldscreen))
alChangeRes(old_screen[1],old_screen[2],old_screen[3],old_screen[4])
--更改分辨率为原始参数
```

（10）拖放一个群组图标到"控制分辨率"交互图标右侧，再次建立一个按钮交互分支，重命名群组图标名为"退出"。按 Ctrl+=键为"退出"群组图标附加一个计算图标，输入以下代码：

```
repeat with i:=1 to 4  --循环分解分辨率
    old_screen[i]:=GetWord(i,OldScreen)
end repeat
alChangeRes(old_screen[1],old_screen[2],old_screen[3],old_screen[4])
--更改分辨率为原始参数
Quit(0)    --退出程序
```

该段代码在程序退出前恢复显示器原来的设置，这很有必要。

（11）运行程序进行测试。

9.3.3　在 Authorware 课件中制作提示文本

程序界面的开发设计中很重要的一个要求就是简单易用，美观友善。很多应用程序都会用到弹出式提示文本，例如在 Authorware 软件中，将鼠标指针移动到快捷工具栏上某个按钮处，停留片刻，就会出现该按钮的提示文件，如图 9-30 所示。这样可以给用户一个明确提示，增强应用程序的友好程度。

实现提示文本通常有两种方法。一种方法是利用热区域交互的"鼠标处于指定区域内"响应方式，当鼠标指针移动到热区域交互的目标区域时，就自动弹出一个制作的文本提示。另一种是利用 altoolTip.u32 函数，它提供一系列提示文本相关的设置函数，大大方便了在 Authorware 多媒体创作中灵活运用弹出式提示文本。

下面利用 altoolTip.u32 函数制作提示文本。这种方法制作简便，而且可扩展性强，文件尺寸短小。完成的程序设计流程如图 9-31 所示。

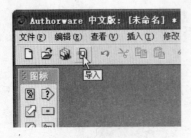

图 9-30 提示文本

图 9-31 "提示文本"程序流程图

制作步骤

（1）新建一个文件，选择"文件"|"保存"菜单命令，将新建的文档保存为"提示文本.a7p"。

（2）单击快捷工具栏上的"函数"按钮，打开"函数"面板，在"分类"下拉列表框中选择"提示文本.a7p"选项，并单击"载入"按钮，弹出"加载函数"对话框，从中选择 altoolTip.u32 文件，单击"打开"按钮，弹出"自定义函数在 altoolTip.u32"对话框，选择左侧函数列表中的 alMakeToolTip 函数将其导入，如图 9-32 所示。

（3）拖动两个显示图标到流程线上，重命名为"提示对象 1"和"提示对象 2"。这两个提示对象的内容是两个矩形方块，如图 9-33 所示。

图 9-32 载入 alMakeToolTip 函数

图 9-33 提示对象

（4）当鼠标移动到这两个矩形方块上时，alMakeToolTip 函数将产生提示文本，提示内容由一个计算图标来完成。拖动一个计算图标到流程线最后，重命名为"创建提示文本"。在计算图标中输入以下代码：

```
-- 这里设定"提示对象1"的提示文本响应
tipX1 := DisplayLeft@"提示对象1"
tipY1 := DisplayTop@"提示对象1"
tipX2 := DisplayLeft@"提示对象1" + DisplayWidth@"提示对象1"
tipY2 := DisplayTop@"提示对象1" + DisplayHeight@"提示对象1"
```

```
-- 设置提示文本内容
textMsg := "这是一个默认设置的提示文本"
-- 设置提示文本最大长度
maxWidth := 200
-- 设置是否显示气泡式提示文本。取值为 0 的时候不显示，取值为 1 的时候显示
showBalloon := 0
-- 创建提示文本
tool[1] := alMakeToolTip (WindowHandle, tipX1, tipY1, tipX2, tipY2, textMsg,
maxWidth, showBalloon)
-- 这里设定"提示对象 1"的提示文本响应
tipX1 := DisplayLeft@"提示对象 2"
tipY1 := DisplayTop@"提示对象 2"
tipX2 := DisplayLeft@"提示对象 2" + DisplayWidth@"提示对象 2"
tipY2 := DisplayTop@"提示对象 2" + DisplayHeight@"提示对象 2"
-- 设置提示文本内容
textMsg := "这是一个气泡式的\r 能换行的提示文本"
-- 设置提示文本最大长度
maxWidth := 200
-- 设置是否显示气泡式提示文本。取值为 0 的时候不显示，取值为 1 的时候显示
showBalloon := 1
-- 创建提示文本
tool[1] := alMakeToolTip(WindowHandle, tipX1, tipY1, tipX2, tipY2, textMsg,
maxWidth, showBalloon)
```

（5）制作完毕，单击工具栏上的"运行"按钮测试一下效果，执行效果如图 9-34 所示。

altoolTip.u32 函数产生的提示文本有两种基本样式：标准（矩形）提示文本和"气泡式"提示文本。它不但支持多行文本提示，还支持图标功能；不但对普通的图片、文字有提示功能，对按钮也可以设置提示文本，极大地满足多媒体创作中弹出式文本提示的制作需要。

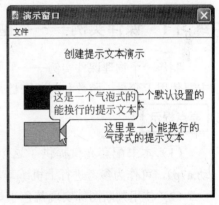

图 9-34　提示文本演示效果

本章习题

一、选择题

1. 下列标识符中，（　　）属于自定义变量。

　　A. move　　　　　　　B. TRUE　　　　　　　C. sec　　　　　　　D. date

2. 下面叙述中，正确的是（　　）。

　　A. 自定义变量由用户程序来设置，在定义时必须指明变量的类型。

B．函数可以分为系统函数和自定义函数两大类。

    C．允许使用用户编码文档（UCD）中的函数资源，但是无法调用动态链接库（DLL）。

    D．以上都不正确。

3．在 Authorware 程序的循环结构中，（　　）语句用于提前结束本次循环（略过从它到 end repeat 之间的语句）直接进入下一个循环。

    A．next repeat　　　　　　B．exit repeat　　　　　　C．next　　　　　　D．exit

4．在 Authorware 中，表示逻辑关系的"与"、"或"、"非"是（　　）。

    A．&、|、#　　　　　　B．~、&、|　　　　　　C．&、|、~　　　　　　D．|、&、~

二、填空题

1．根据变量存储的数据类型，可以将变量分为 4 类。分别是：＿＿＿＿、＿＿＿＿、＿＿＿＿和＿＿＿＿。

2．系统变量＿＿＿＿的功能是用于存放图标的标题。用户可以通过改变图标名称来改变该变量的值。

3．在文本对象中引用变量，必须用＿＿＿＿括起来。

4．Authorware 中字母的大小写对变量、函数＿＿＿＿影响。

上机练习

练习 1　课件实例——平抛运动

    制作一个物理课件实例——平抛运动，课件效果如图 9-35 所示。本课件制作过程中，主要使用了变量、函数和判断图标来实现平抛运动的动态演示功能。

> **要点提示**

    （1）本书配套光盘提供了这个课件实例的源文件（配套光盘\上机练习\ch9\平抛运动.a7p），可作为参考进行上机练习。

    （2）使用判断图标实现蓝色小球不断运动以及绘图函数重复画线的功能。这里设计了一个变量 pp，以这个变量为条件确定判断图标分支重复执行的次数。

    （3）判断图标分支中集中了本实例的大部分程序代码，主要使用绘图函数实现重复画线的功能。

练习 2　在课件中制作右键快捷菜单

    利用扩展函数在课件中制作右键快捷菜单，效果如图 9-36 所示。在课件界面中右击，会弹出一个快捷菜单。单击其中的命令可以执行相应的操作。

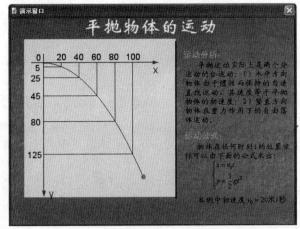

图 9-35 平抛运动

图 9-36 右键快捷菜单

要点提示

（1）本书配套光盘提供了这个课件实例的源文件（配套光盘\上机练习\ch9\右键快捷菜单.a7p），可作为参考进行上机练习。

（2）要制作右键快捷菜单，则必须借助第三方扩展函数，本例将借助 budmenu.u32 扩展 UCD 来完成右键菜单的制作，该 UCD 可在随书光盘中找到。

（3）本实例需要载入 6 个函数，它们分别是 mAppendMenu、mCreatePopupMenu、mGetLastMenuID、mMenuHookOff、mMenuHookOn 和 mTrackPopup- Menu。

（4）为了显示快捷菜单，本实例设计了一个条件交互分支结构。

（5）详细的代码请查看源文件。

练习 3　在课件中制作多级菜单

利用扩展函数在课件中制作多级菜单，效果如图 9-37 所示。在课件界面中右击，会弹出一个快捷菜单，并且可以实现多级菜单的效果。单击其中的命令可以执行相应的操作。

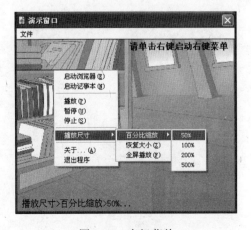

图 9-37 多级菜单

要点提示

（1）本书配套光盘提供了这个课件实例的源文件（配套光盘\上机练习\ch9\多级菜单.a7p），可作为参考进行上机练习。

（2）要制作多级菜单，则必须借助第三方扩展函数，本例将借助 budmenu.u32 扩展 UCD 来完成右键快捷菜单的制作，该 UCD 可在随书光盘中找到。

（3）本实例的制作流程与右键快捷菜单实例的制作流程类似，只要修改其中几个计算图标的代码即可。

（4）必须先建立子菜单，再建立父级菜单，否则不会显示子菜单内容。

（5）详细的代码请查看源文件。

第10章

增强 Authorware 课件的功能

　　在进行多媒体课件的设计和制作过程中，经常会重复使用一些相同的内容，比如相同的设计元素（图片、文字、声音、电影等）、相同的分支结构以及类似的程序功能模板等。如果每次使用这些相同内容时都重复制作一遍，开发效率一定十分低。利用Authorware提供的库、模板和知识对象可以解决这一问题。

　　Authorware是基于图标流程线进行多媒体课件创作的工具，其简单的创作方法，如同搭积木一般。但光靠Authorware提供的各种图标和流程线来制作多媒体课件，有时候很难实现课件中的某个功能，有时候能完成，但也相当烦琐。Authorware提供了丰富的扩展插件功能，利用它可以解决单纯靠图标进行创作带来的诸多不便和缺陷。

10.1　库

　　在 Authorware 课件中，经常重复使用一些素材，包括图片、文字、声音、电影等内容，如果每次都重复导入，会占用很大的硬盘空间，这种情况在大型的课件制作中更加普遍。为了解决这个问题，Authorware 提供了一种很好的解决方法：使用库文件。

　　严格来讲，库文件是独立于程序之外的一些内容，它保存在单独的文件夹中，但它又是程序的一部分，具有图标自身的内容。使用库中的图标可以在 Authorware 文件和库文件之间建立一种链接关系。

10.1.1　库文件的建立

　　（1）选择"文件"|"新建"|"库"命令，可以在建立一个新 Authorware 文件的同时，建立一个新库，如图 10-1 所示。

　　专家点拨：如果一个 Authorware 文件已经打开，正处于编辑状态，可以直接选择"文件"|"新建"|"库"命令，建立一个新库。

　　（2）从图标栏分别拖一个显示图标、一个声音图标、一个电影图标、一个计算图标到流程线上，并将它们分别命名。使用前面的所学的方法在显示图标中加入一张图片，在声音图标中导入一个声音文件，在电影图标中导入一个数字电影片段，在计算图标中输入 Quit( )并保存。为所有图标加上颜色，这时图标的名称都是正常显示的，如图 10-2

所示。

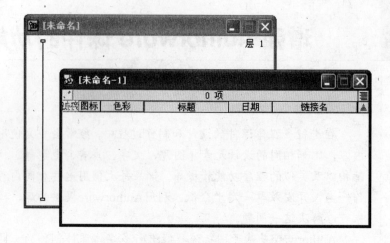

图 10-1　新建一个库

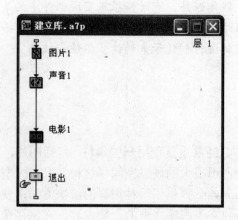

图 10-2　在流程线上编辑图标内容

　　专家点拨： 为了对各种图标进行区别，对图标分别加上了颜色。在库文件中图标的颜色是会被作为一项内容标出的。

　　（3）依次选中图标，将它们分别拖放到库窗口中，可以看到在库窗口中已经加入了相应的图标，如图 10-3 所示。

图 10-3　在库中加入图标

（4）再看流程线上的图标，它们的名称都已经变成了斜体字，如图 10-4 所示。

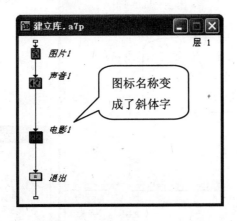

图 10-4 图标名称变成了斜体字

（5）在库中的图标上右击，可以预览图标的内容，如图 10-5 所示。值得注意的是，计算图标不能打开预览窗口。

图 10-5 预览库中的电影文件

（6）选择"文件"|"保存"命令，打开"保存［未命名-1］为"对话框。值得注意的是，标题栏上的文件名称是用方括号括起来的，说明这时保存的是一个库文件，库文件默认保存在 Macromedia/Authorware/Knowledge Objects/Tutorial 文件夹里面，在对话框中的"文件名"文本框中输入库文件名，如图 10-6 所示，单击"保存"按钮，完成库文件的保存。

（7）在完成库文件的保存后，继续弹出"保存文件为"对话框，这是要保存 Authorware 程序文件。在"文件名"文本框中输入文件名称，单击"保存"按钮，保存文件即可。

（8）如果修改了一个已经存在的库，关闭该库时，会弹出一个询问是否保存的对话框，如图 10-7 所示。单击"是"按钮，可以保存修改。

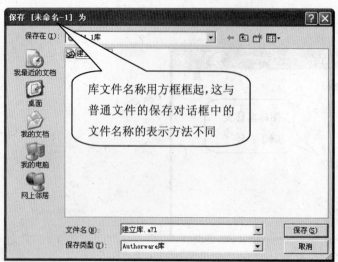

库文件名称用方框框起，这与普通文件的保存对话框中的文件名称的表示方法不同

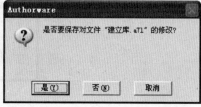

图 10-6　保存库文件　　　　　　　　　　图 10-7　询问是否保存的对话框

10.1.2　库窗口

在前面已经学习了很多库的知识，下面将对库窗口的内容进行详细的介绍。要在 Authorware 程序中使用一个库文件的内容，必须打开库文件，选择"文件"|"打开"|"库" 命令，弹出"打开库"对话框，如图 10-8 所示。在该对话框中，选中要打开的库文件，然后单击"打开"按钮打开库文件，如图 10-9 所示。

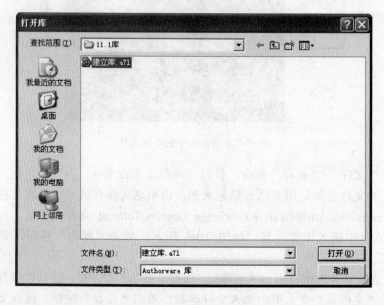

图 10-8　"打开库"对话框

"读写按钮"：该按钮在没有保存库的时候处于灰色显示状态，不能编辑；保存库以

后变为可编辑状态。如果在该按钮上单击，会弹出一个警告对话框，如图 10-10 所示。

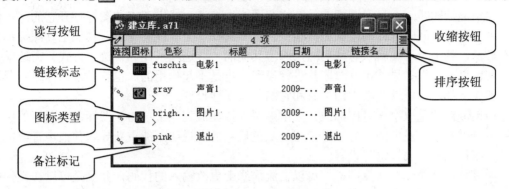

图 10-9　库窗口

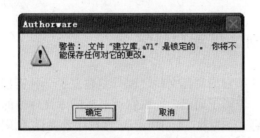

图 10-10　锁定库的警告对话框

单击"确定"按钮，可以将库文件锁定，锁定后读写控制按钮变为 🗵 。

在"读写按钮"的右侧是一行显示有多少个图标的文字"4 项"，在图 10-9 中显示共有 4 个图标。

"收缩按钮"：在该按钮上单击，可以将注释文字隐藏或显示。在注释文字显示时该按钮的状态是 ☰ ，在注释文字隐藏时该按钮的状态是 ☰ 。

"链接"：表示流程线上是否有图标和库文件之间存在链接关系，如果有链接符号 ✎ ，说明库中有图标和流程线上的图标链接，反之无链接。

"图标"：按照图标的类型排序。

"色彩"：显示图标的颜色，并按照图标的颜色排序。

"标题"：按照图标的名称排序。

"日期"：按照图标的修改日期排序。

"链接名"：按照链接名称排序。

"排序按钮"：在按升序排列时，按钮状态为 ▲ ；在按降序排列时，按钮状态为 ▼ 。

在每一个图标的第二行都有一个"＞"号，在"＞"的后面单击，可以输入图标的注释文字。

10.1.3　库文件的编辑

当流程线上的图标与库中的图标建立链接之后，在流程线上只能对图标的部分内容进行编辑，要想修改全部内容，必须在库窗口中进行编辑。

如果链接的是一个显示图标或一个交互图标，在流程线上双击该图标打开它的演示窗口，可以看到在同时打开的绘图工具箱中只有"选择"工具能够使用，其他工具图标都以灰色显示，处于不可编辑状态。当然，对于其他的一些选项（比如说透明方式）在这里并没有灰色显示，但如果使用它对图片进行设置，也是不起作用的。也就是说，在显示图标中处理库文件，只能够改动它的位置和它的一些属性设置。

如果链接的是一个声音图标或一个电影图标，在流程线上单击该图标，在图标的属性面板中可以看到，左侧的"导入"按钮是灰色显示的，说明不能重新导入其他声音或电影文件，而只能对其属性进行设置。

如果链接的是一个计算图标，可以在流程线上更改输入的代码，并且是可以在文件中保存的，但这并不会更改库中的计算图标内容，也不会对流程线上其他地方的相应链接造成影响。

10.1.4 链接的识别、更新和修复

Authorware 的库文件和它的目标文件之间只是建立了一种链接关系，在流程线上的图标只是库文件中图标的一个影子而已，如果它所对应的库文件中的图标找不到了，那么该图标中也就没有什么内容了。为此，Authorware 为设计者提供了识别、更新和修复的功能。

1. 链接的识别

Authorware 提供了 3 种链接的识别方法：在流程线上跟踪识别、在库窗口中跟踪识别、列出所有链接或失去链接的图标。

1）在流程线上跟踪识别

在流程线上选中链接图标（如选中"图片 1"），选择"修改"|"图标"|"库链接"命令，打开如图 10-11 所示的对话框。

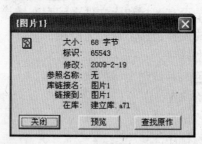

图 10-11 查看流程线上图标的库信息

在对话框中有一些该图标的相关信息。单击"预览"按钮可以预览图标的内容；单击"查找原作"按钮，可以找到该图标对应的库窗口中的图标，并将其显示在库窗口的上方，同时对应的库中的图标也反色显示，与此同时，对话框也关闭了；单击"关闭"按钮可以关闭对话框。

2）在库窗口中跟踪识别

在库窗口中，凡是与现在的程序存在链接关系的图标的前面都有一个链接符号 ✎，有

这种链接符号的图标可能在流程线上只使用了一次，也可能使用了多次。可以通过选择"库链接"命令查看其使用情况。

在库窗口中选中一个带链接符号 ✎ 的图标，选择"修改"|"图标"|"库链接"命令，打开如图 10-12 所示的对话框。

"更新"按钮：用于更新所有应用程序中有链接关系的图标。

"全选"按钮：用于选择列表中的所有图标。它只是一种选择的快捷方法而已，和按住 Ctrl 或 Shift 键的同时选择列表中的图标并没有什么区别。

"显示图标"按钮：快速定位选定的图标并灰色显示，但同时也会关闭对话框。

3）列出所有链接或失去链接的图标

选择 Xtras（其他）|"库链接"命令，弹出"库链接"对话框，如图 10-13 所示。

图 10-12　查看库中图标在流程线上的对应情况

图 10-13　"库链接"对话框

选中"完整链接"单选按钮，在下面的列表中可以列出未破坏的链接；选中"无效链接"单选按钮，会在下面的列表框中列出已经被破坏、失去的链接。

2．链接的更新

在一般情况下，当修改库中的图标时，它对应的流程线上的图标的内容也会自动更新。但对于有些内容并不能直接更新，这时可以用手动的方法进行更新。

首先修改库窗口中的图标内容，然后选择 Xtras（其他）|"库链接"命令，打开"库链接"对话框。选中"完整链接"单选按钮，在下面的列表框中选择需要更新的图标，单击"更新"按钮，弹出一个询问是否更新链接的对话框，如图 10-14 所示，单击"更新"按钮即可完成链接的更新。

3．链接的修复

有时候，在流程线上的图标名称前面，会出现一个断开链接符号 ✇，这说明该图标对应的库中的图标已经找不到了，这个图标里的内容也就不能用了，如图 10-15 所示。

产生断链一般是因为链接库中的图标或整个库被删除，或链接的库移动了位置造成的。如果链接的库中的图标被删除或整个库被删除，那么是无法修复的；如果只是库移动了位置，可以通过修复链接的方法重新找回失去的链接。

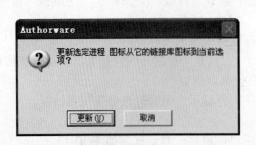

图 10-14　询问是否更新链接的对话框　　　　图 10-15　流程线上的图标找不到对应库图标

在 Authorware 打开应用程序时，如果对应的库改变了位置，会弹出一个查找库文件的对话框。找到存放库文件的文件夹，选中库文件，单击"打开"按钮，恢复链接就可以了。

10.2　模板

库中只能存放单个图标的内容，而不能保留图标之间的相互关系。为了解决这个问题，Authorware 为设计者提供了模板的功能。所谓的模板，其实就是将流程线上的多个图标保存在一个特殊的文件里，做成模板，供设计者反复调用的程序。

对于模板的建立，如果通过简单分析的介绍方法，不免让人感觉有些抽象并且不容易理解，因此下面通过一个实例操作来直观地介绍这个问题。

10.2.1　建立模板

1．选中一段已经建立的程序

（1）打开一个已有的文件，或新建一个文件，并在流程线上加入一些内容，设置相应的属性。

（2）在流程设计窗口拖曳出一个矩形虚线框，将需要的内容框选，如图 10-16 所示。松开鼠标键，选中的图标呈反色显示。

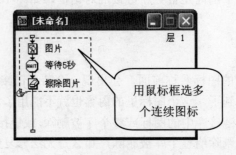

图 10-16　选中图标

2．将选中内容保存为模板

选择"文件"|"存为模板"命令，打开"保存在模板"对话框，模板必须保存在 Knowledge Object 目录中。选择 Authorware 目录下的 Knowledge Object 文件夹，单击新建文件夹按钮 ，新建一个文件夹，将其命名为 my model。双击该文件夹将其打开，在"文件名"文本框中输入"显示等待擦除"，如图 10-17 所示，单击"保存"按钮将其保存为一个模板。

10.2.2　使用模板

1．更新模板

单击工具栏上的 Knowledge Objects（知识对象）按钮 KO，打开它的操作面板。单击面板上的"刷新"按钮，新建立的模板就会出现在控制面板的列表框中，如图 10-18 所示。

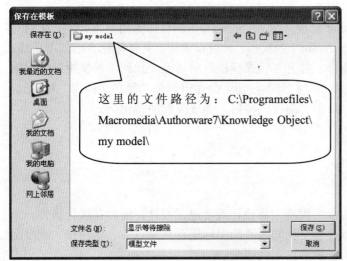

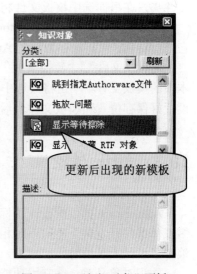

图 10-17　建立一个新模板　　　　　图 10-18　"知识对象"面板

2．将模板拖曳到流程线上

选中一个模板，将它拖放到流程线的相应位置，可以看到在流程线上已经多了模板里的内容，如图 10-19 所示。

3．修改流程线上的图标内容

在流程线上的图标上双击，可以在打开的窗口中修改它们的内容，这并不影响模板的构成和内容。

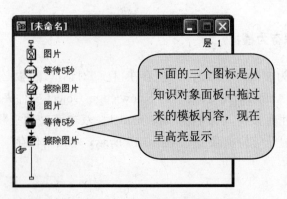

图 10-19　将模板内容拖曳到流程线上的结果

10.2.3　卸载模板和转化模板

想卸载一个模板，必须将它从计算机中删除或移出 Knowledge Object 文件夹。比如说，在安装 Authorware 软件的时候，将它安装在默认的 C:\Programefiles\Mecromedia\Authorware7 文件夹里，必须在这个文件夹中找到 Knowledge Object 文件夹下的 my model 文件夹，在里面选中模板文件将其删除。

如果想使用旧版本的 Authorware 模板，在 Authorware 7 中直接调用是不行的。必须对它进行转化，重新保存为新的 Authorware 7 的模板，才可以调用，具体转化方法如下所述。

选择"文件"|"转换模板"命令，打开"转换模板"对话框，找到以前使用过的旧版本中的模板文件，单击将其选中。单击"打开"按钮，会弹出一个"保存文件为"对话框，设置好保存位置和模板文件名后，单击"保存"按钮，完成模板的转化。

10.3　知识对象

Authorware 提供的设计图标在很大程度上靠设计人员进行设计，同时在进行另外一个多媒体课件开发时，不得不对相似的甚至相同内容的图标进行重复设计，这在很大程度上浪费了设计人员的时间和精力，工作效率也大受影响。

知识对象是对一些常用功能经过封装处理后的模板，该模板具有向导功能，设计人员根据向导提示能轻松实现某一功能的程序编制，因而大大提高了工作效率。

10.3.1　认识知识对象

知识对象根据功能可分为以下 10 类：Internet、LMS、RTF 对象、界面构成、模型调色板、评估、轻松工具箱、文件、新建和指南。单击快捷工具栏上的"知识对象"按钮 ，调出如图 10-20 所示的"知识对象"面板。

要使用知识对象，只需通过"知识对象"面板上"分类"下拉列表框找到相应功能的模板集合，然后将列表中的知识对象拖动到流程线上或直接双击，知识对象图标就会插入到流程线上，设计人员根据弹出的知识对象向导一步一步设计，最终完成知识对象的插入，如图 10-21 所示。

图 10-20 "知识对象"面板

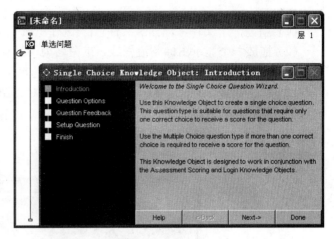

图 10-21 插入知识对象弹出知识对象向导对话框

10.3.2 知识对象应用实例——单项选择题

选择题是多媒体课件制作中经常要制作的程序。在 Authorware 中通过评估类知识对象能很快完成单项选择和多项选择题的制作。下面使用知识对象中的"单选问题"知识对象来创建一个单项选择题,程序流程如图 10-22 所示,执行效果如图 10-23 所示。

图 10-22 程序流程图

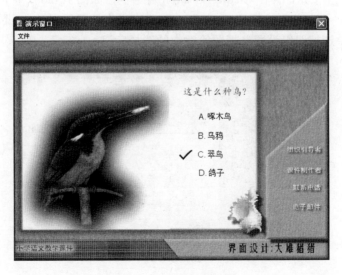

图 10-23 程序执行效果

操作步骤

（1）新建一个文件，选择"文件"|"保存"命令将新建的文档进行保存。

（2）拖放一个显示图标到流程线，重命名为"背景"。双击打开显示图标设计窗口，导入一张练习题背景图片 back.gif。适当调整图标的尺寸，以铺面整个设计窗口。

（3）单击快捷工具栏上的"知识对象"按钮 ，调出"知识对象"面板。选择"分类"下拉列表框中的"评估"选项，下面列表中列出了"评估"类知识对象，将其中的"单选问题"知识对象拖动到"背景"显示图标下面的流程线上，弹出单选问题知识对象向导，如图 10-24 所示。

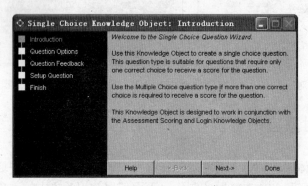

图 10-24　单选问题知识对象导向第 1 步

左侧显示当前使用的单选问题知识对象向导，共分 5 步进行设置。右侧显示了当前使用的单选问题知识对象的简单介绍。

（4）单击 Next 按钮进入向导第 2 步设置，显示如图 10-25 所示的对话框。其中 Question base display layer 文本框用于设置单选题中文字、图片等对象的显示层。Media Folder 文本框用于设置单选题中使用的媒体存放路径，可以在下面的文本框中直接输入一个路径，也可以单击右侧的 按钮，弹出 Media Location 对话框，如图 10-26 所示，选择一个存放媒体的目录并单击"确定"按钮即可完成设置，建议将该目录放在与课件相同目录里。Distractor Tags 单选按钮组设置选择题答案中的选择标记。

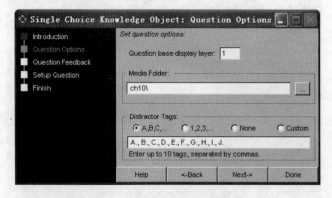

图 10-25　单选问题知识对象导向第 2 步

图 10-26　Media Location 对话框

（5）单击 Next 按钮进入向导第 3 步设置，显示如图 10-27 所示的对话框。其中 Feedback 选项区域用于设置如何显示反馈信息，Immediate 单选按钮为立即显示；Check Answer Button 单选按钮为需要单击检测按钮查看反馈信息；No Feedback 单选按钮则不显示任何反馈信息；选中 Reset question on entry 复选框，则每次显示当前选择题，会对反馈信息进行重置。Number of Tries 文本框设置允许用户尝试选择的最多次数。

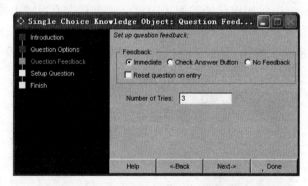

图 10-27　单选问题知识对象导向第 3 步

（6）单击 Next 按钮进入向导第 4 步设置，显示如图 10-28 所示的对话框。这一步对选择题的题干及答案进行设置。最上面的文本框为编辑区，可对选择题的题干或答案进行修改。紧接着下面是显示调用媒体的文本框，可以通过单击右侧的 Import Media 按钮打开 Import Media 对话框，选择需要导入的媒体，导入的媒体将作为题干或答案的一部分，可以是图片、声音或视频。Preview Window 文本框显示了选择题的题干和答案。单击相应的内容，可以在最上面的文本框中对选定的内容进行修改。当选择了题干或某个答案，单击右侧的 Import Media 按钮可为当前选择的题干或答案添加一个媒体。Add Choice 按钮和 Delete Choice 按钮可增加或删除一个答案项。Set selected item 选项区域用于设置所选定的答案是正确答案还是错误的答案。Media 预览区将显示所选定的题干或答案中所包含的媒体信息。IMS Question & Test Interoperability ver1.1 选项区域可输入或导出 XML 文件。

　　专家点拨：每个答案包含答案的说明文字，一般不能将其删除。如果确实不需要这些说明文字，则选定答案下面的说明文字，将其删除后输入一个空格即可。

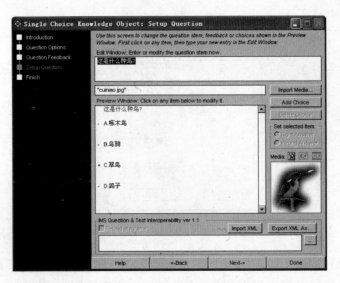

图 10-28　单选问题知识对象导向第 4 步

（7）单击 Next 按钮进入向导第 5 步设置，显示如图 10-29 所示的对话框。这一步向导将根据刚才的设置创建知识对象，单击 Done 按钮完成设置并开始创建。要对设置进行修改，可以单击 Back 按钮，如果已经关闭了向导，只要双击流程线上的知识对象图标也可以再次启动向导对设置进行修改。向导将提示知识对象中使用到的一些外部扩展函数、Xtras 等，并自动将所需文件复制到与课件所在相同目录。

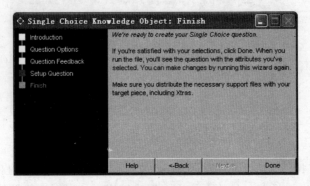

图 10-29　单选问题知识对象导向第 5 步

（8）运行程序进行测试。通过单击相应的答案查看反馈信息。

10.3.3　知识对象应用实例——课件全屏幕播放

用 Authorware 制作课件，在制作之前就要确定好作品的分辨率，现在常用的分辨率为 1024×768 像素。可是这并不能保证设计的效果能够在用户的计算机上完美重现。如果用户的显示器分辨率为 800×600 像素，那么作品将有一部分在屏幕外，根本显示不出来；如果用户显示器的分辨率为 1440×900 像素，那么作品仅能占据屏幕的一部分，也不能让用户看到最佳效果。所以最好的方法是，在程序运行时，检测用户的显示器分辨率，如果和程序设计的不一致，那么提示用户改变它。

改变用户的显示器的分辨率有两种解决方案。一种是调用 winapi.u32 函数，通过调用系统的"显示属性"来调节分辨率；一种是调用 altools.u32 函数，通过 alChangeRes 函数来调节分辨率。

第 1 种方法的流程简单，不用写太多代码；但是因为不知道用户的操作系统，代码可移植性差，出错的可能性也大，而且是调用系统的"显示属性"对话框，看起来整体性不怎么好，并且对用户的计算机水平要求比较高。

第 2 种虽然流程相对复杂，要写较多代码，但是可移植性好，整体性好，对用户的计算机水平要求不高，可以调节的项目也比较多。

综合以上分析，这里介绍利用第 2 种方法并配合使用"消息框"知识对象来进行本例的设计与制作。

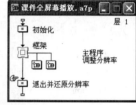

图 10-30　设计流程

制作步骤

（1）新建一个文件，设计流程如图 10-30 所示，将"框架"图标里面的东西全部删除掉。选择"文件"|"保存"菜单命令，将新建的文档保存为"课件全屏幕播放.a7p"。

（2）在"初始化"计算图标里面输入以下代码：

```
--这里是本程序运行所需的屏幕分辨率
--本例设为 1024×768,32 位真彩色,你可以改为想要的值
N_width:=1024
N_height:=768
N_depth:=32
--先检测当前屏幕分辨率,并保存起来,以便程序退出时恢复
width:=ScreenWidth
height:=ScreenHeight
depth:=ScreenDepth
--如果当前屏幕设置和本程序要求不同,
if ((ScreenDepth <N_depth)|(ScreenWidth<>1024)) then
   GoTo(IconID@"调整分辨率")
else
   GoTo(IconID@"主程序")
end if
```

（3）"主程序"群组图标内的设计流程如图 10-31 所示，在"退出"计算图标中输入如下代码：

```
GoTo(IconID@"退出并还原分辨率")
```

（4）载入 altools.u32 中的 alChangeRes 函数。

（5）双击打开"调整分辨率"群组图标。单击工具栏上的 按钮，打开"知识对象"窗口，从中将"消

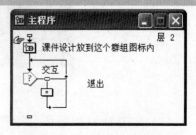

图 10-31　"主程序"设计流程

息框"知识对象拖动到流程线上面，松开鼠标键，出现"消息框"知识对象的向导，单击

Next 按钮进入向导第 2 步，如图 10-32 所示，单击选择 Application Modal 单选按钮。

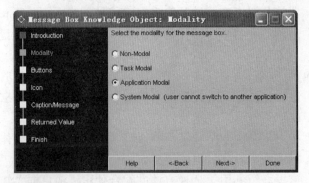

图 10-32 "消息框"知识对象 Modality 界面

（6）单击 Next 按钮进入向导第 3 步，按照如图 10-33 所示进行设置。

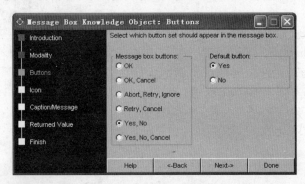

图 10-33 "消息框"知识对象 Buttons 界面

（7）单击 Next 按钮进入向导第 4 步，出现 Icon 选择界面，这个无关紧要，随便选一个。然后单击 Next 按钮进入向导第 5 步，如图 10-34 所示。在这里，可以个性化对话框的内容。按照需要写入相关内容。

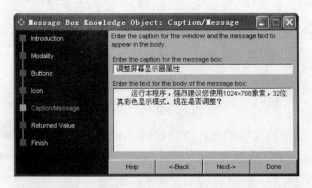

图 10-34 "消息框"知识对象 Caption / Message 界面

（8）单击 Next 按钮进入向导第 6 步，如图 10-35 所示。在 Return Variable Name 文本框中输入=wzMBReturnedValue，选择 Button Number 单选按钮。单击 Done 按钮结束这次设定。

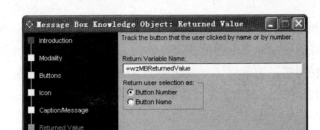

图 10-35 "消息框"知识对象 Returned Value 界面

（9）拖放一个计算图标到"消息框"知识对象下面的流程线上，命名为"改变分辨率"，在其中输入如下代码：

```
--将屏幕分辨率调为所要求的值
if wzMBReturnedValue=6 then
  alChangeRes(N_width,N_height,N_depth)
  changed:=1 --标记屏幕分辨率已被更改
else
  GoTo(IconID@"主程序")
end if
GoTo(IconID@"主程序") --跳到主程序
```

（10）在"退出并还原分辨率"计算图标中输入如下代码：

```
--如果屏幕分辨率被更改,程序退出时,恢复原设置
if changed=1 then alChangeRes(width,height,depth)
Quit()
```

（11）制作完毕，保存文件，单击快捷工具栏上的"运行"按钮测试一下效果。如果用户的显示器不是 1024×768×32 分辨率模式，那么会出现如图 10-36 所示的对话框，单击"是"按钮可以改变分辨率。在程序退出时分辨率会恢复成原始设置。

图 10-36 "调整屏幕显示器属性"对话框

10.4 Xtras 扩展插件

Xtras 扩展插件是一种对 Authorware 的功能进行扩展的外部插件，一般常见的过渡效果就是这类插件的一种。Xtras 扩展插件能实现某一特定功能，文件后缀为.x32，Macromedia 在发布 Authorware 时提供了不少该类插件，如播放 Flash 动画、GIF 动画、QuickTime 视

频，过渡效果，Scrite Xtras（在函数面板中）以及工具型 Xtras。此外，第三方开发商也提供了丰富的各类扩展插件，如用于播放各类媒体的 DirectMediaXtra，制作内置网络浏览器的 WebXtra 等。要使用第三方插件，一般应先将 Xtras 扩展插件文件复制到 Authorware 系统目录的 Xtras 子目录中才可使用。发布作品时，如果使用了某个 Xtras 扩展插件，则应将支持的 Xtras 文件随同作品一起复制。

下面通过几个实例来讲解在多媒体课件中如何使用 Xtras 扩展插件增强课件功能。

10.4.1　播放 Flash 动画

Flash 是目前互联网上最为流行的动画制作软件之一，其创作的动画文件容量小，画面精美，深受人们的喜爱。本节介绍如何在 Authorware 中使用 Flash 动画文件，并对 Flash 文件的播放进行简单控制。如图 10-37 所示显示了播放 Flash 动画的程序流程，程序执行效果如图 10-38 所示。

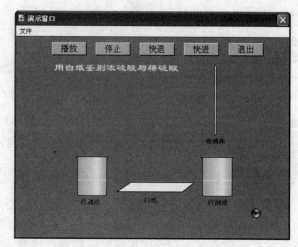

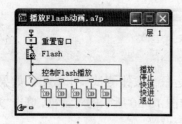

图 10-37　播放 Flash 动画程序流程　　　　图 10-38　播放 Flash 动画程序执行效果

Flash Xtras 扩展插件内部提供了丰富的属性和方法，一般通过系统函数 CallSprite( )、SetSpriteProperty( )和 GetSpriteProperty( )编写脚本语句来调用这些属性和方法。本例用到的系统函数和部分 Flash Xtras 属性、方法如表 10-1 所示。

表 10-1　部分函数、属性、方法说明

函数	说明
result := GetSpriteProperty (@"SpriteIconTitle", #property) SetSpriteProperty(@"SpriteIconTitle", #property, value)	取得指定 Sprite 对象的属性。参数 SpriteIconTitle 为流程线上 Sprite 的图标，#property 为 Sprite 对象支持的属性名称，value 为设置的属性值
result := CallSprite(@"SpriteIcon-Title",#method [, argument...])	调用指定 Sprite 对象的方法。参数 SpriteIconTitle 为流程线上 Sprite 的图标，#method 为 Sprite 对象支持的方法，可选参数 argument 为该方法的参数值

续表

Flash Xtras 属性和方法	说明
play 方法	语法：CallSprite(@"SpriteIconTitle", #play)
	播放指定 SpriteIconTitle 图标中的 Flash 动画
stop 方法	语法：CallSprite(@"SpriteIconTitle", #stop)
	暂停播放指定 SpriteIconTitle 图标中的 Flash 动画
goToFrame 方法	语法：CallSprite(@"SpriteIconTitle", #goToFrame,framenumber)
	跳转到 framenumber 指定的帧开始播放
frame 属性	获得或设置 Flash 动画的当前帧
	语法：
	获得当前帧
	result := GetSpriteProperty(@"SpriteIconTitle", #frame)
	设置当前帧
	SetSpriteProperty(@"SpriteIconTitle", #frame, integer)

制作步骤

（1）使用 Flash 软件制作一个 Flash 课件片段动画，或者从网上下载一个 Flash 课件，用于插入到本例并对其进行控制。配套光盘上提供了本实例使用的 Flash 课件片段动画 jianbie.swf。

（2）打开 Authorware 新建一个文件，选择"文件"|"保存"菜单命令，将新建的文档进行保存。

（3）拖动一个计算图标到流程线上，重命名为"重置窗口"。双击打开计算图标编辑窗口，输入代码 ResizeWindow(540,390)，设置演示窗口尺寸大小为 540×390 像素。

（4）选择"插入"|"媒体"|Flash Movie 菜单命令，弹出"Flash Asset 属性"对话框，如图 10-39 所示。单击右侧的"浏览"按钮，弹出 Open Shockwave Flash Movie 对话框，如图 10-40 所示，从中选择一个 Flash 动画文件，并单击"打开"按钮，即可将一个 Flash 动画导入。也可以直接在"链接文件"文本框中输入 Flash 动画文件的路径。选中"直接写屏"复选框可提升 Flash 动画的播放速度，但不能将 Flash 动画的背景设置成透明。

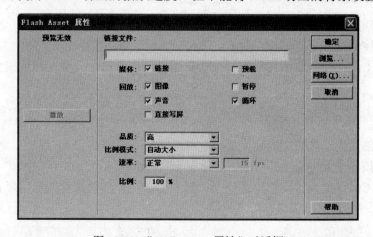

图 10-39 "Flash Asset 属性"对话框

图 10-40 Open Shockwave Flash Movie 对话框

完成设置，单击"确定"按钮后，流程线上将出现一个 Flash Movie 图标，如图 10-41 所示，重命名为 Flash。

以下步骤（5）～（11）创建"控制 Flash 播放"交互结构。

（5）拖动一个交互图标到流程线上，重命名为"控制 Flash 播放"。

（6）下面创建播放按钮。拖放一个群组图标到"控制 Flash 播放"交互图标右侧，弹出"交互类型"对话框，单击"按钮"单选按钮，建立一个按钮交互分支。

图 10-41 流程线上 Flash Movie 图标

将按钮交互分支下的群组图标重命名为"播放"。选定"播放"群组图标，按 Ctrl+=键为该图标附加一个计算图标，在弹出的计算图标编辑窗口中输入以下代码：

```
CallSprite(IconID@"Flash",#play)  --播放 Flash 动画
```

（7）下面创建停止按钮。继续拖放一个群组图标到"控制 Flash 播放"交互图标右侧，自动建立一个按钮交互分支。将按钮交互分支下的群组图标重命名为"停止"。选定"停止"群组图标，按 Ctrl+=键为该图标附加一个计算图标，在弹出的计算图标编辑窗口中输入以下代码：

```
CallSprite(IconID@"Flash",#stop)  --停止播放 Flash 动画
```

（8）下面创建快退按钮。继续拖放一个群组图标到"控制 Flash 播放"交互图标右侧，自动建立一个按钮交互分支。将按钮交互分支下的群组图标重命名为"快退"。选定"快退"群组图标，按 Ctrl+=键为该图标附加一个计算图标，在弹出的计算图标编辑窗口中输入以下代码：

```
currentframe:=GetSpriteProperty(@"Flash", #frame)   --取得播放时的当前帧
CallSprite(@"Flash", #gotoFrame, currentframe-3)   --让动画后退 3 帧
```

（9）下面创建快进按钮。继续拖放一个群组图标到"控制 Flash 播放"交互图标右侧，自动建立一个按钮交互分支。将按钮交互分支下的群组图标重命名为"快进"。选定"快进"群组图标，按 Ctrl+=键为该图标附加一个计算图标，在弹出的计算图标编辑窗口中输入以下代码：

```
currentframe:=GetSpriteProperty(@"Flash", #frame)   --取得播放时的当前帧
CallSprite(@"Flash", #gotoFrame, currentframe+3)    --让动画前进 3 帧
```

（10）下面创建退出按钮。继续拖放一个群组图标到"控制 Flash 播放"交互图标右侧，自动建立一个按钮交互分支。将按钮交互分支下的群组图标重命名为"退出"。选定"退出"群组图标，按 Ctrl+=键为该图标附加一个计算图标，在弹出的计算图标编辑窗口中输入以下代码：

```
Quit(0)
```

（11）设置各个按钮在演示窗口中的位置。双击"控制 Flash 播放"交互图标，打开交互图标设计窗口，将各个按钮拖动到合适位置，并选择"修改"|"排列"菜单命令，对它们进行排列操作。

（12）运行并测试程序，单击控制按钮查看 Flash 动画的播放情况。如果 Flash 动画中本身具有控制按钮，则也可以单击进行播放控制。

10.4.2　万能媒体播放器

DirectMedia Xtra 是一个用于在 Authorware 中播放多种多媒体文件的扩展插件。该插件利用 Microsoft DirectX 中的 DirectDraw 和 DirectSound 技术播放视频和音频，支持包括 MPEG、AVI、Quicktime、WAV、AIF、MP2 和 MIDI 在内的多种多媒体文件。如果系统装有 Windows Media Player，那么还支持经过压缩的 ASF、WMV 或 WMA 格式文件。通过该插件，可以使 Authorware 支持绝大多数多媒体文件的优化播放，并且轻松控制，俨然一个操纵多媒体文件的利器。下面使用 DirectMedia Xtra 制作一个"万能媒体播放器"，该媒体播放器支持多种媒体的播放，并且可以设置左右声道、音量调节，控制媒体的播放和停止。"万能媒体播放器"程序流程如图 10-42 所示，执行效果如图 10-43 所示。

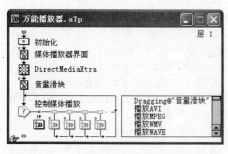

图 10-42　"万能媒体播放器"程序流程　　　　图 10-43　"万能媒体播放器"程序执行效果

表 10-2 列出了本例中用到的部分函数、变量和 DirectMedia Xtra 内部包含的一些属性、方法。

表 10-2　部分函数、变量、属性、方法说明

函数	说明
SetIconProperty(IconID@"IconTitle", #property, value)	SetIconProperty 设置 IconTitle 指定图标的属性值。图标可以是标准图标，也可以是 Xtra 图标
result := CallSprite(@"SpriteIcon Title", #method [, argument...])	调用指定 Sprite 对象的方法。参数 SpriteIconTitle 为流程线上 Sprite 的图标，#method 为 Sprite 对象支持的方法，可选参数 argument 为该方法的参数值

变量	说明
Movable@"IconTitle"	如果 IconTitle 指定的设置图标里的显示对象被移动，则系统变量 Movable@"IconTitle"的值为 TRUE，否则为 FALSE。也可以对 Movable@"IconTitle"赋值使显示对象可移动（TRUE）或者不能移动（FALSE）
Dragging@"IconTitle"	如果 IconTitle 指定的设置图标里的显示对象被用户拖动，则系统变量 Dragging@"IconTitle"的值为 TRUE，否则为 FALSE。利用该变量来进行事件同步
PathPosition@"IconTitle"	PathPosition@"IconTitle"存放指定图标中显示的位置。在移动图标属性对话框中用该变量移动一个对象

DirectMedia Xtra 属性和方法	说明
adjustdurationbeforeplayback 属性	语法：SetIconProperty(@"IconTitle ",#adjustdurationbeforeplayback, value)
	说明：参数 value 可取 TRUE 或 FALSE。如果该属性为 TRUE，Xtra 将扫描链接的媒体文件，当开始播放时自动调整总毫秒数。这样做是必需的，因为对于同一个媒体文件，不同的 DirectShow 解码器会返回不同的总毫秒数。如果作品在装有不同解码器的计算机上运行，Xtra 将不能自动确定提示点，因此在大多数的程序中使用此属性是必要的
showlocatefiledialog 属性	语法：SetIconProperty(@"IconTitle ", #showlocatefiledialog, value)
	说明：参数 value 可取 TRUE 或 FALSE。指定的 Xtra 图标在播放时定位链接的媒体文件，如果未找到，则通过此函数决定是否显示一个"打开文件"对话框选择将要播放的媒体文件
file 属性	语法：result:=GetIconProperty(@"IconTitle", #file)
	SetIconProperty(@"DirectMediaXtra", #file,filename)
	说明：取得/设置播放的媒体文件。参数 result 返回函数 GetIconProperty 取得的播放文件。参数 filename 为待播放的多媒体文件名
getvolume 方法	语法：result :=CallSprite(@"IconTitle", #getvolume)
	说明：取得当前播放的音量大小，单位 dB
videoplay 方法	语法：CallSprite(@"IconTitle",#videoplay)
	说明：播放 IconTitle 指定的 Sprite 对象
videopause 方法	语法：CallSprite(@"IconTitle",#videoplay)
	说明：暂停播放 IconTitle 指定的 Sprite 对象
setbalance 方法	语法：CallSprite(@"IconTitle", #setbalance, balance)
	说明：设置播放音频的平衡值。参数 balance 为音频的平衡值，有效范围从–100～100，单位 dB
setvolume 方法	语法：CallSprite(@"IconTitle", #setvolume, volume)
	说明：设置播放的音量大小。参数 volume 为音量值，从–100～0，单位 dB

制作步骤

（1）打开 Authorware 新建一个文件，选择"文件"|"保存"命令，将新建的文档进行保存。

（2）拖放一个计算图标到流程线上，重命名为"初始化"。双击打开计算图标编辑窗口，输入以下代码：

```
resizewindow(432,390)  --重新设置演示窗口大小
SetIconProperty(@"DirectMediaXtra", #adjustdurationbeforeplayback,TRUE)
--扫描媒体文件，从而对持续播放时间和尺寸进行调整
SetIconProperty(@"DirectMediaXtra", #pauseatstart,TRUE)  --暂停媒体文件播放
SetIconProperty(@"DirectMediaXtra", #showlocatefiledialog,FALSE) --在未找
到文件时禁止弹出打开窗口
currentvol:=CallSprite(@"DirectMediaXtra", #getvolume)  --取得当前 Direct
Media Xtra 图标播放音量并赋值给自定义变量 currentvol，而此变量将对调节音量起作用。
```

（3）拖放一个显示图标到"初始化"计算图标下面的流程线上，重命名为"媒体播放器界面"。双击打开设计窗口，导入一张已经制作完成的媒体播放器界面图片，如图 10-44 所示，图片可以使用 Photoshop 等软件制作。按 Ctrl+=键为该图标附加一个计算图标，输入 Movable:=FALSE，这样播放界面就不会被拖动。

图 10-44　媒体播放器界面图片

（4）选择"插入"| Tabuleiro Xtras | DirectMediaXtra 命令，弹出"DirectMediaXtra？属性"对话框，如图 10-45 所示，直接单击"确定"按钮完成 DirectMediaXtra 图标的插入。

图 10-45 "DirectMediaXtra? 属性"对话框

（5）拖放一个显示图标到 DirectMediaXtra 图标下面的流程线上，重命名为"音量滑块"。双击打开设计窗口，导入已经准备好的音量滑块图片，并将其移动到播放界面图片中音量滑动槽上，如图 10-46（a）所示；按 Ctrl+I 键调出显示图标属性面板，在"层"文本框中输入 5，这样音量滑块就可以显示在其他显示对象之上。设置"位置"下拉列表框和"活动"下拉列表框的选项都为"在路径上"，这时，设计窗口中滑块上出现一个空心的小三角，如图 10-46（b）所示；在属性面板的"基点"文本框中输入–100，单击设计窗口中小三角，小三角由空心变成黑色实心，拖动小黑三角到滑动槽的最左端，如图 10-46（c）所示；单击属性面板中"终点"右侧文本框，输入 100，拖动设计窗口中音量滑块图片到音量滑动槽最右侧，这时在右侧产生另一个小三角，两个小三角之间有一条线，组成了音量滑块移动的路径，如图 10-46（d）所示；在属性面板的"初始"文本框中输入自定义变量 currentvol，该变量在"初始化"计算图标中被赋予了 DirectMediaXtra 图标的当前音量的值，这里的作用是将当前音量的值，转化成音量滑块出现在滑动槽的位置。设置完毕"显示"图标属性面板如图 10-47 所示。

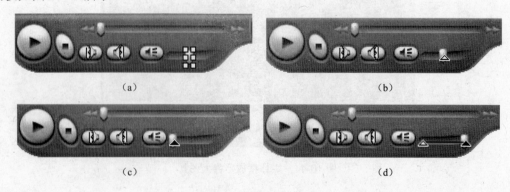

图 10-46 音量滑块图片

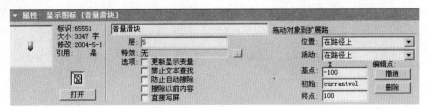

图 10-47　显示图标属性面板

　　按 Ctrl+=键为"音量滑块"显示图标附加一个计算图标，在计算图标的附加窗口中输入 Movable:=TRUE，设置显示图标内的对象始终可以被移动。

　　以下步骤（6）～（15）建立"控制媒体播放"交互结构。

　　（6）拖放一个交互图标到"音量滑块"显示图标后面的流程线上，重命名为"控制媒体播放"。下面建立"Dragging@"音量滑块""交互分支，该交互分支的作用是用户通过拖动音量滑块来调节播放时的音量。程序通过条件交互来检测用户是否拖动音量滑块，如果拖动，则执行交互分支下群组图标内的调节音量的流程。

　　（7）拖放一个群组图标到"控制媒体播放"交互图标右侧，弹出"交互类型"对话框，选中"条件"单选按钮建立一个条件交互分支。

　　（8）单击条件交互标志，调出条件交互属性面板，选择"条件"选项卡，在"条件"文本框中输入触发该条件响应的条件"Dragging@"音量滑块""，选择"自动"下拉列表框中的"为真"选项，如图 10-48 所示。

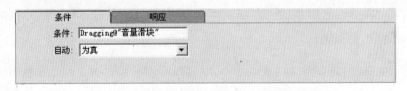

图 10-48　条件交互属性面板的"条件"选项卡

　　（9）选择"响应"选项卡，选择"分支"下拉列表框中的"继续"选项。

　　（10）创建"Dragging@"音量滑块""群组图标内的流程，如图 10-49 所示。拖放一个决策图标到第 2 层流程线上，重命名为"设置声音"。拖动一个计算图标到决策图标右侧，建立一个判断分支，并将计算图标重命名为"取得音量滑块位置"。双击打开计算图标编辑窗口，输入代码 currentvol:=PathPosition@"音量滑块"，其作用是将音量滑块在滑动槽上的位置值赋值给自定义变量 currentvol，该变量的改变将影响到音量的大小。

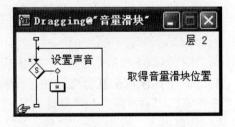

图 10-49　"Dragging@"音量滑块""
群组图标内的流程

　　（11）单击"设置声音"决策图标，调出决策图标属性面板，选择"重复"下拉列表框中的"直到判断值为真"选项，在下面文本框中输入~Dragging@"音量滑块"；在"分支"下拉列表框中选择"顺序分支路径"选项，如图 10-50 所示。

图 10-50　"设置声音"决策图标属性面板

（12）为"设置声音"决策图标附加一个计算图标，在计算图标编辑窗口输入代码
CallSprite(@"DirectMediaXtra", #setvolume, currentvol)，该段代码的作用是设置音量。

（13）下面创建"播放 AVI"、"播放 MPEG"、"播放 WMA"、"播放 WAV"、"播放 MIDI"
交互分支。

拖放一个群组图标到"控制媒体播放"交互图标右侧，自动建立一个条件交互分支，
将群组图标重命名为"播放 AVI"。单击交互标志调出交互属性面板，通过"类型"下拉列
表框将交互类型更改为热区域交互类型；将"鼠标"属性更改为手形。根据这样的方法创
建另外 4 个交互分支，分别重命名为"播放 MPEG"、"播放 WMA"、"播放 WAV"、"播放
MIDI"。为每个交互分支下的群组图标附加一个计算图标，其内部代码如下。

"播放 AVI"群组图标：

```
SetIconProperty(@"DirectMediaXtra", #file,FileLocation^"demo.avi")
```

"播放 MPEG"群组图标：

```
SetIconProperty(@"DirectMediaXtra", #file,FileLocation^"demo.mpg")
```

"播放 WMA"群组图标：

```
SetIconProperty(@"DirectMediaXtra", #file,FileLocation^"demo.wmv")
```

"播放 WAV"群组图标：

```
SetIconProperty(@"DirectMediaXtra", #file,FileLocation^"demo.wav")
```

"播放 MIDI"群组图标：

```
SetIconProperty(@"DirectMediaXtra", #file,FileLocation^"demo.mid")
```

（14）下面创建"开始播放"、"停止播放"、"左声道"、"右声道"和"立体声"交互
分支。

依次拖放 5 个群组图标到"控制媒体播放"交互结构中"播放 MIDI"交互分支右侧，
建立 5 个热区域交互分支，将各个群组图标分别重命名为"开始播放"、"停止播放"、
"左声道"、"右声道"和"立体声"。为每个交互分支下的群组图标附加一个计算图标，其
内部代码如下。

"开始播放"群组图标：

```
CallSprite(@"DirectMediaXtra",#videoplay)
```

"停止播放"群组图标：

```
CallSprite(@"DirectMediaXtra",#videopause)
```

"左声道"群组图标：

```
CallSprite(@"DirectMediaXtra", #setbalance,-100)
```

"右声道"群组图标：

```
CallSprite(@"DirectMediaXtra", #setbalance,100)
```

"立体声"群组图标：

```
CallSprite(@"DirectMediaXtra", #setbalance,0)
```

（15）双击"控制媒体播放"交互图标打开设计窗口，调整各个热区域的位置如图 10-51 所示。前面 5 个热区域分别对应右上角 5 个圆形按钮标志；后面 5 个热区域对应下面控制面板上的各个按钮标志。

图 10-51　"控制媒体播放"交互图标设计窗口

（16）运行并测试程序，首先单击右上角 5 个圆形标志，调入相应的媒体，然后单击下面控制面板上的播放按钮进行播放。按 Ctrl+P 键暂停播放，可以适当设置数字电影画面的大小和位置。

本章习题

一、选择题

1. 在库中（　　）图标上右击，可以打开一个预览窗口预览图标的内容。

A．显示　　　　　B．交互　　　　　C．计算　　　　D．群组
2．下面（　　）标志表示流程线上有图标和库文件之间存在链接关系。
　　A．　　　　　　　B．　　　　　　　C．　　　　　　　D．
3．用户在（　　）面板中可以找到自定义的模板。
　　A．变量　　　　　B．函数　　　　　C．知识对象　　　D．属性

二、填空题

　　1．库文件是独立于程序之外的一些内容，它保存在单独的文件夹中，但它又是程序的一部分，具有图标自身的内容。使用库中的图标可以在 Authorware 文件和库文件之间建立一种_____关系。

　　2．在 Authorware 中，模板文件必须保存在 Authorware 软件安装目录下的_____目录中。

　　3．_____是对一些常用功能经过封装处理后的模板，该模板具有向导功能，设计人员根据向导提示能轻松实现某一功能的程序编制，因而大大提高了工作效率。

　　4．_____是一种对 Authorware 的功能进行扩展的外部插件，一般常见的过渡效果就是这类插件的一种。

上机练习

练习 1　测验（Quiz）知识对象应用——测验题课件

　　利用测验（Quiz）知识对象制作一个测验题课件，效果如图 10-52 所示。本课件包含多个选择题，能够依次翻页，顺序完成所有题目。只有完成每一题答题后才能进入下一题，并可由用户选择是否对答题正误给出反馈。所有题目做完后能够察看得分情况。

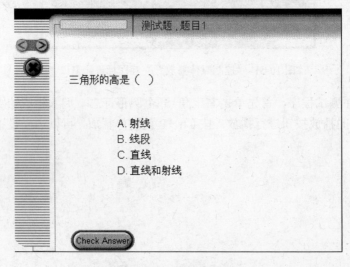

图 10-52　测验题课件

要点提示

（1）本书配套光盘提供了这个课件实例的源文件（配套光盘\上机练习\ch10\测验题.a7p），可作为参考进行上机练习。

（2）测验知识对象集成了 Authorware 中的大量功能，包括屏幕显示、用户登录、交互等。

（3）利用测验知识对象可以制作各种类型的测验题，包括单选题、多选题、判断题、简答题、拖动题、热区题、热对象题等题型。

（4）配套光盘上提供的源文件只设计了单选题，读者可以多添加几种类型的测验题进行练习。

练习 2　简单电影播放器

通过数字电影图标插入的数字电影很难对其进行诸如暂停、快进、快退等播放控制，利用"界面构成"知识对象分类中的"电影控制"知识对象，就能很轻松地实现对数字电影的播放控制。"电影控制"知识对象支持 AVI、DIR、MOV 及 MPEG4 等多种格式的数字电影，设置也非常简单，只要指定一个数字电影文件，调整其位置和大小即可。已经完成的"简单电影播放器"程序流程如图 10-53 所示，执行效果如图 10-54 所示。

图 10-53　程序流程

图 10-54　程序执行效果

要点提示

（1）新建一个文件，拖放一个计算图标到流程线上，双击打开计算图标编辑窗口，输入代码 ResizeWindow(220,220)，设置演示窗口大小为 220×220 像素。

（2）打开"知识对象"面板，从"分类"下拉列表框中选择"界面构成"选项，双击其中的"电影控制"，弹出"电影控制"知识对象向导。左侧显示了当前打开的电影控制知识对象向导将分 6 个步骤进行设置，右侧显示了"电影控制"知识对象的简介。

（3）在电影控制知识对象向导的指引下，分 6 个步骤进行详细的设置。

（4）本书配套光盘提供了这个课件实例的源文件（配套光盘\上机练习\ch10\简单电影播放器.a7p），可作为参考进行上机练习。

第11章

Authorware 课件典型结构

前面学习了Authorware的各个图标以及这些图标具体的使用方法，只要将这些图标进行合理的设计和组合，再配以合适的素材，就能设计制作出优良的课件。这种设计组合后的课件框架以及运行过程的结构称为"课件的结构"。课件的结构体现了课件设计者的制作思路，体现了作者对教材的处理方法和把握程度，直接影响教学的过程。因此课件的结构对于一个课件是至关重要的。本章将对直线型课件、分支型课件、模块型课件和积件型课件这4种典型课件结构进行全面的阐述。

11.1   制作直线型课件

在所有的课件结构中，直线型课件是最基本也是最简单的一种课件结构。这种结构的课件按直线方式依次运行，没有任何分支。因此这种结构的课件一般在演说或展示型的教学活动中使用较多，同时也适合欣赏型课件。其制作的过程比较简单，初学者比较容易掌握。

下面以浙江省编小学语文第四册教材中的《爱祖国》这一课为例，介绍直线型课件的制作方法。此课内容比较简单，课文共 10 句，上课过程是按这 10 句课文的先后顺序来进行分析和说明的，直线型课件足以应付。对于这 10 句课文的说明主要通过优美图片的展示进行，这样不但可以加深学生对课文的理解，还可以激发学生的爱国热情。

根据以上分析，此课件要根据课文的特点有机地安排各种展示内容，所展示的过程为：封面→课文→长城图片→白鸽视频动画→大树图片→花朵图片→大海图片→练习。课件运行效果如图 11-1 所示。

图 11-1   课件运行效果

下面详细叙述这一课件实例的制作方法。本书的配套光盘提供了制作本课件实例的素材和制作完成的源文件，可以作为参考使用。

11.1.1　设计直线型课件的流程

1．创建 Authorware 文档

　　（1）运行 Authorware，选择"文件"|"新建"|"文件"菜单命令，新建一个 Authorware 文档。然后将文档保存为"爱祖国.a7p"。

　　（2）单击流程设计窗口空白处，调出文件属性面板，选择"大小"下拉列表框中的 800×600（SVGA）选项，如图 11-2 所示。取消选中"显示标题栏"和"显示菜单栏"复选框，在课件运行时将不显示标题和菜单。

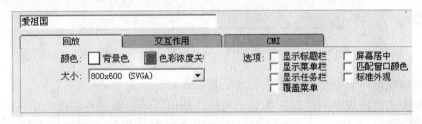

图 11-2　文件属性面板

2．为课件设计流程

　　（1）根据教学设计，构思出课件脚本，用图表将课件脚本表示出来。本课件脚本请参看第 1 章的表 1-1。

　　（2）为课件构思好流程后，把课件主流程中所要用到的图标拖放至流程线上，并为图标重新命名，主流程设计完成后如图 11-3 所示。

　　专家点拨：在制作直线型课件时如果在流程设计窗口中显示不下全部图标时，可右击流程设计窗口空白处，在弹出的快捷菜单中选择"滚动条"命令，实现滚动显示。也可以选中多个图标，再按 Ctrl+G 键将所选图标组成群组。

11.1.2　和课件封面相关的图标设置

1．制作封面图片

　　（1）双击主流程线上名为"封面"的显示图标，Authorware 自动弹出空白的设计窗口。

图 11-3　直线型课件流程图标设置

（2）选择"文件"|"导入和导出"|"导入媒体"菜单命令，弹出"导入哪个文件"对话框。从中选择已经制作好的封面图片"封面图片.jpg"，单击"导入"按钮，将图片导入到设计窗口中，如图 11-4 所示。

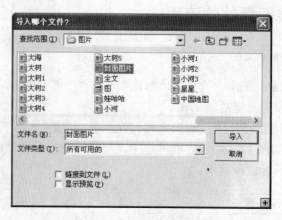

图 11-4　导入图片

（3）在设计窗口中调整封面图片的大小和位置。

（4）单击主流程线上的"封面"显示图标，调出显示图标属性面板，单击"特效"选项右侧的 按钮，Authorware 会弹出"特效方式"对话框，将显示特效设为"马赛克效果"。

2．为课件封面插入动态 Flash 标题

（1）将手形标志 定位在流程线上的"封面"显示图标后，选择"插入"|"媒体"|Flash Movie 菜单命令，弹出"Flash Asset 属性"对话框，如图 11-5 所示。

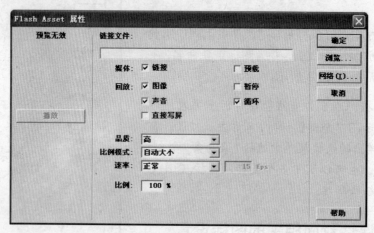

图 11-5　"Flash Asset 属性"对话框

（2）单击"浏览"按钮，在弹出的"打开 Shockwave Flash 影片"对话框中，查找并选择 Flash 动画文件"课题.swf"，然后单击"打开"按钮，如图 11-6 所示。Authorware 回到"Flash Asset 属性"对话框，其他选项按默认设置，不做改动，单击"确定"按钮。

图 11-6　导入 Flash 动画窗口

（3）单击主流程线上新出现的 Flash Movie 图标，调出功能图标属性面板，选择"显示"选项卡，选择"模式"下拉列表框中的"透明"选项，去掉 Flash 动画的白色背景，如图 11-7 所示。

图 11-7　Flash 动画属性设置

3．设置"进入授课"按钮交互

图 11-8　按钮操作

（1）在主流程线的"进入"交互结构中，单击"进入授课"交互分支上的交互类型标志，调出交互图标属性面板，单击"按钮"按钮，如图 11-8 所示。

（2）在弹出的如图 11-9 所示的"按钮"对话框中单击"添加"按钮，弹出"按钮编辑"对话框，如图 11-10 所示。

（3）单击"常规"项中的"未按"按钮，再单击"图案"后面的"导入"按钮，弹出"导入哪个文件"对话框。查找并选择已经制作好的按钮图片"运行 1.jpg"，单击"导入"按钮，如图 11-11 所示。

（4）返回到"按钮编辑"对话框后，单击"常规"项中的"在上"按钮，重复步骤（3）的操作，选择制作好的"鼠标在按钮上时"的状态图片"运行 2.jpg"，单击"导入"按钮，返回"按钮编辑"对话框后单击"确定"按钮。

（5）单击主流程线上的按钮交互类型图标，在调出的交互图标属性面板中选择

"响应"选项卡，选择"分支"下拉列表框中的"退出交互"选项，如图 11-12 所示。

图 11-9 "按钮"对话框

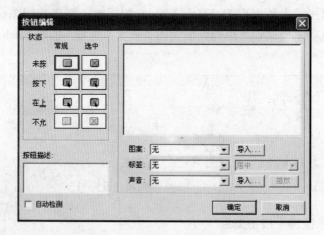

图 11-10 "按钮编辑"对话框

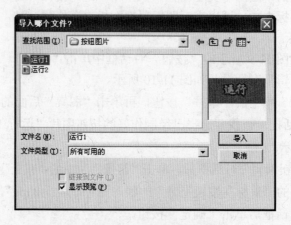

图 11-11 导入"未按"按钮图片

图 11-12　按钮响应设置

专家点拨：在这个"进入授课"按钮交互分支的群组图标里面一个图标也没有，在运行中不会显示任何其他的内容，从而实现单击按钮退出交互进入下一步的暂停功能。也可以用"热区交互"实现此功能。

11.1.3　和课件展示内容相关的图标设置

1．设置"课文"显示图标

（1）双击设计流程上的"课文"显示图标，Authorware 弹出空白设计窗口。

（2）选择"文件"|"导入和导出"|"导入媒体"菜单命令，弹出"导入哪个文件"对话框，查找并选择已制作好的背景图片"课文背景.jpg"，单击"导入"按钮，将背景图片导入设计窗口。

（3）选择绘图工具栏中的"文本"工具，单击设计窗口空白处，在该设计窗口中输入《爱祖国》这篇课文。将文字字体设为黑体，文字大小设为 24 磅。

（4）选择绘图工具栏中的"模式"工具，在调出的模式面板中单击"透明"选项，将文字后面的白色背景设为透明。

（5）单击主流程上的"课文"显示图标，调出显示图标的属性面板，选中"选项"区域中的"擦除以前内容"复选框，当运行到该显示图标时将以前显示的内容擦除，如图 11-13 所示。

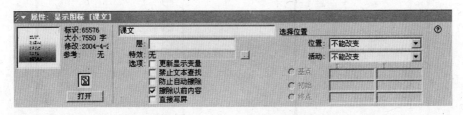

图 11-13　"显示"图标属性设置

专家点拨：选中显示图标属性面板中的"擦除以前内容"复选框，可将以前显示的内容擦除，这样可以省去一个擦除图标。如果选中了"防止自动擦除"复选框，以前的显示内容只能通过擦除图标擦除。

2．设置"暂停"等待图标

单击主流程中的名为"暂停"的等待图标，调出等待图标属性面板，取消选中"选项"中的"显示按钮"复选框，选中"事件"中的"单击鼠标"和"按任意键"两个复选框，如图 11-14 所示。

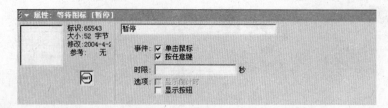

图 11-14　等待图标属性设置

3. 设置"长城图片欣赏"群组图标

（1）双击"长城图片欣赏"群组图标，Authorware 弹出一个空白的流程设计窗口，该窗口右上方显示为"层 2"，如图 11-15 所示。

（2）将所要用到的图标拖放到"长城图片欣赏"流程窗口之中，并重新命名，如图 11-16 所示。

图 11-15　"长城图片欣赏"流程窗口

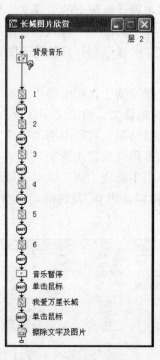

图 11-16　设置"长城图片欣赏"群组图标

（3）单击流程线上的"背景音乐"声音图标，调出声音图标属性面板，单击"导入"按钮。在弹出的"导入哪个文件"对话框中查找并选择要导入的声音文件"背景音乐.mp3"，选择"导入"按钮，将声音文件导入课件中。单击该声音图标，调出声音图标属性面板，选择"计时"选项卡，选择"执行方式"下拉列表框中的"同时"选项。

（4）双击名为 1 的显示图标，Authorware 弹出空白的设计窗口。选择"文件"|"导入和导出"|"导入媒体"菜单命令，将一张长城图片"长城 1.jpg"导入设计窗口中。单击该

显示图标，调出显示图标属性面板，选中"擦除以前内容"复选框。重复此步，将"长城图片欣赏"群组图标中除"我爱万里长城"外的其他显示图标按此方法导入所要展示的长城图片"长城 2.jpg"、"长城 3.jpg"、"长城 4.jpg"、"长城 5.jpg"、"长城 6.jpg"。

（5）单击等待图标，调出等待图标属性面板，选中"事件"后的"单击鼠标"、"按任意键"两个复选框，取消选中默认的"显示按钮"复选框，在"时限"文本框中输入 2，如图 11-17 所示。

图 11-17　等待图标属性设置

专家点拨：选中"单击鼠标"、"按任意键"两个复选框，是为了在程序调试时加快调试的速度，在程序运行中还可以用单击和按任意键的方式加快图片展示速度。"时限"设为"2"，可以在图片自动展示过程中让每张图片在屏幕上暂停 2 秒，取消选中"选项"后的"显示倒计时"、"显示按钮"两个复选框，是为了不让暂停按钮和倒计时图标影响画面的美观。

（6）重复步骤（5），将"长城图片欣赏"群组图标中除"单击鼠标"外的其他等待图标按步骤（5）所述方法进行设置。

（7）双击名为"音乐停止"的计算图标，在弹出的对话框中输入 MediaPause（IconID @"背景音乐",1），如图 11-18 所示。

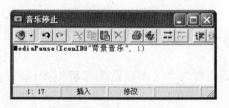

图 11-18　计算图标设置

专家点拨：MediaPause（IconID@"IconTitle",pause）函数用于暂停或继续播放指定图标中的数字电影或声音文件，当 pause 的值为 TRUE 时为暂停，值为 FALSE 时为继续播放。也可以用数字 1 代表 TRUE，用数字 0 代表 FALSE。

（8）单击名为"单击鼠标"的等待图标，调出等待图标属性面板，选中"单击鼠标"、"按任意键"两个复选框，并取消选中"显示按钮"复选框，其他按默认设置。下一个名为"单击鼠标"的等待图标也按此法设置。

（9）双击名为"我爱万里长城"的显示图标，弹出设计窗口后选择"文本"工具，单击设计窗口空白处，输入"我爱万里长城"，将这几个文字的字体设置为黑体，文字大小设为 72 磅。

（10）双击名为"擦除文字及图片"的擦除图标。在弹出的设计窗口中单击所要擦除的内容。

4．设置"白鸽动画"群组图标

（1）双击名为"白鸽动画"的群组图标，将要用到的一个数字电影图标、一个等待图标、一个擦除图标拖放到弹出的流程设计窗口中，并分别为这些图标命名，如图 11-19 所示。

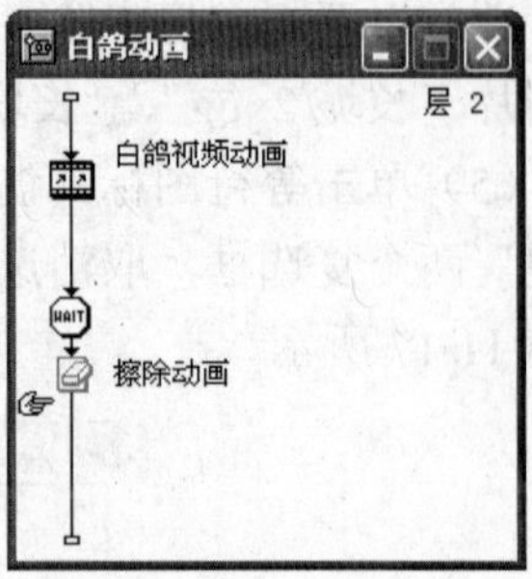

（2）单击名为"白鸽视频动画"的数字电影图标，调出电影图标属性面板，如图 11-20 所示。单击"导入"按钮，弹出"导入哪个文件"对话框，查找并选择所要导入的数字电影文件"白鸽.avi"后单击"导入"按钮。

图 11-19　设置群组图标"白鸽动画"

图 11-20　导入"数字电影"

（3）单击等待图标，调出等待图标属性面板，选中"单击鼠标"、"按任意键"两个复选框，取消选中"显示按钮"复选框，其他按默认设置，不做改动。

（4）双击名为"擦除动画"的擦除图标，在弹出的设计窗口中单击要擦除的电影画面，将所要擦除的画面擦除。

5．其他群组图标的设置

"参天的大树"、"花朵欣赏"、"大海欣赏"等群组图标按前面步骤所述的方法进行素材的添加和设置。

6．退出群组图标设置

（1）在主流程线上双击"退出"群组图标，弹出空白流程设计窗口，将要用的显示图标、等待图标、计算图标按顺序拖放到该流程设计窗口中，如图 11-21 所示。

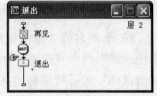

（2）在该流程线上双击名为"再见"的显示图标，选择"文本"工具，单击设计窗口空白处并输入"同学们再见"几个字，字体设为黑体，大小设为 72 磅。

（3）单击该流程线上的等待图标，调出等待图标属性面板，选中"单击鼠标"、"按任意键"两个复选框，取消选中"显示按钮"复选框，其他按默认设置，不做改动。

图 11-21　退出群组图标设置

（4）在该流程线上双击名为"退出"的计算图标，在弹出的对话框中输入 Quit( )。

至此，本课件制作完毕，运行课件查看效果。

11.2　制作分支型课件

　　直线型课件的局限性很大，教学过程容易受到限制，因此直线型课件远不能适应教学过程多样性的需求。本节介绍功能强大的分支型课件，这种课件一般会用到决策判断分支设计图标。当程序运行到分支结构时，程序会根据课件制作者设置的条件转向相应的分支，还可以实现随机抽取展示内容和以循环的方式展示内容，提高课件的灵活性。

图 11-22　分支型课件《圆柱的体积》的封面效果

　　在设计分支型课件时单纯使用决策判断分支结构很难满足教学内容的要求，一般需要和交互结构配合使用，才能使决策判断分支结构作为整个课件的有机组成部分，发挥重要作用。下面一起来制作一个分支型课件——《圆柱的体积》。

　　本课件的效果如图 11-22 和图 11-23 所示。

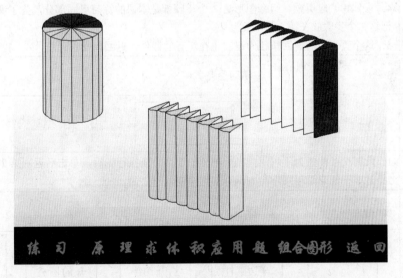

图 11-23　分支型课件《圆柱的体积》的运行效果

11.2.1　编写《圆柱的体积》课件脚本

　　此课件包括以下 3 个内容：复习引入、圆柱体积公式的推导、练习巩固。在课件制作前应进行课件脚本的编写，如表 11-1 所示。

表 11-1 《圆柱的体积》课件脚本

页面序号	1	页面内容 简要说明	封面。
屏幕 显示		Flash 动画	
说明	Flash 动画中显示为："有趣的数学"这几个字，按任意键或单击进入第 2 个页面。		
页面序号	2	页面内容 简要说明	进入交互。
屏幕 显示	背景 交互按钮		
说明	1. 刚进入此页面时交互按钮为隐藏，当鼠标指针移到屏幕下方时，出现交互按钮。 2. 交互按钮共有 6 个，分别为练习、原理、求体积、应用题、组合图形、返回。 3. 练习这部分内容其实是复习引入，这样可以让学生不知不觉地提出"圆柱体积公式是怎样的？"这个的问题。 4. 求体积、应用题、组合图形这 3 个步骤都是本课的练习巩固部分，为了课件使用方便把这 3 个步骤放在第 1 层的交互中。 5. 这个页面中的返回按钮为退出正在运行的课件，返回到操作系统。		
页面序号	3～5	页面内容 简要说明	练习交互。
屏幕 显示	练习题 交互按钮		
说明	1. 此时交互按钮为不可用，当此部分的 3 个页面执行完后，单击后返回第 2 个页面。 2. 这 3 个练习是用顺序型判断分支结构组织起来的。		
页面序号	6～10	页面内容 简要说明	原理交互。
屏幕 显示	圆柱 交互按钮 页面 6	分割开的 半边圆柱 交互按钮 页面 7	另半边分割开的半边圆柱 交互按钮 页面 8	两个分割开的圆柱组合成长方形 交互按钮 页面 9	以上屏幕显示不擦除，再出示推导出的公式 交互按钮 页面 10
说明	1. 此时交互按钮仍为不可用，当此部分的 5 个页面执行完后，单击后将返回第 2 个页面。 2. 这 5 个部分是用顺序型判断分支结构组织起来的。		

续表

页面序号	11~18	页面内容 简要说明	求体积交互。
屏幕 显示	几何图形 交互按钮 页面 11	几何图形 答案 交互按钮 页面 12	13~18
说明	1．此时交互按钮仍为不可用，当此部分的 8 个页面执行完后，单击后返回到第 2 个页面。 2．这 5 个练习是用随机型判断分支结构组织起来的。 3．13~18 这几个页面类似于 11、12 两页面。		
页面序号	19、20	页面内容 简要说明	应用题交互
屏幕 显示	应用题 交互按钮	应用题 答案 交互按钮	
说明	1．此时交互按钮仍为不可用，当此部分的两个页面执行完后，单击后返回第 2 个页面。 2．这两个页面为顺序型判断分支结构，按任意键或单击后出现第 20 个页面。		
页面序号	21	页面内容 简要说明	组合图形交互。
屏幕 显示	两个组合 交互按钮		
说明	这部分内容是拓展练习，所以不用提示答案。		

专家点拨：从这个课件脚本可以看出，决策判断分支结构并不是主要的课件结构，但它却在各交互的具体分支中起着重要作用。在制作课件的时候也一样，单纯使用决策判断分支结构的课件，在教学时很难操作。因此决策判断分支结构的内容往往只作为整个课件中的一个重要部分。

11.2.2 制作课件封面

1．创建 Authorware 文档

（1）运行 Authorware，选择"文件"|"新建"|"文件"菜单命令，新建一个 Authorware 文档。

（2）选择"窗口"|"面板"|"属性"菜单命令，调出文件属性面板，选择"大小"下拉列表框中的 800×600（SVGA）选项，将课件运行的窗口大小设为 800×600 像素。

2．设置主流程

根据课件脚本和制作思路为课件设计主流程，将所需图标拖放到主流程线上，并重新命名，如图 11-24 所示。

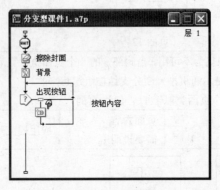

图 11-24　主流程设置

3．制作课件封面效果

（1）单击主流程最上方将手形指示设置在最前面，选择"插入"|"媒体"| Flash Movie 命令，插入封面 Flash 动画影片"有趣的数学.swf"，并将图标名称改为"封面"，如图 11-25 所示。

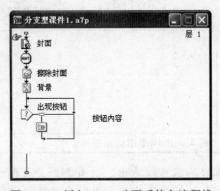

图 11-25　插入 Flash 动画后的主流程线

专家点拨：由于 Flash 动画片插入并无相对应的设计图标，只能通过菜单命令插入 Flash 动画。插入后在流程线上会出现 图标。

（2）单击名为"封面"的 Flash 动画图标，调出相应的属性面板，选择"显示"选项卡，在该选项卡中选择"模式"下拉列表框中的"透明"选项，去掉 Flash 动画中的白色背景。

（3）单击等待图标，调出等待图标属性面板，取消选中"显示按钮"复选框，以免所显示的按钮破坏画面整体效果，然后选中"单击鼠标"、"按任意键"两个复选框。

（4）双击名为"封面"的 Flash 动画图标，在设计窗口中出现插入的 Flash 动画，然后单击名为"擦除封面"的擦除图标，再单击设计窗口中的 Flash 动画，将该图标设为擦除"封面"Flash 动画。

（5）双击名为"背景"的显示图标，选择"文件"|"导入和导出"|"导入媒体"菜单命令，将已经制作好的图片导入该显示图标。这个图片是作为整个课件的背景图片。为了使被导入的背景图片不会被 Authorware 自动擦除，要单击该显示图标，调出显示图标属性面板，选中"防止自动擦除"复选框。

11.2.3　制作课件交互导航功能

1．创建热区域交互

（1）双击名为"出现按钮"的交互图标，然后单击设计窗口，将该热区交互范围的宽度设成整个屏幕的大小，高度不要过大，再将热区域范围拖放到设计窗口最下方，如图 11-26 所示。

图 11-26　热区域设置

（2）单击热区域交互图标 ⠿，调出交互图标属性面板，选择"热区域"选项卡，选择"匹配"下拉列表框中的"指针处于指定区域内"选项，这样当鼠标指针位于上一步骤指定的交互区域内时，Authorware 会自动执行"按钮内容"群组图标中的图标。

2．设置"按钮内容"群组图标

（1）双击"按钮内容"群组图标，Authorware 弹出第 2 层流程设计窗口，将所需图标拖放到该窗口中，并重新命名，如图 11-27 所示。

（2）双击"按钮底色"显示图标，然后选择"文件"|"导入和导出"|"导入媒体"命令，导入已制作好的图片"底.jpg"。单击该显示图标，调出显示图标属性面板，选中"防止自动擦除"复选框。单击"特效"后的 图标，Authorware 弹出"特效方式"对话框，在"分类"列表框中选择"[内部]"选项，在"特效"列表框中选择"从下往上"选项，

其他各选项按默认设置不做改动，单击"确定"按钮，如图 11-28 所示。

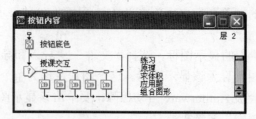

图 11-27 设置群组图标"按钮内容"

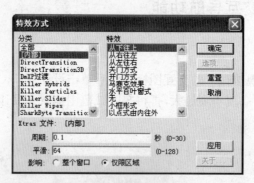

图 11-28 设置显示特效

（3）单击"练习"群组图标上方的按钮交互图标▭，调出交互图标属性面板，选择"按钮"选项卡，单击"鼠标"后的▭按钮，选择手形鼠标指针。这样当鼠标指针移动到这个按钮上时，鼠标指针会变为🖑形。然后单击"按钮"按钮，弹出"按钮"对话框，单击"添加"按钮，又弹出"按钮编辑"对话框，在该对话框中完成对按钮的添加"练习1.jpg、练习2.jpg"，完成后选择刚编辑的按钮，再单击"确定"按钮，如图 11-29 所示。

（4）其他几个按钮交互参照步骤（3）所述方法设置。

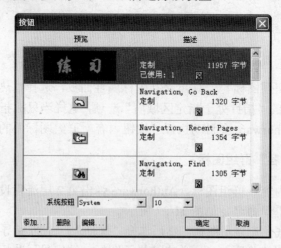

图 11-29 按钮设置窗口

（5）单击最后一个交互分支图标，调出交互图标属性面板，选择"交互"下拉列表框中的"热区域"选项，将此交互设为热区域交互，双击交互图标 ，将热区域的大小设置为"按钮底色"显示图标所显示的图片以外的所有区域。再单击这个热区域交互图标 ⠿，调出交互图标属性面板，选择"匹配"下拉列表框中的"指针处于指定区域内"选项。

11.2.4　利用判断分支结构制作各个课件模块

1．设置"练习"群组图标

（1）双击名为"练习"的群组图标，将所需的设计图标拖放到流程线上，并重新命名，如图 11-30 所示。

（2）单击名为"练习题"的决策图标，调出决策图标属性面板，选择"重复"下拉列表框中的"所有的路径"选项，再选择"分支"下拉列表框中的"顺序分支路径"选项。如图 11-31 所示。这样该决策判断分支设计图标中的 3 道练习题就能按顺序每题执行一次。

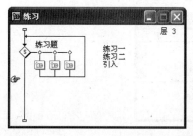

图 11-30　"练习"群组图标设置

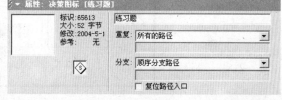

图 11-31　决策判断分支设计图标属性设置

（3）双击名为"练习一"的群组设计图标，将所需设计图标拖放到这个流程线上，并重新命名，如图 3-32 所示。

（4）双击名为"练习一题目"的显示图标，弹出设计窗口，选择"文本"工具，在设计窗口中输入"单位：厘米"，然后利用矩形、直线等工具绘制一个长方体，并分别标注上长、宽、高，如图 11-33 所示。

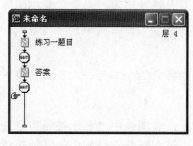

图 11-32　练习一流程设计

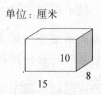

图 11-33　"练习一题目"图标显示内容

（5）单击等待图标，调出等待图标属性面板，取消选中"显示按钮"复选框，使程序运行到这个等待图标时，不显示按钮，以免破坏画面的美观。然后选中"单击鼠标"和"按任意键"两个复选框。照此设计后，课件使用者只要单击或是按任意键，即可进入下一环节。这个流程中的另一个等待图标也按此法设置。

（6）双击名为"答案"的显示图标，弹出设计窗口，选择"文本"工具，在设计窗口中输入答案"15×8×10=1200 立方厘米"。设置字体为黑体，大小为 24 磅。

（7）按照步骤（3）～（6）设计"练习二"群组图标。

（8）设计名为"引入"的群组图标的方法也类似于步骤（3）～（6），只要把步骤（4）所述的长方体改为圆柱体即可，另外步骤（6）也不提示答案，只输入"？"。因为圆柱的求体积公式并未进行过教学，这里只是引出下一个教学环节——圆柱体积公式的推导。

📖专家点拨：课件的这部分设计为顺序型的决策判断分支结构。

2．设计"原理"群组图标

（1）双击名为"原理"的群组图标，先把决策图标拖放到流程线上，再把其他所需图标拖放到决策图标之后，这些图标按顺序分别为显示图标、等待图标、显示图标、显示图标、等待图标、移动图标、等待图标、显示图标、等待图标、擦除图标，并分别为图标命名，如图 11-34 所示。

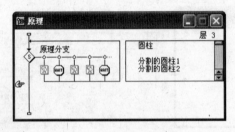

图 11-34 "原理"群组图标设置

（2）单击决策图标，在调出的决策图标属性面板中，选择"重复"下拉列表框中的"所有的路径"选项，然后选择"分支"下拉列表框中的"顺序分支路径"选项。

（3）双击名为"圆柱"的显示图标，选择"文件"|"导入和导出"|"导入媒体"菜单命令，将事先已绘制好的圆柱图片"整个圆.bmp"导入该显示图标中。单击该显示图标，调出显示图标属性面板，选中"选项"选项区域中的"防止自动擦除"复选框。

（4）其他各显示图标也按此操作进行。图形内容分别为：第 2 个显示图标导入半边已绘制好的圆柱"半个圆 1.bmp"，第 3 个显示图标导入的为另半边已绘制好的圆柱"半个圆 2.bmp"，第 4 个显示图标需输入圆柱体公式。

📖专家指点：第 2 个、第 3 个显示图标不能将它们合二为一，否则在接下来使它们合二为一成一个长方形的移动操作将无法进行。

（5）单击等待图标，调出等待图标属性面板，取消选中"显示按钮"复选框，然后选中"单击鼠标"、"按任意键"两个复选框。此决策判断分支结构中的其他等待按钮也按此法设置。

（6）单击流程中的移动图标，在调出的移动图标属性面板的"类型"下拉列表框中选择"指向固定点"选项，然后选择"执行方式"下拉列表框中的"直到完成"选项，再在"定时"下方的文本输入框中输入 1，如图 11-35 所示。双击此移动图标，会弹出设计窗口，单击设计窗口中的其中一个被分割的半边圆柱的图形，拖放到与另一个半边分割的圆柱上，使之重合成为一个近似的长方体。最后单击工具栏中的模式工具，在模式面板中选择"透明"选项，将第 2 个半边圆柱尖齿部分中的白色部分设为透明，使之看上去更像正方形，如图 11-36 所示。

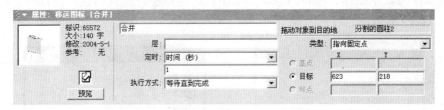

图 11-35　移动图标属性面板设置

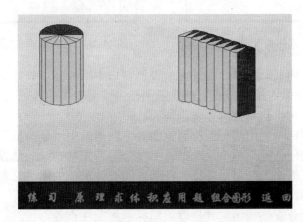

图 11-36　移动设置

（7）双击该流程中的擦除图标，单击圆柱、两个被分割的半边圆柱、公式等图形和文字，将它们擦除。这样程序在运行到这个图标的时候会将这些内容擦除，保持演示窗口的整洁。

专家点拨：如果想看看这样制作后的效果，可以将图标栏中的白色"开始"旗帜和黑色"结束"旗帜拖放到该决策判断分支的前后，然后单击窗口上方常用工具栏中的旗间运行标记 ，查看这部分的运行效果，以便及时修改。

3．设置"求体积"群组图标

（1）双击名为"求体积"的群组图标，把所需决策图标、群组图标、等待图标拖放到流程线上，并按顺序为图标命名，如图 11-37 所示。

（2）单击名为"求体积分支"的决策图标，在调出的决策图标属性面板的"重复"下拉列表框中选择"所有的路径"选项，然后选择"分支"下拉列表框中的"在未执行过的路径中随机选择"选项。该决策图标在流程线上的标志变为 。经过以上设置，课件运行到此步时，会随机抽取 4 题中的任意一题加以显示。

专家点拨：在这里，因为是将"分支"选项设成了"在未执行过的路径中随机选择"，所以不能把如图 11-37 所示的决策图标下方的等待图标放到决策判断分支中。只有把"分支"选项设成"顺序分支"时，才等效于把等待图标放在决策判断分支的最后部分。

（3）双击名为 1 的群组图标，在流程线上将两个显示图标和两个等待图标拖放到流程线中，其顺序为显示图标、等待图标，显示图标、等待图标，并为这些图标命名，以便识别，如图 11-38 所示。

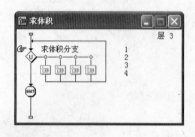

图 11-37 "求体积"群组图标设置

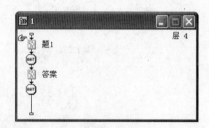

图 11-38 名为 1 的群组图标设置

（4）双击名为 1 的显示图标，在弹出的设计窗口中用绘图工具绘制一个圆柱体，并利用"文本"工具为圆柱标明直径和高。该显示图标属性面板中的各项属性不进行任何改动，特别注意不要选中"防止自动擦除"复选框。

（5）单击等待图标，调出等待图标属性面板，取消选中"显示按钮"复选框，然后选中"单击鼠标"、"按任意键"两个复选框。另一个等待图标也按此法设置。

（6）双击名为"答案"的显示图标，在弹出的设计窗口中用"文本"工具输入求该圆柱体积的列式和答案。

（7）该决策判断分支结构中的其他群组图标也按此法设置。

4. 设置"应用题"群组图标

（1）双击应用题群组图标，拖放决策图标到流程线上，将两个显示图标、两个等待图标和一个擦除图标拖放到该决策图标之后，并给这些图标分别命名，如图 11-39 所示。

（2）单击"应用题分支"决策图标，调出决策图标属性面板，选择"重复"下拉列表框中的"所有的路径"选项，然后选择"分支"下拉列表框中的"顺序分支路径"选项。

（3）双击第 1 个名为"应用题"的显示图标，弹出设计窗口，利用绘图工具栏中的"文本"工具输入应用题。再单击该显示图标，调出显示图标属性面板，选中"防止自动擦除"复选框。名为"答案"的显示图标也按此法进行设置。

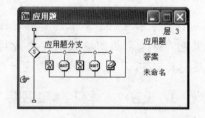

图 11-39 【应用题】群组图标设置

专家点拨：这一步的操作中，将"显示属性"面板中的"选项"设成"防止自动擦除"非常重要；否则，课件在运行时显示内容会眨眼间被擦除。

（4）单击等待图标，调出等待图标属性面板，取消选中"显示按钮"复选框，然后选中"单击鼠标"、"按任意键"两个复选框。另一个等待图标也按此法设置。

（5）双击擦除图标，在弹出的设计窗口中单击要擦除部分的内容。

5．设置其他图标

（1）双击"组合图形"群组图标，把所需图标拖放到该流程中，并重新命名，如图 11-40 所示。其他操作参照前面的步骤进行操作。

（2）双击"返回"按钮交互下方的计算图标，在弹出的函数对话框中输入函数 Quit ( ) 后关闭窗口。该函数的功能为关闭正在运行的课件演示窗口。

（3）双击名为"隐藏按钮"的群组图标，将擦除图标和计算图标拖放到流程线上，并重新命名，如图 11-41 所示。双击擦除图标，在弹出的设计窗口中单击按钮背景和所有按钮，然后单击该擦除图标，调出擦除图标属性面板，单击——按钮，再选择"分类"中的"[内部]"，"特效"中的"从上往下"擦除方式，其他选项不进行改动。

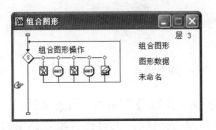

图 11-40　"组合图形"群组图标设置

图 11-41　设置"隐藏按钮"群组图标

双击该流程中的"返回"计算图标，在弹出的函数对话框中输入 GoTo(IconID@"出现按钮")，让课件执行到此交互时跳到首层"出现按钮"交互。

至此，本课件实例制作完成。

11.3　制作模块型课件

分支型课件和直线型课件加上程序的交互功能，在一般的课件应用中已经非常实用，可以基本满足课件的制作需要。但课件制作的工作量很大，一个人往往不能胜任，对于一个庞大的课件，单人制作更显得力不从心，对于这样的课件，常常通过分工合作的方式来制作，这样不但可以缩短课件制作时间，更能集思广益。可是分支型课件和直线型课件这两种结构的课件是不适合用合作的方式来制作课件的，合作之后反而会增加课件制作的难度。本节介绍另外一种课件结构——模块型课件的设计和制作方法。

11.3.1　模块型课件制作思路分析

对于内容多、结构复杂的大型课件，如果将课件分成若干个模块，然后各个模块分工合作，那么就可以大幅度地提高课件制作的效率。

在规划课件时，主要使用的是结构化、模块化的程序设计方法。具体设计方法是，根据课件的内容，将其分解为一个课件主控模块和几个课件功能模块，如果需要，将课件功能模块再细化为几个功能子模块。课件主控模块用来控制和调度各个课件功能模块的播放，各个课件功能模块用来具体实现相应课件内容的展示，如图 11-42 所示。这样"化大为小，分而治之"的设计方法，可以使课件的制作变得容易。

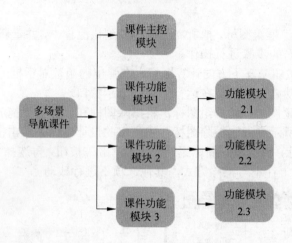

图 11-42 模块化课件设计

可以使用 Authorware 的模板功能来实现模块型课件的制作。所谓模板，其实就是将流程线上的多个图标保存在一个特殊的文件中，做成模板，供设计者反复调用的程序。

在分工合作制作课件时，库也是一个重要的概念。在 Authorware 中，库是保存在库文件中的单个的显示图标、数字电影图标、声音图标等，作为库中的图标可以反复使用。对于反复用到某些素材的课件，利用素材库的方法可以减小课件文件的大小和方便课件的制作。

即使是单人制作的课件，将课件模块化对课件的制作过程也有好处，这样不但可以增加课件流程的可读性，对于重复使用的课件模块，还可以重复利用，减轻劳动强度。在多人合作的课件中，将整个课件分割成几个模块，每个人分别负责一个或多个模块，最后只要将各个模块组合起来就行了，这样多人合作制作课件会显得比较轻松。下面以《黄山四绝》这个课件为例来介绍模块型课件的制作方法。

11.3.2 编写《黄山四绝》课件脚本

本课共分为封面、主界面、奇松、怪石、云海、温泉、黄山旅游路线、黄山录像、帮助等 8 个模块。这 8 个模块的脚本如表 11-2 所示。

表 11-2 《黄山四绝》课件脚本

模块序号	1	页面内容简要说明	封面。
屏幕显示			静态图片
说明	静态图像中显示着：小学常识第十二册和课题《黄山》。		

续表

模块序号	2	页面内容 简要说明	主交互界面。
屏幕 显示			黄山按钮 / 交互按钮 / 欣赏按钮 / 四绝图片
说明			"黄山"按钮既是课题,又是按钮,交互按钮部分为奇松、怪石、云海、温泉、帮助、退出等按钮,当鼠标指针移动到这些部分时,分别会有 Flash 动画作为提示。
模块序号	3~6	页面内容 简要说明	奇松、怪石、云海、温泉欣赏。
屏幕 显示			奇松图片 按钮
说明			奇松图片进入页面时不显示,按钮也不显示,当鼠标指针移动到屏幕下方时显示按钮分别为 1、2、3、4、5、6、7,顺序播放和返回,1~7 这 7 个按钮每单击一个按钮,显示一张图片,方便随机欣赏和显示,"顺序播放"按钮功能为这几幅图片的自动顺序显示,"返回"按钮功能为返回到交互主界面。
模块序号	7	页面内容 简要说明	旅游路线。
屏幕 显示			简介、旅游路线的 Flash 动画 按钮
说明			奇松图片进入页面时不显示,按钮也为不显示,当鼠标指针移动到屏幕下方时显示按钮分别为简介、路线和返回,"简介"按钮功能为显示黄山简介信息,"路线"按钮功能为显示旅游路线的 Flash 动画,"返回"按钮功能为返回到主交互界面。
模块序号	8	页面内容 简要说明	欣赏。
屏幕 显示			数字视频 按钮
说明			数字视频进入页面时不显示也不播放,按钮也为不显示,当鼠标指针移动到屏幕下方时显示按钮分别为播放、暂停、继续、返回,"播放"按钮功能为播放数字视频,"暂停"按钮功能为暂停数字视频,"继续"按钮功能为继续播放数字视频,"返回"功能为返回到主交互界面。

课件运行效果如图 11-43 和图 11-44 所示。

图 11-43 课件运行效果 1　　　　　　图 11-44 课件运行效果 2

11.3.3 《黄山四绝》课件制作步骤

1. 创建文档

（1）选择"文件"|"新建"|"文件"菜单命令，新建一个 Authorware 文件。

（2）选择"窗口"|"面板"|"属性"菜单命令，调出"属性：文件"面板，选择"大小"下拉列表框中的 800×600（SVGA）选项，将课件演示窗口设为 800×600 像素。

2. 设计封面模块

（1）将显示图标拖放到主流程线上，并将该图标命名为"封面 352*264"，单击该图标，按下 Ctrl+=键，屏幕弹出函数输入窗口，在其中输入函数 ResizeWindow（352,264），将封面窗口大小设为 352×264 像素。然后关闭该函数输入窗口。双击该显示图标，弹出设计窗口，选择"文件"|"导入和导出"|"导入媒体"菜单命令，导入已制作好的封面图片"封面.bmp"。

（2）拖放等待图标到流程线上，单击该等待图标，调出等待图标属性面板，选中"单击鼠标"和"按任意键"两个复选框。取消选中"显示按钮"复选框。

（3）拖放擦除图标到主流程线上，将图标命名为"擦除封面"，双击名为"封面 352*264"的显示图标，然后再双击该擦除图标，在弹出的设计窗口中单击封面图片。接下来单击这个擦除图标，按下 Ctrl+=键，屏幕弹出函数输入窗口，在其中输入函数 ResizeWindow（800,600），将演示窗口大小还原为 800×600 像素。设计完以上几步后主流程如图 11-45 所示。

图 11-45 封面模块流程图

3. 设计"主界面"交互导航模块

（1）将交互图标拖放到主流程上，将其命名为"主界面"，然后将群组图标拖放到这个交互图标的右侧，在弹出的"交互类型"对话框中选择"按钮"单选按钮，建立一个按钮交互分支。

（2）单击按钮交互图标 ▭，调出交互图标属性面板，单击"鼠标"后的 按钮，选择手形鼠标指针，其他选项按默认设置。再拖放 7 个群组图标到"主界面"交互结构中，并分别将这 8 个图标命名为奇松、怪石、云海、温泉、黄山简介、欣赏、帮助、退出。

（3）拖放一个群组图标到"主界面"交互结构中，单击该图标上的 ▭ 按钮，调出交互图标属性面板，选择"类型"下拉列表框中的"热区域"选项，然后选择"匹配"下拉列表框中的"指针处于指定区域内"选项，再单击"鼠标"后的 按钮，选择 N/A 选项，将鼠标指针还原成传统的指针标志，如图 11-46 所示。再拖放 6 个群组图标到该交互中，然后将这些图标命名为 1、2、3、4、5、6 和擦除提示。

（4）这些步骤设置完成后，主流程线如图 11-47 所示。

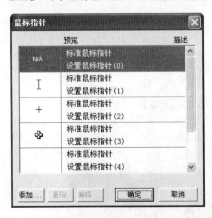

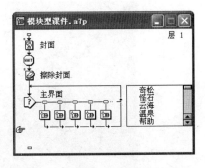

图 11-46　鼠标指针选择　　　　　图 11-47　主流程图

（5）双击主流程线上的交互图标 ◇，弹出设计窗口后选择"文件"|"导入"|"导入媒体"菜单命令，将已制作好的图片"主菜单背景.jpg"导入作为"主界面"交互的背景。

（6）单击"主界面"交互结构中名为"奇松"的群组图标上的 ▭ 图标，调出交互图标属性面板，单击"按钮"按钮，在弹出的"按钮"对话框中单击"添加"按钮，在弹出的"按钮编辑"对话框中单击"常规"中的"未按"按钮，然后单击"图案"后的"导入"按钮。导入制作好的"奇松"按钮未按下时的状态图片"奇松 1.jpg"，并用同样方法导入"在上"的按钮状态图片"奇松 2.jpg"，如图 11-48 所示。

（7）用步骤（6）所述的方法再添加怪石、云海、温泉、黄山、欣赏、帮助等按钮。

（8）双击"主界面"交互图标 ◇，然后再单击该交互结构中的按钮交互图标 ▭，Authorware 会在设计窗口中显示该按钮，将这些按钮摆放到合适的位置。

（9）单击"主界面"交互结构中名为"1"的群组图标上方的热区域交互图标 ⋯，在设计窗口中会出现热区域提示虚线框，将虚线框拖动到"奇松"按钮上方，热区域大小设为略大于该按钮。单击热区域标志 ⋯，调出交互图标属性面板，选择"匹配"下拉列表框中的"鼠标处于指定区域内"选项，将交互响应设为鼠标指针移动到指定区域即执行交互，交互图标属性面板中的其他设置按默认设置。2、3、4、5、6 热区域交互也按此法设置，"擦除提示"热区域设置比前 6 个热区的总和略大，如图 11-49 所示。

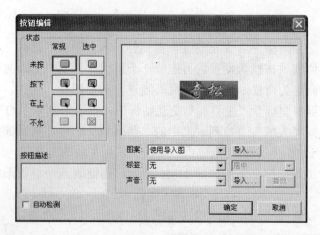

图 11-48　添加按钮

图 11-49　按钮摆放和热区域设置

专家点拨：在本实例中"擦除提示"热区域交互必须放在"主界面"交互的最后，这样前 6 个交互的优先级别高于"擦除提示"交互，鼠标指针只有指到前 6 个交互以外的地方才执行"擦除提示"交互。

4．制作按钮提示

（1）双击"主界面"交互中名为 1 的群组图标，Authorware 会打开该群组图标的流程设计窗口，选择"插入"|"媒体"| Flash Movie 菜单命令，在弹出的"Flash Asset 属性"对话框中单击"浏览"按钮，然后在弹出的"打开 Shockwave Flash 影片"对话框中选择要作为提示的 Flash 动画"奇松 1.swf"，单击"打开"按钮，将 Flash 动画导入到该流程上。

（2）单击刚导入的 Flash 动画的图标，调出功能图标属性面板，选择"显示"选项卡，并在该选项卡中选择"模式"下拉列表框中的"透明"选项，将 Flash 动画的白色背景设为透明，使 Flash 动画和背景图片融为一体。

（3）用以上两步所述的方法为 2、3、4、5、6 图标分别添加 Flash 动画。

5. 制作"奇松"模块

（1）双击名为"奇松"的群组图标，Authorware 弹出第 2 层流程设计窗口，将所需图标拖放到这个流程线上，重新命名它们，并选中这些图标，单击设计图标工具栏中的红色色块，将这些图标设置成红色，如图 11-50 所示。

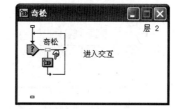

图标专家点拨：将不同层次的图标用不同颜色来显示，有利于区分图标的层次，方便制作。

图 11-50　设置奇松群组图标

（2）双击"奇松"交互图标打开设计窗口，选择"文件"|"导入和导出"|"导入媒体"菜单命令，选择制作好的背景图片"黄山交互背景.jpg"，单击"导入"按钮，将背景图片导入。该图标属性面板中的内容按默认设置，不做改动。

（3）单击热区域交互图标▦，调出交互图标属性面板，选择"热区域"选项卡，选择"匹配"下拉列表框中的"指针处于指定区域内"选项。单击设计窗口，在设计窗口中将热区域设在屏幕底部，大小待定（将大小设置成和"进入交互"群组图标中的按钮背景大小一致）。

（4）双击名为"进入交互"的群组图标，Authorware 弹出第 3 层流程设计窗口。将交互图标拖放到流程线上，并将交互图标命名为"奇松展示"，再将群组图标拖放到交互图标右方，在弹出的"交互类型"对话框中选择"按钮"，单击"确定"按钮。然后单击按钮交互图标▭，调出交互图标属性面板，单击"鼠标"后的▁图标，在弹出的"鼠标指针"对话框中选择鼠标指针👆，单击"确定"按钮，使鼠标指针移动到按钮上方时，鼠标指针变为👆形。

（5）再拖放 9 个这样的群组图标到"奇松展示"交互中。并分别将这些群组图标命名为 qs1、qs2、qs3、qs4、qs5、qs6、qs7、"顺序播放"、"返回"、"退出交互"。单击"退出交互"群组图标上的按钮交互图标▭，在下方调出的交互图标属性面板中选择"类型"下拉列表框中的"热区域"选项，将此交互设为热区域，选择"匹配"下拉列表框中的"指针处于指定区域内"选项，再选择"响应"选项卡，选择"分支"下拉列表框中的"退出交互"选项。然后选中这些图标，单击设计图标工具栏下方的黄色色块，将这些图标设置成黄色，使之与其他设计流程有所区别，便于设计和修改。设置完成后这一层流程如图 11-51 所示。

（6）双击"奇松展示"交互图标，弹出设计窗口，然后选择"文件"|"导入和导出"|"导入媒体"菜单命令。在弹出的"导入哪个文件"对话框中选择要导入的背景，单击"导入"按钮，如图 11-52 所示，将按钮的背景图片"按钮背景.jpg"导入设计窗口。

（7）单击"奇松展示"交互中的按钮交互图标▭，调出交互图标属性面板，单击"按钮"按钮，为这些按钮交互添加和设置要显示的按钮图片。单击该交互中最后一个热区交互图标▦，再单击设计窗口，将热区域设置成按钮背景图以外的所有部分。设置完成后如图 11-53 所示。

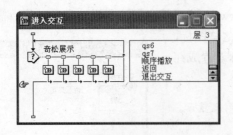

图 11-51 "奇松展示"交互设置

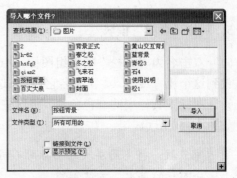

图 11-52 导入按钮背景

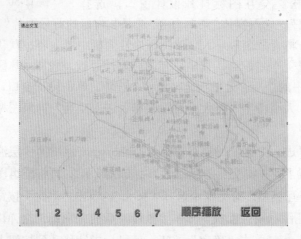

图 11-53 奇松展示交互布局

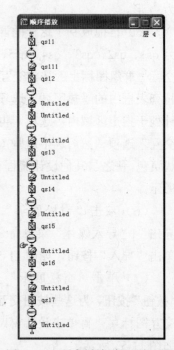

（8）返回到第 2 层流程图，将"奇松"交互热区域范围设置成按钮背景同等大小。

（9）双击名为"顺序播放"的群组图标，将所需的显示图标、擦除图标、等待图标拖放到该流程设计窗口中，如图 11-54 所示。

（10）双击名为 qs11 的显示图标，选择"文件"|"导入和导出"|"导入媒体"菜单命令，将要显示的图片"奇松 1.jpg、*.jpg"导入设计窗口。单击该图标，调出显示图标属性面板，单击"特效"后的 按钮，然后在弹出的"特效方式"对话框中设置图片的展示方式，单击"确定"按钮。其他显示图标也按此法进行设置。

（11）单击 qs11 显示图标之后的等待图标，调出等待图标属性面板，选中"单击鼠标"和"按任意键"两个复选框，取消选中其他复选框。

（12）双击名为 qs111 的擦除图标前的显示图标，再双击该擦除图标，在弹出的设计窗口中单击要擦除的图形。

图 11-54 顺序播放群组图标设置

（13）其他的等待图标、擦除图标也用上述方法进行设置。

（14）选择"文件"|"新建"|"库"菜单命令，新建一个库文件，Authorware 弹出库窗口，将"顺序播放"群组中的显示图标拖放到该库中备用，如图 11-55 所示。然后，单击库窗口，选择"文件"|"保存"菜单命令，输入库文件名称，单击"保存"按钮。

（15）双击第 3 层流程设计窗口中的 qs1 群组图标，Authorware 弹出第 4 层流程设计窗口，将库窗口中的 qs11 拖放到该流程线上。再将图片工具栏中的等待图标和擦除图标拖放到该流程中，将等待图标属性设为"按任意键"和"单击鼠标"，双击 qs11 显示图标，然后双击擦除图标，单击设计窗口中要擦除的显示内容。第 3 层流程中"奇松展示"交互中的其他按钮交互也按此法设置。

（16）双击"奇松展示"交互中的"返回"群组图标，将计算图标拖放到该流程上的群组中。双击计算图标，在弹出的函数输入对话框中输入 GoTo（IconID@"主界面"）后关闭该窗口。

6. 建立模板

（1）打开名为"奇松"群组图标，选中该群组中的各个图标，如图 11-56 所示。

图 11-55　建立库文件

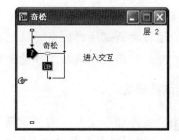

图 11-56　选中各图标

（2）选择"文件"|"存为模板"菜单命令，在弹出的"保存在模板"对话框中，在"保存在"下拉列表框中选择 Authorware 所在目录下的 Knowledge Objects 目录，然后在"文件名"文本框中输入文件名"奇松"，单击"保存"按钮，如图 11-57 所示。

专家点拨：分析一下该课件的脚本不难发现，其他各模块的显示和操作都类似于此模块的制作，所以只要将该模块保存成模板，以后几个模块只要从这个模板里复制过来即可完成图标的设计。

7. 制作怪石、云海、温泉、帮助、黄山简介等模块

（1）双击名为"怪石"的群组图标，弹出第 3 层流程设计窗口，选择"窗口"|"面板"|"知识对象"菜单命令，在弹出的"知识对象"面板中单击"刷新"按钮，然后选择"分类"下拉列表框中的"全部"选项，再在下方"知识对象"列表中找到刚才保存的模板"奇松"，将该模板拖放到"怪石交互"群组图标中，并将交互改名为"怪石"，如图 11-58 所示。

图 11-57 "保存在模板"对话框

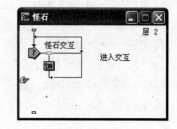

图 11-58 怪石交互

（2）修改进入交互中各个显示图标的显示内容，将怪石图片代替奇松图片。

（3）云海、温泉、帮助、黄山简介等模块也按步骤（1）～（2）所述方法进行制作。对于部分模块，还需要减少按钮数量以及重新制作和设置按钮。

专家点拨：将课件模块化制作的优点从这里就体现出来了，将常用模块保存成模板，以后用到类似该模块的课件时，只要从"知识对象"窗口中拖放到流程设计窗口中再进行适当的修改即可，从而大大减轻工作量和缩短制作时间。

8. 制作欣赏模块

（1）双击"主界面"交互中的"欣赏"群组图标，打开该图标的流程窗口。选择"窗口"|"面板"|"知识对象"菜单命令，Authorware 会在屏幕右边弹出"知识对象"面板，在该面板中找到名为"奇松"的模板，并将该模板拖放到"欣赏"流程设计窗口中，再把该模块的交互名称改为"欣赏"。

（2）双击"进入交互"群组图标，将多余的按钮交互删去并将图标重新命名。该流程经修改后如图 11-59 所示。

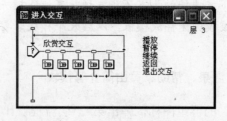

图 11-59 "进入交互"群组图标的设置

（3）单击该"欣赏交互"中的按钮交互图标 □，为这些按钮分别添加按钮图片，并进行相应的设置。

（4）双击"播放"群组图标，将"数字电影"设计图标拖放到该群组中。然后，单击数字电影图标，调出电影图标属性面板，单击"导入"按钮，再在弹出的"导入哪个文件"对话框中查找并选择要导入的电影文件"黄山.mpg"，再单击"导入"按钮，将数字电影"黄山"导入。

（5）双击名为"暂停"的群组图标，在弹出的流程设计窗口中，将计算图标拖放到该窗口中，再双击该计算图标，并在弹出的函数输入窗口中输入 MediaPause（IconID@"黄山四绝",true），然后关闭窗口。

（6）双击名为"继续"的群组图标，在弹出的流程设计窗口中，将计算图标拖放到该窗口中，再双击该计算图标，并在弹出的函数输入窗口中输入 MediaPause（IconID@"黄山四绝",false），然后关闭窗口。

（7）双击名为"返回"的群组图标，把一个擦除图标和一个计算图标拖放到弹出的流程设计窗口中。并将擦除图标设为擦除播放的数字电影，在计算图标中输入 GoTo（IconID@"主界面"）。

9．设计"退出"群组

双击"主界面"交互中名为"退出"的群组图标。把计算图标拖放到弹出的流程设计窗口中。双击该计算图标，然后在该函数输入窗口中输入 Quit( )，再关闭窗口。

至此，本课件实例制作完成，最后选择"文件" | "保存"菜单命令，保存文件。如果对库文件进行了变更，还要按系统提示对库文件进行保存。

11.4　制作积件型课件

掌握了直线型课件、分支型课件、模块型课件的制作方法，已经可以制作出令人刮目相看的课件了，但这些类型的课件同样有缺点，制作出来的课件，往往只使用一次或只能在某一堂课中使用，课件中的不同知识点不能分割，下一次制作到相同知识点的课件时，还得从新做起，不利于共享。为了解决这一问题，可以把素材积件化，制作积件型课件。

何为积件呢？积件是指具有独立功能或完成某一知识点讲述的"微课件"，文件格式可以是 SWF、AVI、GIF 等。制作积件型课件时，只要把这些"微课件"像搭积木一样组合起来就行了。本节以《PPT 的模板、母版和版式》为例来介绍积件型课件的制作方法。

11.4.1　编写《PPT 的模板、母版和版式》课件脚本

《PPT 的模板、母版和版式》这一课件主要讲解 PPT 模板、母版和版式应用，共包括 7 个知识点，这 7 个知识点分别为启动 PowerPoint 并新建一个文件、复制文本、插入图片、选择和更换版式、应用模板、母版设计、模板设计。课件中相对应的分别做了 7 个 SWF 格式的积件。在 Authorware 中只做了一个组合的工作。本课件既可以给教师做演示用，也可以给学生自主学习用。本课件的脚本如表 11-3 所示。

表 11-3 《PPT 的模板、母版和版式》课件脚本

页面序号	1	页面内容简要说明	封面。
屏幕显示			带课题的静态图片
说明	静态图片显示课题，开门见山，直接导入新课。		
页面序号	2～8	页面内容简要说明	启动 PowerPoint 并新建一个文件、复制文本、插入图片、选择和更换版式、应用模板、母版设计、模板设计等知识点。
屏幕显示			Flash 动画 按钮
说明	每个按钮对应一个 SWF 格式的动画，单击一个按钮，播放一段动画，完成一个知识点的操作演示。		

11.4.2 《**PPT 的模板、母版和版式**》课件制作步骤

1. 创建课件文档并设计主流程

（1）选择"文件"|"新建"|"文件"菜单命令，新建一个 Authorware 文件。

（2）选择"窗口"|"面板"|"属性"菜单命令，弹出文件属性面板，将"大小"设为 800×600（SVGA）。

（3）将所要用到的图标拖放到主流程线上，并重新命名，如图 11-60 所示。"选择积件"交互中共有 8 个按钮交互，第 1~7 个为教学内容按钮，第 8 个为退出按钮。

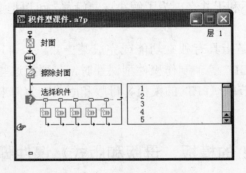

图 11-60　积件型课件流程图

2. 课件中各个图标的设置

（1）双击名为"封面"的显示图标，选择"文件"|"导入和导出"|"导入媒体"菜单命令，在弹出的"导入哪个文件"对话框中选择已制作好的背景图片"封面.jpg"，单击"导

入"按钮。

（2）单击"封面"图标后的等待图标，调出等待图标的属性面板，选中"单击鼠标"、"按任意键"两个复选框，取消选中"显示按钮"复选框。

（3）双击名为"擦除封面"的擦除图标，单击设计窗口中的封面图形，将擦除图标设为擦除封面图形。

（4）双击名为"选择积件"的交互图标，弹出设计窗口，选择"文件"|"导入和导出"|"导入媒体"菜单命令，在弹出的"导入哪个文件"对话框中查找并选择背景图片"背景.jpg"，单击"导入"按钮。将背景图片导入到设计窗口中。

（5）单击交互图标中的第 1 个按钮交互图标⊟，调出交互图标属性面板，单击名为"按钮"的按钮，在"按钮"对话框中单击"添加"按钮，Authorware 弹出"按钮编辑"对话框，单击"常规"中的"未按"选项，单击该窗口中的"导入"按钮，将已经制作好的"未按时"按钮的状态图片导入，再单击"常规"中的"在上"选项，单击"导入"按钮，导入鼠标指针按钮在上时的状态图片，单击"确定"按钮。回到"按钮"对话框，并用该方法将其他 7 个按钮一次制作完成后，回到"按钮"对话框，选择刚导入的第 1 个按钮，单击"确定"按钮，如图 11-61 所示。

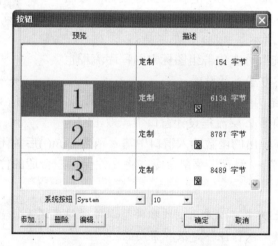

图 11-61　选择制作好的按钮

（6）单击此交互中的第 2 个图标⊟，在交互图标属性面板中单击名为"按钮"的按钮，在弹出的"按钮"对话框中，选择刚制作好的第 2 个按钮后，单击"确定"按钮，并用该方法为其他几个按钮交互设置按钮显示状态。

（7）双击"选择积件"交互图标，弹出设计窗口后，将该交互中的各个按钮交互的图标⊟分别单击一次，使图标显示于设计窗口中，并将这些按钮拖放到屏幕底部，排列整齐，如图 11-62 所示。

（8）双击交互中名为 1 的群组图标，Authorware 弹出第 2 层流程设计窗口，然后选择"插入"|"媒体"|Flash Movie 菜单命令，在弹出的"Flash Asset 属性"对话框中单击"浏览"按钮。在弹出的"打开 Shockwave Flash 影片"对话框中选择要导入的 Flash 积件 001.swf，单击"打开"按钮。回到流程设计窗口，在流程线上会出现 图标，并将该图标更名为"启动 PPT"。

图 11-62　调整按钮位置

（9）把等待图标、擦除图标拖放到该图标之后，单击等待图标，调出等待图标属性面板，选中"单击鼠标"、"按任意键"两个复选框，取消选中"显示按钮"复选框。然后双击上面导入的"Flash 动画"图标，再双击擦除图标。最后在设计窗口中单击 Flash 画面，将擦除图标设为擦除 Flash 动画。流程如图 11-63 所示。

（10）将其他几个交互分支中群组图标中的程序流程也按步骤（8）、（9）所述方法进行设置。

图 11-63　群组图标 1 流程设置

（11）双击该交互结构中名为"退出"的群组图标，将计算图标拖放到弹出的第 2 层流程设计窗口中，双击刚拖放进去的计算图标，在弹出的函数输入窗口中输入函数 Quit( )后关闭该窗口。

（12）选择"文件"|"保存"菜单命令，将文件保存在合适的位置，积件型课件制作完成。

专家点拨：从上例中可以看出制作积件型课件的难度不大，最关键的是要有积件，因此积累积件库对高效率制作课件是很有帮助的。

本章习题

一、选择题

1. 制作各种结构类型的课件时，没有用到决策图标的课件结构类型为（　　　）。
　　A. 直线型　　　　　B. 分支型　　　　　C. 模块型　　　　　D. 积件型
2. 在"属性：决策图标"面板的"分支"下拉列表框中有 4 个选项，选择不同的选项，决策图标显示不同的标记。当显示的标记是◇时，说明选择的选项为（　　　）。
　　　　A. 顺序分支路径　　　　　　　B. 随机分支路径
　　　　C. 在未执行过的路径中随机选择　　D. 计算分支结构
3. 利用 Authorware 的模板功能最适合进行（　　　）的制作。所谓模板，其实就是将流程线上的多个图标保存在一个特殊的文件中，做成模板，供设计者反复调用的程序。

　　A．直线型　　　　B．分支型　　　　C．模块型　　　　D．积件型

　　4．（　　）是指具有独立功能或完成某一知识点讲述的"微课件"，文件格式可以是 SWF、AVI、GIF 等。制作课件时，只要把这些"微课件"像搭积木一样把它组合起来就行了。

　　A．学件　　　　　B．积件　　　　　C．组件　　　　　D．元件

二、填空题

　　1．Authorware 课件常见的结构有_____、_____、_____、_____等。

　　2．在流程设计窗口中，如果图标太多显示不下时，可右击窗口空白处，在弹出的快捷菜单中选择_____命令，实现滚动显示。也可选中多个图标后按_____将所选图标组成群组。

　　3．选中"显示"图标属性面板中的_____复选框，可将以前显示的内容擦除，这样可以省去一个擦除图标。如果选中了"防止自动擦除"复选框，以前的显示内容只能通过_____擦除。

　　4．在设计分支型课件时单纯使用决策判断分支结构很难满足教学内容的要求，一般需要和_____配合使用，才能使决策判断分支结构作为整个课件的有机组成部分，发挥重要作用。

上机练习

练习 1　直线型课件实例——库仑定律

　　制作一个直线型课件实例——库仑定律，如图 11-64 所示是课件运行的一个画面。本课件以顺序的方式演示库仑定律的有关知识，适合作为课堂教学的演示课件使用。

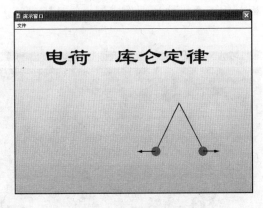

图 11-64　库仑定律

要点提示

　　本书配套光盘提供了这个课件实例的源文件（配套光盘\上机练习\ch11\库仑定律.a7p），

可作为参考进行上机练习。

练习 2　分支型课件实例——认识和使用天平

利用交互图标和判断图标制作一个分支型课件实例——认识和使用天平，如图 11-65 所示是课件运行的一个画面。

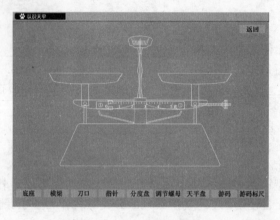

图 11-65　认识和使用天平

要点提示

本书配套光盘提供了这个课件实例的源文件（配套光盘\上机练习\ch11\认识和使用天平.a7p），可作为参考进行上机练习。

练习 3　模块型课件实例——认识时间

利用交互图标和模板制作一个模块型课件实例——认识时间，如图 11-66 所示是课件运行的一个画面。

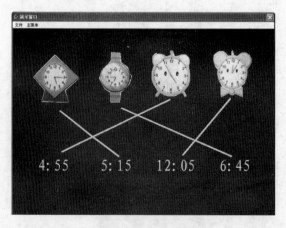

图 11-66　认识时间

要点提示

（1）本书配套光盘提供了这个课件实例的源文件（配套光盘\上机练习\ch11\认识时间.a7p），可作为参考进行上机练习。

（2）本课件实例中设计了 3 个练习模块，它们分别用交互结构中的 3 个分支实现功能。这 3 个分支的流程结构十分相似，因此可以用模板进行设计。

第12章

调试和发布课件

多媒体课件制作完成之后，就需要将课件打包成可执行文件，这样课件能脱离Authorware环境，在最终用户的计算机上独立运行。本章将详细介绍发布课件前的准备，调试课件并修整程序中的错误，课件的本地和网络发布。

12.1　调试课件

对课件进行调试是课件发布之前最重要的一个步骤，没有人能保证课件一次制作完成就不会出现错误，即使最有经验的制作人员也不例外。将课件按设计脚本制作完成之后，设计人员需要对完成的作品进行反复测试，尽可能找到课件中的错误，并将错误修正。

12.1.1　使用开始和结束标志

一般制作完一个课件或课件的一部分，只要单击快捷工具栏上的"运行"按钮，程序会从流程线的第1个设计图标开始运行，直到流程线的最后一个图标结束，如果中间设置了退出，如遇到 Quit 函数，则程序也会中断退出。对于运行过程中发现的错误，设计人员必须停止程序的运行，然后才能进行修改。调试其他错误时，又得重新开始运行程序。对于包含较多设计图标的程序的调试，这样做显得比较浪费时间。其实可以通过设置"开始"标志和"结束"标志，对程序进行分步调试。

使用"开始"标志，只需将开始标志从图标栏拖到流程线上，如果这时候运行程序，那么程序将会从"开始"标志处开始运行，而不是从流程线的第1个设计图标开始运行。添加了"开始"标志之后，快捷工具栏上的"运行"按钮变成"从标志旗开始运行"按钮。可以在需要停止的流程线上的某个设计图标之后添加"结束"标志，这样就可以对"开始"标志和"结束"标志之间所包含的设计图标进行调试。下面以模块型课件《黄山》为例（模块型课件.a7p），使用"开始"标志和"结束"标志对其程序流程进行调试。程序开始部分已经制作完成，在制作"主菜单"各部分时，不需要每次运行程序显示片头部分，这样可以如图 12-1 所示在程序流程线"主菜单"交互图标前添

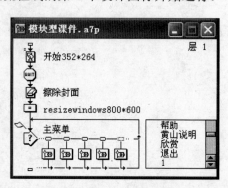

图 12-1　使用"开始"标志

加"开始"标志,这时运行程序,将显示如图 12-2 所示的运行界面,而不会显示开始部分。

图 12-2 使用"开始"标志后运行的程序画面

如果希望程序运行到某一个设计图标后停止程序的运行,只要将结束标志放到该设计图标之后,如图 12-3 所示,这时候运行程序,演示窗口将显示"开始 352*264"的设计图标内容,如图 12-4 所示。也就是说,程序只运行了"开始 352*264"及附加在该图标上的计算图标内的代码。

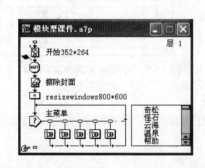

图 12-3 使用"结束"标志

图 12-4 使用"结束"标志后运行的程序画面

要对"奇松"这一交互分支下的设计图标进行调试,则双击"主菜单"交互结构中"奇松"交互分支下的群组图标,显示"奇松"群组图标内的程序流程,按照如图 12-5 所示添加"开始"标志和"结束"标志,运行程序,显示如图 12-6 所示的画面。

在流程线上使用"开始"标志和"结束"标志时,可能会将"结束"标志放在"开始"标志之前,如图 12-7 所示,这时单击"从标志

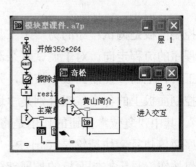

图 12-5 使用"结束"标志后运行出现的画面

旗开始执行"按钮，程序将从"开始"标志处运行，无法再遇到"结束"标志，除非使用 GoTo 函数跳转到"结束"标志之前的设计图标，所以这种情况应当避免出现。

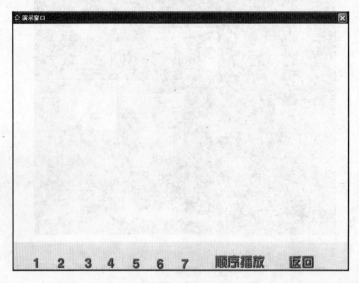

图 12-6　使用"开始"标志和"结束"标志后运行出现的画面

使用"开始"标志和"结束"标志，应当注意：

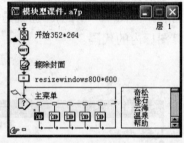

◆ 这两个标志在一个文件中同一时间只能使用一次。

◆ 当"开始"标志和"结束"标志添加到流程线上后，图标栏中原来摆放这两个图标的位置就变成空位了。单击空位即可将它们放回图标栏。

◆ 要改变它们的位置，只要在流程线上将"开始"标志或"结束"标志拖动到另一个地方即可。

图 12-7　错误地使用"开始"标志和"结束"标志

◆ 添加"开始"标志之后，程序直接从"开始"标志处执行，如果之前声明了一些变量，或用函数处理一些功能，则不能得到运行，这时可能会出现一些错误。

12.1.2　使用控制面板

控制面板是调试程序的另一个工具。通过控制面板可以对程序进行逐步调试，清楚地显示程序的流程走向。对于调试复杂流程结构的程序，使用控制面板显得尤其重要。单击快捷工具栏上的"控制面板"按钮，弹出如图 12-8 所示的"控制面板"浮动面板。

控制面板上的各个按钮分别是"运行"、"复位"、"停止"、"暂停"、"播放"和"显示跟踪"。其中"复位"按钮的作用是将程序定位到开始处，但不运行程序；"暂停"按钮将使程序暂停执行，快捷键是 Ctrl+P；"播放"按钮使程序在暂停处继续运行；单击"显示跟踪"按钮，显示控制面板的扩展部分，如图 12-9 所示。

图 12-9 扩展控制面板

图 12-8 控制面板

第 2 排按钮分别是"从标志旗开始执行"、"初始化到标志旗"、"向后执行一步"、"向前执行一步"、"关闭跟踪方式"和"显示看不见的对象"。"从标志旗开始执行"按钮和"初始化到标志旗"按钮需要在流程线上添加了"开始"标志才能被使用。"初始化到标志旗"按钮的作用是将程序复位到"开始"标志处暂停。"向后执行一步"按钮的作用是每单击该按钮一次，执行一个设计图标，如果遇到群组图标或分支结构类设计图标，则当作一个图标进行处理，不进入其内部一个一个执行；"向前执行一步"按钮的作用与"向后执行一步"按钮的作用相似，只是它会进入群组图标或分支结构类图标内部一步一步执行。单击"关闭跟踪方式"按钮，则不会在下面的跟踪记录列表中显示跟踪记录。单击"显示看不见的对象"按钮，则会在程序运行时显示一些不可见的内容，比如热区域等。

图 12-10 控制面板中的跟踪记录

使用控制面板对《黄山》课件进行测试，控制面板将显示如图 12-10 所示的跟踪记录。

每条跟踪记录中，第 1 个数字表示流程线中的层级，1 表示主流程线；第 2 部分是设计图标的缩写，DIS 表示"显示"图标，其他设计图标的缩写名称如表 12-1 所示；第 3 部分是设计图标名称，如果操作群组图标及分支结构类图标，则会显示其动作，如"进入"或"退出"。

表 12-1 跟踪记录中的图标缩写

设计图标类型	缩写	设计图标类型	缩写
显示图标	DIS	交互图标	INT
移动图标	MTN	计算图标	CLC
擦除图标	ERS	群组图标	MAP
等待图标	WAT	数字电影图标	MOV
导航图标	NAV	声音图标	SND
框架图标	FRM	DVD 图标	DVD
判断图标	DEC	知识对象图标	KNO

12.2 打包与发布课件

完成一个课件的制作，并对程序进行较为安全的测试通过之后，应当将课件打包后交付给用户。Authorware 可以将课件打包成能够脱离 Authorware 编辑环境，且独立运行的可执行程序。

12.2.1 一键发布

打包发布之前，需要对打包发布的各项参数进行设置。选择"文件"|"发布"|"发布设置"菜单命令或按组合键 Ctrl+F12 打开"一键发布"对话框，如图 12-11 所示。

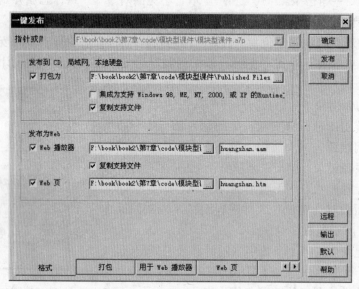

图 12-11 "一键发布"对话框

1. "格式"选项卡

设置打包文件的格式，如用于 CD、局域网、本地硬盘还是网络发行。

1）"发布到 CD，局域网，本地硬盘"选项组

"打包为"复选框：选中该复选框，将会在一键发布时进行 CD、局域网和本地硬盘的打包。右侧文本框中输入打包文件的存放路径。也可以单击右侧的 按钮，弹出"打包文件为"对话框，选择一个存放路径，如图 12-12 所示。

"集成为支持 Windows 98，ME，NT，2000 或 XP 的 Runtime 文件"复选框：选中该复选框，则打包的文件为扩展名是.exe 的可执行文件。否则将打包成扩展名为.a7r 的文件，必须将 Authorware 目录下的 runa7w32.exe（播放器）一同发布，才可以播放。

"复制支持文件"复选框：选中该复选框，则 Authorware 在打包时会自动将各种支持

文件、扩展插件文件等复制到与课件同一目录中。

图 12-12 "打包文件为"对话框

2）"发布为 Web"选项组

"Web 播放器"复选框：选中该复选框，则会在一键发布时进行网络发布的打包。网络发布将会产生可由 Authorware 网络播放器运行的扩展名为.aam 的映射文件及扩展名为.aas 的程序分段文件。要播放网络打包的课件，必须安装 Authorware 网络播放器，该插件可到 http://www.macromedia.com/support/authorware/下载。打包后将文件上传至网络服务器，然后就可以通过网络浏览器进行播放。

"Web 页"复选框：选中该复选框，则在网络打包时会产生标准的 HTML 网页文件。以上两个选项右侧的文本框用于输入打包文件的存放路径，也可单击 ┄按钮打开"浏览文件夹"对话框，如图 12-13 所示，设置一个存放文件夹。在最右侧文本框中输入打包之后的文件名。

图 12-13 "浏览文件夹"对话框

2."打包"选项卡

选择"一键发布"对话框上的"打包"选项卡，显示如图 12-14 所示的面板，该面板将设置打包时处理文件的属性。

"打包所有库在内"复选框：选中该复选框，则会将库文件打包到程序文件内部。

"打包外部媒体在内"复选框：选中该复选框，则会将程序中引用的所有外部媒体文件打包到程序文件内部。

"仅引用图标"复选框：选中该复选框，与程序关联的库文件中的设计图标被引用，则将其打包到扩展名为.a7e 库文件打包文件中，否则库文件中的设计图标全部会被打包。该复选框只针对库文件有效。

"重组在 Runtime 断开的链接"复选框：选中该复选框，当程序运行时会检查断开的链接并进行自动修复。

3."用于 Web 播放器"选项卡

选择"一键发布"对话框上的"用于 Web 播放器"选项卡，显示如图 12-15 所示的面板，该面板用于网络打包的设置。

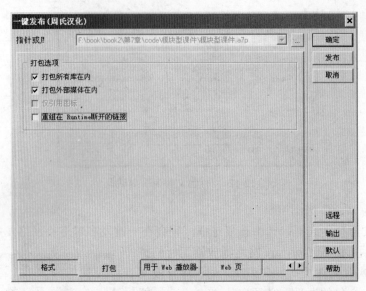

图 12-14 "一键发布"对话框的"打包"选项卡

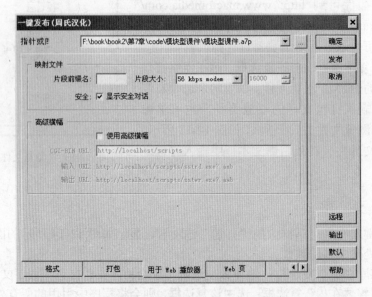

图 12-15 "一键发布"对话框的"用于 Web 播放器"选项卡

1)"映射文件"选项组

"片段前缀名"文本框：用于输入片段文件的前缀名。

"片段大小"下拉列表框：用于设置适于用何种网络设置连接的播放速率，这样产生的片段文件将为适应相应设备下载的速度进行分割，也可以自定义每个片段文件的大小。右侧文本框可以显示当前片段文件的大小，如果在"片段大小"下拉列表框中选择了 Custom 选项，则可以通过右侧文本框中的微调按钮进行手动设置。

"显示安全对话"复选框：如果选中了这个复选框，用户可在信任模式下运行，当产生危险时将弹出安全警告对话框。

2）"高级横幅"选项组

"使用高级横幅"复选框：选中该复选框，则将使用该项改善下载性能的技术。

"CGI-BIN URL"文本框：用于输入本地服务器 CGI 运行目录地址。

4. "Web 页"选项卡

选择"一键发布"对话框上的"Web 页"选项卡，显示如图 12-16 所示的面板，该面板仅当选中了"格式"选项卡中的"Web 页"复选框才能被显示，其作用是对网络打包中产生的标准 HTML 网页文件进行设置。

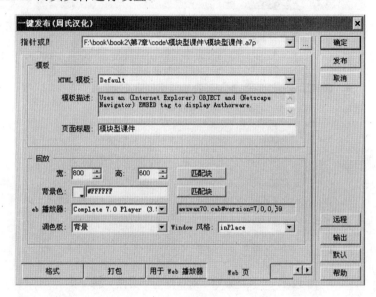

图 12-16 "一键发布"对话框的"Web 页"选项卡

1）"模板"选项组

"HTML 模板"下拉列表框：提供了 7 种可供使用的模板。

"模板描述"文本框：描述当前选择的模板的说明。

"页面标题"文本框：可以输入网页文件的标题。

2）"回放"选项组

"宽"和"高"文本框：设置网络打包程序窗口的大小，单击右侧的"匹配块"按钮则自动设置成与演示窗口大小一致。

"背景色"颜色选择框：用于设置程序的背景，也可在右侧文本框中输入表示颜色的十六进制代码，单击右侧的"匹配块"按钮则自动设置成与演示窗口背景颜色一致。

"Web 播放器"下拉列表框：用于选择使用何种网络播放器模式，共有三个选项：Compact 7.0 Player（完全模式）、Complete 7.0 Player（精简模式）和 Full 7.0 Player（完整模式）。

"调色板"下拉列表框：用于设置程序使用的调色板，选择前景色，将使用 Authorware

应用程序的调色板，选择背景色，则使用浏览器的调色板，两者的选用将在一定程度上影响显示的颜色。

"Window 风格"下拉列表框：提供了 inPlace（在指定位置）、onTop（置顶）和 OnTopMiniMize（最小化）三个选项。

5."文件"选项卡

选择"一键发布"对话框上的"文件"选项卡，显示如图 12-17 所示的面板，该面板将对程序发布时的支持文件进行管理。

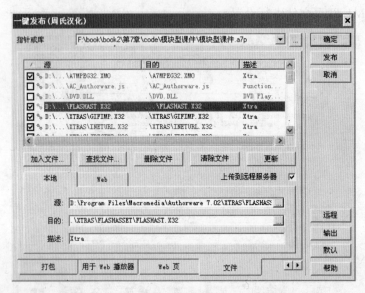

图 12-17　"一键发布"对话框的"文件"选项卡

1)"文件"列表框

选项卡最上面显示了将要发行打包的程序源文件、目标文件及文件的描述。"文件"列表框中显示的文件将随前面几个面板的设置进行相应的改变。选中了文件列表前面的复选框，则选中的文件将被发布，否则不会一起发布，需要手动复制。正确的文件链接显示蓝色的链接标记 ✎，红色的为已经断开的链接标记 ※，应将其修正后再进行发布。

2)"加入文件"按钮

虽然 Authorware 能找到绝大部分支持文件，但如果用户引用了第三方插件、UCD、控件、Flash 动画、QuitTime 动画等外部文件，则需要通过此按钮来手工添加，否则会出现不能正常播放的情况。单击该按钮出现如图 12-18 所示的"加入文件-源"对话框。选中需要添加的文件，单击"打开"按钮，出现如图 12-19 所示的"加入文件-目的"对话框。该对话框设置如何处理添加的外部文件。

"目的文件夹"选项组：单击"关连的本地和 Web 发布格式"单选按钮，则添加的文件将同本地和 Web 发布的设置进行发布。单击"另存为"单选按钮，则还应选择右侧下拉列表框中的 With(out) Runtime、For Web Player 或 Web Page 3 个选项之一，添加的文件将根据所选择的发行方式决定是否一同发布及发行的位置。单击"定制"单选按钮，则手工设置发布的目标位置，单击右侧的 按钮，打开"浏览文件夹"对话框，如图 12-20 所示，选择将要发布的本地文件夹。

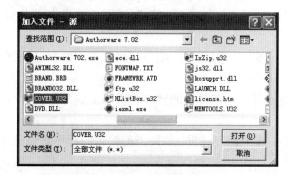

图 12-18 "加入文件-源"对话框

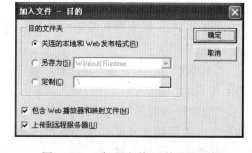

图 12-19 "加入文件-目的"对话框

"包含 Web 播放器和映射文件"复选框：选中该复选框，则在打包时会同时打包到网络播放的映射文件中。

"上传到远程服务器"复选框：选中该复选框，则在打包的同时将所添加的外部文件一并上传到远程服务器。

3)"查找文件"按钮

单击该按钮将弹出如图 12-21 所示的"查找支持文件"对话框，根据设置重新查找程序所需的支持文件。

图 12-20 "浏览文件夹"对话框

图 12-21 "查找支持文件"对话框

"查找"选项组：选中"U32 和 DLL"复选框，则搜索到的文件将包含 U32 和 DLL 这两种文件。选中"标准的 Macromedia Xtra"复选框，则搜索到的文件包括标准的 Macromedia Xtra 扩展插件文件，如果使用了第三方扩展插件，则需要手工添加，Authorware 将不能自动搜索到。选中"外部媒体（图形，声音，其他）"复选框，则搜索到的文件包括程序使用的外部媒体文件。

"目的文件夹"选项组：单击"关连的本地和 Web 发布格式"单选按钮，则添加的文件将同本地和 Web 发布的设置进行发布。单击"另存为"单选按钮，则还应选择右侧下拉列表框中的 With(out) Runtime、For Web Player 或 Web Page 3 个选项之一，添加的文件将根据所选择的发行方式决定是否一同发布及发行的位置。单击"定制"单选按钮，则手工设置发布的目标位置，单击右侧的 [...] 按钮，打开"浏览文件夹"对话框，选择将要发布的本地文件夹。

"包含 Web 播放器和映射文件"复选框：选中该复选框，则在打包时会同时打包到网络播放的映射文件中。

"上传到远程服务器"复选框：选中该复选框，则在打包的同时将所添加的外部文件一并上传到远程服务器。

"当块修改时随时执行自动扫描"复选框：选中该复选框，如果当前编辑的程序被修改，则会对修改后的支持文件进行重新扫描。

4）"删除文件"按钮

选中上面文件列表中的一个文件，单击该按钮，则可以从文件列表中删除选定的文件。被删除的文件将不会随程序一同发布。

5）"清除文件"按钮

单击该按钮将清除所有的支持文件及外部媒体链接文件，但不包括生成的可执行文件及网络打包的映射文件与片段文件。

6）"更新"按钮

单击该按钮将刷新文件列表。

7）"上传到远程服务器"复选框

选中该复选框，则在程序发行时将指定文件上传到远程服务器。

8）"本地"选项卡

选中上面文件列表中的某个文件，则可以通过"本地"选项卡对该文件的来源、打包后的目标位置及该文件的描述进行修改，如图 12-22 所示。

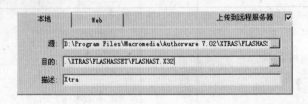

图 12-22　"本地"选项卡

9）Web 选项卡

针对网络发布，对文件列表中选定的文件进行设置，如图 12-23 所示。

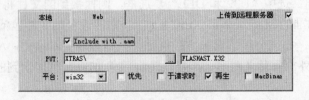

图 12-23　Web 选项卡

Include with .aam 复选框：选中该复选框，则将文件列表中选定的文件添加到用于网络播放器的映射文件中。

PUT　文本框：在该文本框中输入文件在发布时将被放置在本地硬盘上的目标路径（相对于网络打包文件夹而言）。单击右侧的 ▭ 按钮，弹出如图 12-24 所示的 Select PUT Folder 对话框，从左侧文件夹列表中选择一个放置该文件的本地文件夹。最右侧文本框可对发布的支持文件进行重命名操作。

图 12-24　Select PUT Folder 对话框

"平台"下拉列表框：共有 5 个列表项，分别为"全部"、mac、win、win16 和 win32，从中选择发布文件的运行平台。

"优先"复选框：选中该复选框，Authorware 将会优先从网上下载该扩展文件而忽视其在本地硬盘或 CD-ROM 中的存在。

"于请求时"复选框：选中该复选框，仅当 Authorware 程序需要该扩展文件时才进行下载。

"再生"复选框：选中该复选框，则在 Authorware 程序运行结束时不删除此文件，第 2 次运行则直接使用该文件而不需要再次从网上下载。

MacBinary 复选框：选中该复选框，则会生成一个集成了资源和数据信息的 AAB 文件。

6. "远程"按钮

单击该按钮，弹出"远程设置"对话框，设置登录到远程服务器的服务器地址、用户名和密码等内容，如图 12-25 所示。

"发布到远程服务器"复选框：选中该复选框，则在网络打包时会将程序上传到远程服务器。

"FTP 主机"文本框：在该文本框可输入远程服务器的 FTP 地址，如 www.cai8.net（域名地址）或 211.152.50.246（IP 地址）。

"主机目录"文本框：输入一个远程服务器端的文件夹名称。

"登录"文本框：输入登录 FTP 的用户名。

"密码"文本框：输入登录 FTP 的密码。

"测试"按钮：当输入了 FTP 主机名称、用户名和密码，则可以单击该按钮进行连接测试，如果成功，则右下角显示连接成功的标志，如图 12-26 所示。

图 12-25 "远程设置"对话框（1）　　　　　图 12-26 "远程设置"对话框（2）

7. "输出"按钮

单击该按钮，弹出"输出设置为"对话框，如图 12-27 所示，将当前一键发布设置内容保存为一个注册表文件。保存的注册表文件始终与当前的程序相关连，当再次对程序进行发布时，该注册表文件内的设置将自动被调用。

图 12-27 "输出设置为"对话框

8. "默认"按钮

单击该按钮将弹出如图 12-28 所示的"重置设置"对话框，它将当前一键发布设置恢复成默认设置。

图 12-28 "重置设置?"对话框

9. "发布"按钮

单击该按钮，则对当前程序进行打包发行。发布结束弹出一个对话框，如果对话框的标题为 Information 则表示发行成功，如果对话框标题为 Warning 则表示发行过程中可能找不到文件或链接中断等，单击"细节"按钮查看发布细节，然后对出现的错误进行更正并再次打包即可，如图 12-29 所示。单击"预览"按钮可对发布的程序进行预览。

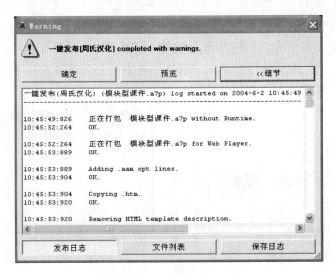

图 12-29　Warning 对话框

12.2.2　批量发布

如果一次要对多个文件进行发布，则可以使用 Authorware 提供的批量发布功能。选择"文件"|"发布"|"批量发布"菜单命令，弹出如图 12-30 所示的 Batch Publish 对话框。

单击"添加"按钮弹出如图 12-31 所示的"选择文件"对话框，在文件列表中选择需要打包的源文件，单击"打开"按钮就可将选中的文件添加到发布文件列表中，如图 12-32 所示。

图 12-30　Batch Publish 对话框（1）

图 12-31　"选择文件"对话框

图 12-32　Batch Publish 对话框（2）

取消对发布文件列表中某个文件前复选框的选择，则发布时不对该文件进行发布操作。选中文件列表中的一个文件，单击"删除"按钮可将该文件从发布文件列表中删除。单击"刷新"按钮可刷新发布文件列表的显示。

可将当前发布文件列表进行保存，只要选择"文件"|"保存"菜单命令，弹出"批保

存为"对话框，如图 12-33 所示，输入一个名称即可将当前批量发布的设置保存。下次如果要对已经保存的批量发布内容进行再次发布，只要选择"文件" | "打开"菜单命令，弹出如图 12-34 所示的"批打开"对话框，选择列表中的某个批量发布设置即可。

设置完毕，单击"发布"按钮则可进行批量发布。

图 12-33 "批保存为"对话框　　　　　图 12-34 "批打开"对话框

12.2.3 本地发布

一键发布功能是首先对发布进行设置，然后根据设置对文件进行本地或网络打包，并自动复制支持文件及扩展媒体文件。如果发布时不需要包含支持文件及扩展媒体文件，仅对当前程序文件或库进行打包，则可以选择"文件" | "发布" | "打包"菜单命令进行操作。

1. 程序文件打包

打开将要打包的程序，选择"文件" | "发布" | "打包"菜单命令，弹出如图 12-35 所示的"打包文件"对话框。

"打包文件"下拉列表框：设置打包文件的类型，共两个选项。

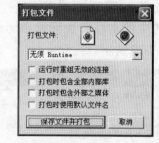

- "无须 Runtime"列表项：文件将被发布成扩展名为 .a7r 的程序，要运行该程序，需要将 runa7w32.exe 文件一并发布。
- "应用平台 Windows XP，NT 和 98 不同"列表项：打包文件包含播放器，发布成扩展名为.exe 的可执行程序。

图 12-35 "打包文件"对话框

"运行时重组无效的连接"复选框：选中该复选框，当用户运行程序时 Authorware 将自动修复断开的链接。这些断开的链接是由于对流程上的图标进行剪切、粘贴操作造成的。尽管处理这一过程要花费额外时间，但一般在打包时应将其选中以免出现错误。

"打包时包含全部内部库"复选框：选中该选项则将链接的库文件中的图标打包到程序内部，避免为每一个单独的库文件进行打包，减少发行文件的数量，但将增大程序文件的长度。

"打包时包含外部之媒体"复选框：选中该选项，则在程序打包时将原本以链接方式引用到设计图标中的外部媒体文件转变成直接插入到程序内部的方式，这将增加程序文件的长度。

"打包时使用默认文件名"复选框：选中该选项，Authorware 在打包时将自动建立一个与程序文件名同名的应用程序文件名，如果不选中，则在单击"保存文件并打包"按钮后会弹出如图 12-36 所示的"打包文件为"对话框，用于重新命名应用程序名称。

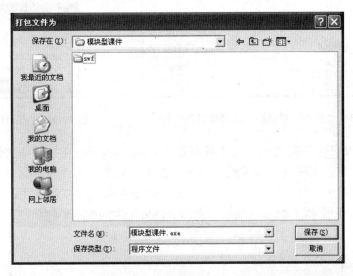

图 12-36　"打包文件为"对话框

"保存文件并打包"按钮：单击该按钮将根据设置对当前的文件进行打包。如果当前文件关联库文件，而未选中"打包时包含全部内部库"复选框，则会弹出如图 12-37 所示的"打包库"对话框。

- "合并打包"单选按钮：单击该单选按钮，与选中"打包文件"对话框中的"打包时包含全部内部库"复选框作用相同，将该库文件打包到应用程序内部。
- "分开打包"单选按钮：单击该单选按钮，在打包程序文件时并不对库文件进行打包，需先对关连的库文件进行打包，这样在打包程序文件时会弹出如图 12-38 所示的"打开"对话框，选择已经完成打包的库文件（扩展名为.a7e）。

图 12-37　"打包库"对话框

2．库文件打包

如果当前程序文件包含有库文件，而不想让库中的图标打包到程序内部，则还需要将库文件进行单独打包。选择"文件"|"打开"|"库"菜单命令将程序中使用的库文件打开，并确保库文件窗口为当前窗口，然后选择"文件"|"发布"|"打包"菜单命令，弹出如图 12-39 所示的"打包库"对话框。

"仅参考图标"复选框：选中该复选框，与程序关联的库文件中的设计图标被引用，则将其打包到扩展名为.a7e 的库打包文件中，否则库文件中的设计图标全部会被打包。

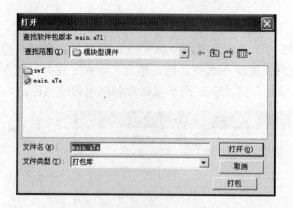

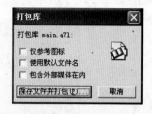

图 12-38 "打开"对话框中选择库打包文件　　　　图 12-39 "打包库"对话框

"使用默认文件名"复选框：选中该复选框，Authorware 在打包库文件时将自动建立一个与库文件同名的 a7e 库打包文件，如果不选中，则在单击"保存文件并打包"按钮后会弹出如图 12-40 所示的"打包库为"对话框，用于重命名库打包文件。

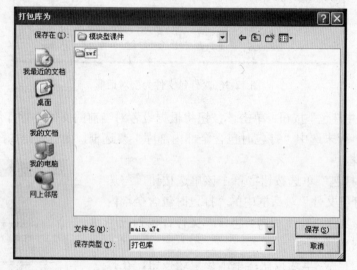

图 12-40 "打包库为"对话框

"包含外部媒体在内"复选框：选中该选项，则在库文件打包时将原本以链接方式引用到设计图标中的外部媒体文件转变成直接插入到库内部的方式，这将增加库打包文件的长度。

"保存文件并打包"按钮：单击该按钮将根据设置对当前打开的库文件进行打包，打包的库文件扩展名为.a7e。

12.2.4　网络发布

不使用一键发布功能而要将程序进行网络打包，可能显得较为复杂。网络打包之前需将程序文件打包成不包含播放器的文件（扩展名为.a7r），并且最好将库文件打包到程序内部，这将提高程序的执行效率。选择"文件"|"发布"|"Web 打包"菜单命令，将打开

Authorware Web Packager 窗口，如图 12-41 所示。该程序是 Authorware 专门用于网络打包的应用程序。紧接着弹出如图 12-42 所示的"选择文件打包，使其适用于 Web"对话框，在对话框中选择一个.a7r 文件。

图 12-41　Authorware Web Packager 窗口

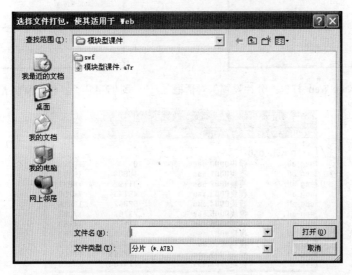

图 12-42　"选择文件打包，使其适用于 Web"对话框

选择一个.a7r 文件之后，单击"打开"按钮，立即弹出"选择目的映射文件"对话框，如图 12-43 所示。

选择一个用于存放文件的文件夹，单击"保存"按钮，弹出"Authorware Web 打包：分片设置"对话框（如图 12-44 所示），用于设置每一个片段文件的文件名前缀和片段大小。

单击"确定"按钮，出现如图 12-45 所示的打包进度条，打包结束，显示映射文件的内容，如图 12-46 所示。映射文件其实就是一个文本文件，记录了一些版本信息，告诉 Authorware 网络播放器何时调用某个片段文件及播放时的一些设置。

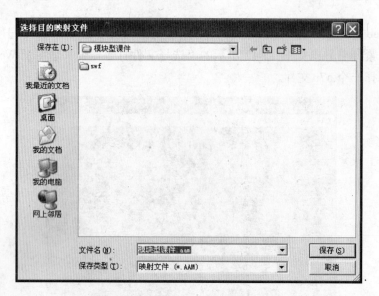

图 12-43 "选择目的映射文件"对话框

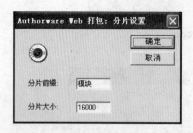

图 12-44 "Authorware Web 打包：分片设置"对话框    图 12-45 "打包为 Web 适用文件"进度条

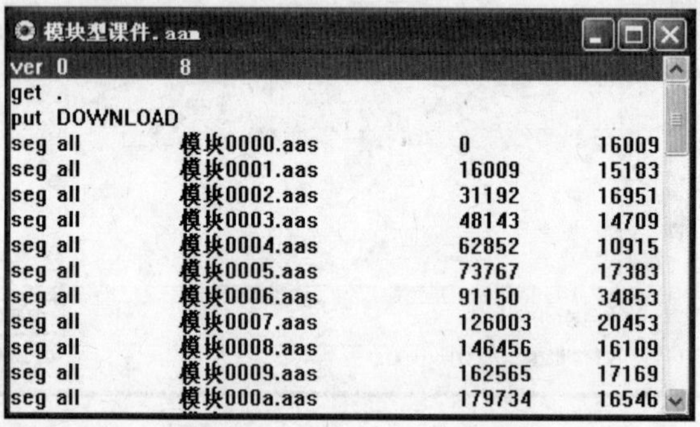

图 12-46 映射文件的内容

12.3 交付使用课件

完成了文件的打包，就可以将课件作品交给用户使用。如果只把一个可执行文件交给用户，是不能让课件进行正确播放的，还需要将其附带的支持文件、外部扩展媒体文件一并交付。

12.3.1　整理文件

由于发布时需要带上大量的文件，因此对文件进行整理关系到是否能正常播放课件。文件一般包括程序文件、支持文件、扩展媒体文件等。

其实在制作课件时应该养成分类保存各种文件的好习惯。首先建立一个课件目录，然后在课件目录中建立多个子目录分门别类地对各类文件进行存放，如图 12-47 所示。

图 12-47　课件目录结构

Lib 目录：一般用于存放库文件。

Movie 目录：用于存放动画、视频等文件。

Pic 目录：用于存放各类图片文件。

Sound 目录：用于存放各类声音文件。

Text 目录：用于存放各类文本文件和 Word 文件，如果使用到了网页，也可以存放在该目录内部。

Xtras 目录：用于存放支持文件。

这样做的目的在于，可以很好地管理课件中使用到的素材，并且不会因为找不到素材而使课件的播放受到影响。

12.3.2　复制文件

除了扩展媒体文件应当在制作之前或者制作过程中就放到相应的子目录中之外，其他文件可以在课件制作完成之后再复制。比如对于支持文件，应当在课件制作完成后复制到相应的目录中。Authorware 应用程序会按以下所述对其所用到的文件进行搜索。

- 设计期间会搜索 Authorware 源程序所在的文件夹。这一步将不会应用于已经打包后的文件中。
- 由 SearchPath 系统变量指定的文件夹。要设置 SearchPath 系统变量，可以选择"修改"|"文件"|"属性"命令，调出"属性：文件"面板，选择"交互作用"选项卡，其中"搜索路径"文本框中输入需要搜索的路径，路径之间用"；"分隔开，如图 12-48 所示。

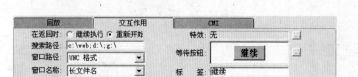

图 12-48 "属性：文件"面板的"交互作用"选项卡

- 当前 Authorware 应用程序所在的文件夹。
- Authorware 应用程序文件夹。
- Windows 系统文件夹和 Windows 中的 System（98 操作系统）或 System32（2000 和 XP 操作系统）文件夹。

如果 Authorware 应用程序未在以上搜索的路径中发现需要的文件，就会报错。如果是外部媒体文件，如视频或数字电影文件，还会弹出一个对话框，让最终用户进行重新定位。而这是一般不希望出现的问题，因此最好将所需文件事先复制到相应的文件夹。

需要复制的支持文件一般包括以下几种类型。

1）UCD 文件

程序中使用了外部扩展 UCD，则应将其复制到课件目录中。

2）Xtras 扩展插件

一种最傻瓜化的复制方法是将 Authorware 安装文件夹下的 Xtras 子目录全部复制到课件所在的文件夹中，但这样一来将增大发行文件的容量。也可以通过"命令"|"查找 Xtras"菜单命令，打开 Find Xtras 对话框，单击"查找"按钮，Authorware 会将当前程序所用到的 Xtras 查找出来，如图 12-49 所示。

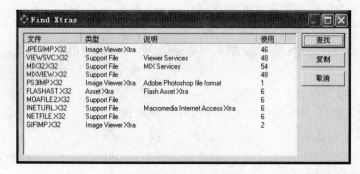

图 12-49 Find Xtras 对话框

然后单击"复制"按钮，弹出"浏览文件夹"对话框，如图 12-50 所示，只要在该对话框中选择需要复制的文件夹，一般为课件目录。

其实如果使用一键发布，则可以省去这一步，因为 Authorware 在发布时自动搜索并复制 Xtras 文件到课件目录里。

3）runa7w32.exe 播放器

如果将程序文件打包成.a7r 这类不包括播放器的文件，则需要在发布时带上播放器。该播放器位于 Authorware 安装目录里。

图 12-50 "浏览文件夹"对话框

4）其他支持文件

除了以上这些支持文件是播放课件必不可少的文件之外，如表 12-2 所示列出了一些经常要带上的支持文件。

表 12-2 常用的支持文件

文件名	说明
a7mpeg32.xmo	播放 MPEG 视频的支持文件
a7vfw32.xmo	播放 AVI 视频的支持文件
VCT32161.dll	播放声音的支持文件
AWIML32.DLL	播放 GIF 图片的支持文件
js32.dll	Authorware 7.x 支持 JavaScript 语言，该文件是此语言的支持文件

5）控件

控件一般是扩展名为.ocx 的文件，如果程序中使用了第三方控件，则也应将其提供给最终用户，使用控件之前要先注册控件，因此最好能写明注册控件的方法。注册控件一般可单击 Windows 操作的"开始"按钮，然后选择"运行"命令，在弹出的对话框中输入"regsvr32.exe 控件文件名"，如图 12-51 所示。

6）视频类播放插件

例如课件中使用了 MPEG4 格式的视频，那么考虑到最终用户的计算机不一定装有该插件，那么应当将该插件一并提供给用户，以便安装。这些插件一般包括视频插件、PDF 文本阅读器、QuickTime 动画插件等。

图 12-51 "运行"对话框用于注册控件

本章习题

一、选择题

1. 对文件打包时，如果选择 Without Runtime，则生成一个扩展名为（ ）的文件。

 A．.a7r   B．.a7l   C．.a7p   D．.a7e

2. 把最终作品创建成独立可执行文件的功能，称为文件（ ）。

 A．发布   B．打包   C．创建   D．保存

3. 交付使用时不需要单独给出的文件是（ ）。

 A．程序文件   B．图片文件   C．支持文件   D．扩展媒体文件

4. 在 Authorware 常用的支持文件中，播放声音的支持文件是（ ）。

 A．a7mpeg32.xmo   B．a7vfw32.xmo

 C．vct32161.dll   D．awiml32.dll

二、填空题

1. _____和_____是对课件进行调试时常用的两种方法。

2．Authorware 的一键发布功能，可一次发布为_____（或.a7r）文件、_____文件（适用于网络播放）以及_____文件等。

3．在调试程序中，有时声音较长会增加调试的时间，按_____次 Ctrl+P 键，可越过声音，但不能越过动画。

4．控制面板中的跟踪窗口用于在调试过程中跟踪_____和_____。

5．如果一次要对多个文件进行发布，可使用 Authorware 提供的_____功能。

上机练习

练习1　调试课件

打开 11.3 节的源文件"模块型课件.a7p"进行调试课件练习，尝试使用开始和结束标志以及控制面板进行课件的调试。

练习2　发布课件

将 11.1 节的源文件"直线型课件.a7p"发布，使发布后的课件能够在其他计算机上独立运行。

参考答案

第 1 章　习题答案

一、选择题

1. C 　　　2. C 　　　3. B

二、填空题

1. 文字、图形、图像、动画、音频、视频
2. 位图、矢量图、矢量图、位图

第 2 章　习题答案

一、选择题

1. A 　　　2. C 　　　3. C

二、填空题

1. Delete
2. 双击或单击"粘贴"按钮
3. "修改" | "文件" | "属性"、"回放"、"大小"

第 3 章　习题答案

一、选择题

1. A 　　　2. D 　　　3. B

二、填空题

1. 选择图形 A 后，使用"修改" | "置于下层"命令
2. "编辑" | "选择粘贴"命令、"Microsoft Office Word 文档"

3．Ctrl+P

4．大

第4章 习题答案

一、选择题

1．B 2．C 3．B

二、填空题

1．使用鼠标控制、使用键盘控制、用变量控制

2．"暂停"

3．删除

4．英文

5．Quit( )

第5章 习题答案

一、选择题

1．D 2．B 3．B 4．C

二、填空题

1．右下方、时钟样式的设置标志

2．WAVE、MP3

3．相应的视频播放插件或者视频解码软件

4．IconTitle

5．不透明、透明

第6章 习题答案

一、选择题

1．C 2．D 3．B 4．C

二、填空题

1．移动

2．运动

3．指向固定点、指向固定直线上的某点、指向固定区域内的某点、指向固定路径的

终点、指向固定路径上的任意点
　　4．指向固定路径的终点

第7章　习题答案

一、选择题

1．D　　　　2．C　　　　3．B　　　　4．C

二、填空题

1．交互图标、交互分支
2．显示图标、等待图标、计算图标
3．交互作用、显示
4．一对英文大括号中
5．按键响应、时间限制响应

第8章　习题答案

一、选择题

1．B　　　2．C　　　3．C　　　4．B

二、填空题

1．文本、图形
2．框架图标中下挂的一组图标
3．跳转
4．热字（超文本）

第9章　习题答案

一、选择题

1．A　　　2．B　　　3．A　　　4．B

二、填空题

1．数值型、字符型、逻辑型、列表型
2．IconTitle

3. 大括号
4. 无

第 10 章　习题答案

一、选择题

1. A　　　2. B　　　3. C

二、填空题

1. 链接
2. Knowledge Object
3. 知识对象
4. Xtras 扩展插件

第 11 章　习题答案

一、选择题

1. A　　　2. D　　　3. C　　　4. B

二、填空题

1. 直线型、分支型、模块型、积件型
2. 滚动条、Ctrl＋G
3. 擦除以前内容、擦除图标
4. 交互结构

第 12 章　习题答案

一、选择题

1. A　　　2. B　　　3. B　　　4. C

二、填空题

1. 使用开始和结束标志、使用控制面板
2. .exe、.aam、.htm
3. 两
4. 程序的流程、变量的值

5．批量发布

注：每章上机练习中的课件范例源文件和素材都存放在随书光盘上的"上机练习"文件夹中，读者可以参考使用。